CATALOGUE RAISONNÉ

OU

ÉNUMÉRATION MÉTHODIQUE

DES ESPÈCES DU GENRE ROSIER

POUR

L'EUROPE, L'ASIE ET L'AFRIQUE

SPÉCIALEMENT

LES ROSIERS DE LA FRANCE ET DE L'ANGLETERRE,

PAR

M. Alfred DÉSÉGLISE

membre de plusieurs sociétés savantes françaises et étrangères

---

GENÈVE

LIBRAIRIE DE CH. MENTZ, 2, PLACE DU MOLARD

—

1877

CATALOGUE RAISONNÉ

DES ESPÈCES DU GENRE ROSIER.

CATALOGUE RAISONNÉ

ou

ÉNUMÉRATION MÉTHODIQUE

DES ESPÈCES DU GENRE ROSIER

POUR

L'EUROPE, L'ASIE ET L'AFRIQUE

SPÉCIALEMENT

LES ROSIERS DE LA FRANCE ET DE L'ANGLETERRE

PAR

M. Alfred DÉSÉGLISE

membre de plusieurs sociétés savantes françaises et étrangères

GENÈVE

LIBRAIRIE DE CH. MENTZ, 2, PLACE DU MOLARD.

1877

Extrait du tome XV (1876) du *Bulletin de la Société royale de Botanique de Belgique.*

Gand, impr. C. Annoot-Braeckman.

A MONSIEUR

Alexandre BOREAU,

PROFESSEUR ET DIRECTEUR DU JARDIN BOTANIQUE D'ANGERS.

A MONSIEUR LE DOCTEUR

Eugène RIPART,

A BOURGES (CHER).

Témoignage d'une profonde reconnaissance, d'un sincère dévouement et hommage d'une estime sans bornes.

Alfred DÉSÉGLISE.

Res naturales proprio privilegio munitæ persistunt, ut quedmadmodum errores in his commissi a nullo defendi, ita nec veritates observationibus innixæ, a toto eruditorum orbe conculari possunt.

(Linné, *Sp. plant.* (1762), præf.).

Les espèces paraissent être le but de la nature, comme elles sont l'objet de nos recherches, de nos méthodes et de nos observations botaniques.

(Villars, *Cat. de Strasbourg* (1807), p. XXIX).

Il serait temps en effet que le juste respect pour l'autorité de Linné, n'allât pas jusqu'au fétichisme, et jusqu'à faire considérer même ses erreurs pour des articles de foi.

(Planchon, *Ann. sc. nat.*, XVIII, p. 389).

Étudier les plantes pour arriver à distinguer et à séparer tout ce que la nature elle-même a séparé, en observant en même temps tous les points de contact qu'ont entre elles les diverses espèces, c'est ramener la science à son but.

(Jordan, *Asphodèles*, Sess. extraord. de la Soc. bot. de France à Grenoble, VII, p. 729).

D'abord peu nombreuses et mal définies, les espèces du genre Rosier, mieux observées, ont pris, dans ces derniers temps, dans leur nombre un accroissement considérable. Il m'a semblé qu'il ne serait pas sans intérêt aujourd'hui de réunir et de coordonner de nouveau les faits épars dans différents écrits ou disséminés dans les grands herbiers, de former un tableau unique de toutes nos connaissances sur les rosiers, et d'y ajouter quelques réflexions que l'étude des auteurs et l'examen des types authentiques m'ont suggérées.

C'est sans doute une grande témérité de vouloir, dans l'état actuel de la science, dresser l'inventaire des nombreuses espèces du genre *Rosier*, qui croissent en Europe, en Asie et en Afrique. Leur nombre, qui va en augmentant chaque année, ne fera qu'accroître de plus en plus la confusion qui existe déjà dans leur nomenclature ; mais les herbiers et les vastes bibliothèques de MM. De Candolle et Boissier, ont considérablement facilité mes recherches ; j'y ai trouvé une foule de documents que j'eusse vainement cherchés ailleurs. Je viens exprimer de nouveau à MM. De Candolle et Boissier, ma vive reconnaissance pour tous les renseignements qu'ils ont bien voulu mettre à ma disposition durant la rédaction du présent mémoire.

Selon que l'esprit de synthèse ou d'analyse prédomine dans la pensée des hommes qui s'occupent de la fixation des espèces botaniques, on voit le nombre de celles-ci diminuer ou grandir. De ce point de départ apparaissent deux écoles, dont l'une est pour la multiplication des espèces, tandis que l'autre, poussée par la tendance contraire, tend sans cesse à en restreindre le nombre. Le travail le meilleur sera celui qui se trouvera le plus conforme à la nature, et quand on voit les êtres tels qu'ils sont on est toujours dans le vrai.

Ne nous hâtons pas trop de généraliser, mais observons incessamment et soyons convaincus qu'il n'est pas de fait particulier de si minime importance qu'il semble d'abord, qui ne se rattache à des lois naturelles. Je suis persuadé que le plus humble observateur peut, à l'aide d'une expérimentation très-simple, arriver à résoudre bien plus sûrement une question quelconque d'espèce que le savant le plus distingué, qui, en portant son jugement sur la même question, serait disposé à ne tenir aucun compte de l'expérience.

Le savant de nos jours ne s'élève pas à des idées géné-
rales, en posant son pied sur le terrain mobile des hypothèses, mais en l'appuyant sur des faits précis dont il
déduit des conséquences aussi rigoureuses que le permet-
tent ses méthodes d'observation.

L'habitant des grandes villes condamné à étudier
beaucoup plus en herbier que sur la nature vivante, se
fait de l'espèce une idée tout autre que l'observateur des
champs. Il se forme de chaque espèce un type idéal plus
ou moins large, selon le nombre et l'état des spécimens
qu'il a pu voir dans les herbiers.

Il faut dire aussi que bien des noms donnés comme
nouveaux dans ces derniers temps, existaient depuis longtemps dans l'histoire de la botanique, ignorés de la
plupart des auteurs qui s'occupent de faire des flores ;
l'érudition semble leur faire défaut ; cependant il y a un
livre qui peut les édifier sur les noms spécifiques publiés
anciennement : c'est *Steudel, Nomenclator botanicus.* Ce
sont de ces erreurs qui peuvent être passées à un jeune
botaniste sans expérience, car souvent outre son défaut de
jugement, les livres nécessaires lui manquent, et les types
authentiques sont une lacune dans son herbier ; mais, si
ses erreurs doivent lui être pardonnées, en admettant que
la science veuille bien consacrer l'usage des *circonstances
atténuantes,* il ne doit pas en être de même pour celui ou
pour ceux qui ont un nom faisant autorité dans la science,
car l'expérience est fille du temps et elle ne s'acquiert
qu'avec le nombre des années.

Une flore est plus difficile à faire qu'une monographie ;
puis n'est-il pas du devoir du floriste comme du monographe de mentionner tout ce qui a été écrit avant eux
sur les questions qu'ils traitent ? Si on n'est pas à même

de distinguer l'espèce d'un auteur, pourquoi la passer sous silence et croire qu'on se défait facilement des espèces critiques au moyen d'un oubli volontaire et qu'un trait de plume suffit pour rayer une espèce de la nature ? C'est une grave erreur : la vérité se fait toujours voir dans un temps plus ou moins éloigné; les faits existent quand même et l'observation basée sur l'hypothèse est un non-sens.

Un système établi uniquement sur des hypothèses et en dehors de faits spéciaux n'a pour base que *l'idée d'un possible* dont le contraire est *possible au même degré ;* et, dans de telles conditions, ce système est placé sur l'extrême bord d'une pente glissante et rapide qui peut aboutir à l'absurde. La science vit de certitudes et non de possibilités. Alors on cherchera à prouver par des théories inacceptables, puisqu'elles sont l'opposé des faits, que le *R. canina* passe au *R. andegavensis*, puis aux formes velues, de là au *R. tomentosa*, puis au *R. rubiginosa*, et enfin finit par produire le *R. arvensis* et le *R. sempervirens*. Wallroth, dans son *Historia Rosarum*, a déjà fait une besogne analogue et personne n'a écouté Wallroth, sort réservé à tous ceux qui voudront condenser ce que la nature a séparé !

Je dirai aux partisans de cette école qu'ils feraient beaucoup mieux de n'admettre que deux types dans les Rosiers : un sauvage qu'ils pourraient appeler *R. sylvestris* et l'autre cultivé, le *R. sativa :* ce qui a déjà été proposé il y a près de cinquante ans. Cette méthode de réduction a l'avantage de simplifier beaucoup les choses ; mais je crois que ceux qui, dans la science, cherchent avant tout la vérité, seront d'avis comme moi que les décisions de la fantaisie ou de l'inexpérience ne méritent pas qu'on s'y arrête.

Si l'école progressive a des torts, je puis dire que l'école stationnaire en a de plus grands en négligeant de faire connaître ce qui existe et en traitant trop légèrement une foule de questions dont la solution de sa part est loin de présenter l'exactitude même. C'est ce dédain magistral qui fait dire aux jeunes débutants phytologistes : *Que les types anciens ne sont d'aucune importance à notre époque, ces vieilles espèces étant plutôt un amas confus de formes hétérogènes qu'une vraie et solide forme bien caractérisée, en sorte qu'on ne doit en tenir compte que d'une manière tout à fait secondaire.* Alors à quoi sert d'écrire tant de volumes si, par l'arrêt de la jeunesse, les vieux pères ne doivent plus être consultés? Pourquoi créer comme à l'envi des genres méconnaissables et des espèces qui le sont plus encore? Gloriole, vanité, occupations frivoles, sans éclat pour leur auteur et sans profit pour la science !

Nier et expliquer sont deux choses différentes, dont l'une ne remplace jamais l'autre : la négation est individuelle et laisse toujours le fait rebelle et incompatible; l'explication est collective et soumet le fait au système général de la science positive. Tout en cherchant à rendre la botanique aussi facile que possible, cherchons avant tout à la rendre exacte et précise, persuadés que ce sont là les bases de la méthode qu'on doit suivre pour délimiter les espèces.

Je dis que, quand une description est compréhensible, ou que, d'autre part, à l'aide d'un type authentique ou à la vue d'une bonne gravure on reconnaît une plante, on doit adopter le nom imposé par son inventeur et non le rejeter par bon plaisir? Ces chicanes d'écoles doivent être abandonnées. Le vrai savant comme le simple amateur ne demandent que la vérité et des faits présentés sans charlatanisme.

Il ne suffit pas pour faire une monographie de réunir des espèces en plus ou moins grand nombre, supposant même qu'on les distribue le plus méthodiquement possible ; ce n'est point l'unique objet auquel doit s'attacher celui qui se livre à l'étude spéciale d'un genre de plantes. Il doit être historien, faire connaître toutes les particularités remarquables que peut offrir ce genre ; toutes les considérations doivent être passées en revue. Le botaniste vraiment digne de ce nom n'a d'autre mobile que la recherche de la vérité. Il est en garde contre l'esprit de routine. Il ne craint pas les mauvaises espèces, c'est-à-dire celles qui n'existent pas dans la nature ; il sait qu'elles servent à confirmer les bonnes, celles qui *sont*. Il n'est pas donné à l'homme de pouvoir atteindre jusqu'à l'essence des choses, jusqu'aux espèces. Tous ses efforts en ce sens sont impuissants ou ils ne produisent que des œuvres frappées de stérilité.

Quant aux hybrides, ils peuvent être contestés, du moins la majeure partie des hybrides qui ont été créés dans ces derniers temps et sur lesquels leurs auteurs ne sont nullement d'accord. Les *hybridolâtres* sont à la botanique ce que les *homéopathes* sont à la médecine. Des plumes beaucoup plus puissantes que la mienne, se sont occupées de jeter l'anathème contre une nomenclature spécifique aussi barbare que contraire aux lois de la nature, celle de Schiede, qui fut le principal promoteur des hybrides spontanés ; depuis lors des imitateurs fanatiques lui ont succédé. M. Ch. Des Moulins, ce patient observateur, dans le *Supplément final de son Catalogue de la Dordogne* (1859), dit : « L'hybridité *spontanée* est

« possible, puisque nous pratiquons l'hybridation arti-
« ficielle ; mais cette hybridité spontanée doit être rare,
« sinon dans un certain nombre de genres déterminés,
« du moins eu égard à l'ensemble du règne végétal.
« Cette rareté proportionnelle est démontrée par la fixité
« bien constatée d'un nombre immense d'espèces.

« Or, si cette fixité n'était par la règle générale,
« sujette à un petit nombre seulement d'exceptions, —
« la *loi* en un mot, — tout, depuis les temps historiques,
« serait confusion dans le règne végétal. Or encore, la
« confusion n'est pas, ne doit pas, ne peut pas être la
« *loi* dans les œuvres de la suprème Sagesse. Tout est
« réglé dans l'univers ; tout doit être réglé dans chacune
« de ses parties. *Confusion* et *loi* sont deux idées qui
« s'excluent d'une manière absolue ; et l'hybridisme,
« c'est la confusion, la rupture de la loi, partant *l'excep-*
« *tion, l'anormalité.* La méthode (ou le système), et la
« nomenclature qui en est l'expression, doivent s'appli-
« quer exclusivement à ce qui est *normal.*

« L'hybridisme végétal n'est pas et ne saurait être la
« *loi;* donc il doit être nécessairement rare, et j'applau-
« dis à la réserve prudente et sensée de Koch : *Hybridæ*
« *sunt vel saltem pro hybridis habentur (Syn.*, p. 589).

« Si les caractères de ces formes sont constants, si
« elles se reproduisent normalement et indéfiniment, ce
« sont des *espèces* qu'on n'a pas jusqu'ici distinguées et
« qu'il faut distinguer à l'avenir. Si non, ce sont des
« *accidents* passagers, et il ne faut pas, en présence de
« l'admirable harmonie de la création, — en présence de
« la paix, ou, comme dit Saint-Augustin, en présence de
« la *tranquilité de l'ordre* qui brille de toutes parts dans
« les œuvres de Dieu — il ne faut pas croire, dis-je, que

« certains êtres *non modifiés par artifice* s'écartent de la
« règle, — assez fréquemment pour que cette aberration
« prenne une apparence de normalité — jusqu'à remplir
« à l'égard d'autres êtres spécifiquement différents, la
« double fonction de *fécondateur* et de *fécondé*, que la
« mode du jour attribue alternativement, indifféremment
« et si je l'osais dire, *promiscuément*, à une même
« espèce.

« Je mets fin à cette digression, fondée, je crois, sur
« les principes les plus sains de la philosophie, de la
« raison et de l'observation. Je sais qu'on peut se tromper
« sur les faits. Mais dès qu'on ne se trompe pas sur les
« principes, je me fais honneur de proclamer avec
« M. Alexis Jordan que *le principe est plus fort que le*
« *fait*, et que, si ces deux choses sont en contradiction,
« il faut nécessairement que le fait ait été mal observé
« ou mal interprété, car le fait n'est dans l'ordre des
« choses *possibles*, que parce qu'il est la réalisation *d'un*
« *principe*; autrement il ne pourrait avoir lieu. La philo-
« sophie la plus élémentaire enseigne que deux vérités ne
« peuvent pas être opposées l'une à l'autre ; or, qui dit
« *principe* et qui dit *fait*, les proclame également *vérités*. »

Fidèle à la loi que je me suis imposée de n'admettre
aucune de ces espèces nominatives connues de leurs
auteurs seulement, dont les descriptions sont toujours à
venir, je les passe sous silence. Ces noms spécifiques
donnés à des plantes sans une description ou une planche
sont nuls et non avenus. Les plantes dites inédites, publiées
dans les exsiccata, sans une description sont dans les
mêmes conditions.

Je ne chercherai pas ici à fortifier, par des raisonne-
ments anticipés, les opinions émises dans cette publication ;

je les donne avec conviction, toujours prêt à modifier ma manière de voir aussitôt que des raisons plus solides m'apporteront de nouvelles lumières. C'est toujours avec la plus grande reconnaissance que je recevrai toutes les observations que les botanistes voudront bien me communiquer; je leur soumets le résultat de mes recherches et de mes critiques; mon but a été de chercher la vérité et de rendre à chacun ce qui lui appartient; si ce mémoire obtient leur approbation, elle sera pour moi la plus belle récompense !

J'ai cité dans le cours de ce mémoire les personnes qui m'ont communiqué des échantillons, souvent accompagnés de notes instructives; c'est pour moi un devoir, bien doux à remplir, de les citer ici et de leur témoigner mes bien vifs remercîments.

En première ligne, je dois placer M. Boreau, directeur du Jardin botanique d'Angers, pour la bienveillance qu'il a mise à me donner son avis chaque fois que je l'ai consulté, et en me procurant, au moyen de sa vaste correspondance, des échantillons de rosiers, tant de la France que des pays étrangers.

Des herborisations faites pendant de longues années dans le département du Cher, avec M. le docteur Ripart, sont pour moi des souvenirs agréables ajoutés à une amitié sans bornes. Gustave Tourangin, qui fut mon premier guide dans la botanique, ne peut plus recevoir mes remercîments, il est mort depuis trois ans, sa mémoire me sera toujours chère ! Le comte Jaubert, qui fut le promoteur de la botanique dans le centre de la France, dont la riche galerie botanique m'a été si généreusement ouverte, ne peut plus recevoir mes remercîments, il a été enlevé à sa famille, à ses nombreux amis et à la science le 5 décembre 1874; je garderai toujours un précieux souvenir du comte Jaubert; il faut espérer que parmi ses petits-fils, il y en aura un qui se livrera à l'étude de la botanique et qui marchera sur les traces de l'auteur des *Illustrationes plantarum orientalium*.

A ces noms, j'ajouterai ceux de MM. l'abbé Puget, d'Annecy; l'abbé Boullu, de Lyon; Ozanon, de Lyon; Hanry, du Var; Pierrat et l'abbé Boulay, des Vosges; Lloyd, de Nantes; Lamotte, de Clermont; Grenier, de Besançon; Verlot, de Grenoble; Timbal-Lagrave, de Toulouse; Franchet, du Loir-et-Cher; Mabile, d'Auxerre; Jullien, d'Orléans; Bornet, d'Antibes; l'abbé Chaboisseau, de Paris; Genevier, de Nantes; Lamy, de Limoges; Paillot, de Besançon; Gariod, de Gap; Songeon, de Chambéry; Bordère, des Pyrenées.

En Angleterre, M. J.-G. Backer, de Londres, m'a procuré, outre des types authentiques de Woods, venant de lui-même, tous les rosiers d'Angleterre, qui sont si peu répandus dans les herbiers du continent; je lui témoigne ma bien vive reconnaissance, et je le remercie sincèrement pour tous les renseignements qu'il m'a communiqués sur l'herbier de Linné et autres collections. — MM. Archer-Briggs, de Plymouth; F.-M. Webb, de Liverpool.

En Belgique, M. Crépin, de Bruxelles. En Allemagne, M. Caspary, de Königsberg; feu Wirtgen, de Coblence. En Autriche, M. Kerner, d'Innsbruck. En Italie, M. Todaro. En Suisse, M. Rapin, de Genève; M. l'abbé Cottet, de Fribourg; M. de la Soie, chanoine du St-Bernard à Bovernier; M. Christ, de Bâle.

Je prie toutes les personnes que je viens de citer, de recevoir l'expression de ma vive reconnaissance; puissent-elles, en voyant l'usage que j'ai fait des secours qu'elles m'ont fournis, continuer à m'honorer de leur précieuse bienveillance !

Je déclare en outre que j'ai écrit ce que je pensais, sans aucune intention de nuire à qui que ce soit, mais seulement dans l'espoir que par ces diverses opinions on parviendra à trouver la vérité.

Genève, 10 mai 1875.

Rapport sur les Rosiers d'Europe de l'herbier de Linné, par M. J.-G. Baker [1].

L'herbier de Linné contient environ 50 échantillons de rosiers presque tous en bon état. Il y a 50 espèces d'Europe environ ; la moitié sont étiquetées de la propre main de Linné : généralement il n'y a que le nom seul ; quelquefois une note ; parmi les autres, un grand nombre viennent de Jacquin et sont accompagnés d'étiquettes chargées de nombreuses notes et collées sur la feuille ; deux ou trois ont des étiquettes de quelque correspondant français de Linné (du Roi?); il existe aussi sur quelques feuilles une note au crayon faite par Sir J.-E. Smith. Avec son herbier, on conserve l'exemplaire qui a appartenu à Linné de la seconde édition du *Systema plantarum,* qui contient beaucoup de notes manuscrites d'une date plus récente que le texte imprimé, des corrections de synonymes, etc.; je les ai toujours ajoutées quand elles m'ont paru avoir une certaine importance.

---

(1) M. Baker, de Londres, a bien voulu comparer les types de mon *Essai monographique sur les Rosiers de France,* avec ceux de l'herbier de Linné, collection conservée dans les galeries de la Société Linnéenne de Londres. Voici le résultat de ses recherches que je donne *in extenso ;* ces notes reçues en septembre 1864, devaient paraître de suite, quand des circonstances indépendantes de ma volonté m'empêchèrent de le faire plus tôt.

REMARQUE SUR LA COLONNE COPIÉE.

Lin. herb. signifie : Étiquettes de la main de Linné dans l'herbier.
Lin. syst.   »   Notes manuscrites de Linné dans l'exemplaire du Systema.
Jacq. herb.   »   Étiquettes de la main de Jacquin collées sur les feuilles de
                        l'herbier.
Smith, herb.   »   Notes de Smith dans l'herbier.

COPIÉ D'APRÈS L'HERBIER OU LE LIVRE.	OBSERVATIONS DE M. J.-G. BAKER.
1. *Eglanteria* *lutea*, Sm. herb. R. lutea Bauh. pin. 455, Hall. fl. succ. et R. eglanteria Tabern. Lin. Syst.	1. *lutea* ordinaire, feuilles légèrement velues en dessus ; pétioles velus, mais très-peu glanduleux ; feuilles glanduleuses sur toute la surface inférieure ; pédoncules tout à fait glabres.
2. *Bicolor. eglanteria var.* Smith, herb.	2. *lutea* var. *punicea* Miller.
5. *Bicolor* nobis. Germinibus subglobosis glabris, pedunculis inermibus, fol. cal. subaculeatis, petala intus rubicunda. Jacq. herb.	5. *lutea* var. *punicea* Miller.
4. *Rubiginosa. Differt a R. lutea foliis rugosis et subtus rubiginoso-glandulosis, qua in lutea sunt glaberrima glauca.* R. eglanteria auctorum nec Linnaei nec a *Kramero, Jacquiniano, Crantzio observata.* R. bicolor *Jacq. forte est. R. lutea et varietas.* Lin. herb.	4. Ceci montre que Linné distinguait clairement le R. *lutea* du R. *rubiginosa.* Cet échantillon, le seul de la collection étiqueté *rubiginosa* par lui, est évidemment ou votre *rubiginosa* ou le *comosa.* Il a les styles fortement laineux ; le fruit (non mûr) obovoïde, un peu aciculé à la base ; les feuilles un peu velues en dessus, très-glanduleuses en dessous, la foliole terminale ovale et même arrondie ; les pétioles garnis de nombreux petits aiguillons inégaux ; les bractées et les stipules supérieures nues sur le dos.
5. *Cinnamomea H. U.* (*hortus Upsaliensis*). Lin. herb.	5, 6, 7. *Cinnamomea* ordinaire.
6. *Foecundissima.* Jacq. herb.	
7. *Cinnamomea* avec une étiquette du correspondant français.	
8. *Pimpinellifolia.* Lin. herb.	8. C'est notre *spinosissima* ordinaire en Angleterre, et votre plante n'est certainement pas le R. *rubella* Smith ; pédoncule et fruit tout à fait nus ; feuilles simplement dentées ; pétioles sans glandes et à peine munis de quelques petits aiguillons ; fruit (non mûr) subglobuleux ; styles laineux.

 |

9. *Pimpinellifolia* Lin. syst. (avec une barre transversale sur le nom). *Spinosissima ?* Smith. herb. (avec une barre sur le point d'interrogation). L'échantillon vient de Jacquin étiqueté comme il suit : *Rosa Austriaca* Crantz n° 110 b Halleri a botanophyllo Halleriano fruticem accepi e montibus Genevae. A *R. Spinosissima,* vix differt nisi corollis purpureis odorantibus, frutice minor, minus spinosa. Contra Hallerum foliola calycina apud nos simplicia nec. pinnata ; germen glabrum non hispidum ut xxx Crantzius.

9. Je doute que vous rapportiez aussi cette espèce au *R. spinosissima,* Il n'y a rien dans la collection étiqueté *spinosissima* par Linné. Cet échantillon a une fleur qui n'a pas plus d'un pouce de largeur, les feuilles simplement dentées, les pédoncules tout à fait lisses. C'est une plante tout à fait différente de celle que vous appelez *R. Austriaca* Crantz. Mais Jacquin aurait bien pu appliquer correctement un nom de Crantz.

10. *Villosa. Ackero Sudermania. Osbeck.* Lin. herb.
Caulis laevis, aculeis sub genicula 2 ad 4 confertis. Petioli aculeati. Folia obtusa tomentosa. Pedunculi hispidi. Germina globosa hispida. Petala rubra. Lin. Syst.

10. C'est tout à fait le *R. mollissima* Fries. Des feuilles rugueuses molles grises sur les deux faces, très-légèrement glanduleuses en dessous ; stipules molles comme les feuilles et tout à fait glanduleuses sur le dos ; tube du calice globuleux, légèrement aciculé ; sépales presque simples avec une longue pointe feuillée.

11. *Rosa sylvestris virginiensis* Parkinson. Cum *R. Carolina* L. non nihil convenit spinis stipularibus fructibus ovatis hispidis et licet Dill. diversam esse monet in hort. Eltham. p. 525. Jacq. herb. Smith a écrit :
R. pomifera melius. R. villosa hortorum et R. Brith. Smith. herb.

11. *R. pomifera.* Sans doute un exemplaire cultivé dans un jardin et venant de Jacquin. Notez que c'est le *mollissima* et non celui que Linné a nommé *villosa.* Consulter Fries Novit. fl. Suec.

12. *Sempervirens* Lin. herb.

12. Est-ce votre *sempervirens* ou votre *scandens ?* Je n'en suis pas sûr. Feuilles larges, de deux pouces de longueur, largement ovales arrondies à la base. Stipules glanduleuses ciliées ; colonne des styles très-velue ; tous les sépales entiers et glanduleux sur toute leur surface extérieure.

13. *Gallica* Jacq. herb. Caulis laevis vel aculeatus; petioli aculeati, folia supera nuda, subtus vix tomentosa subacuta. Pedunculi hispidi. Germina ovata basi hispida. Flores pleni rubri aut albi.

13. *R. Gallica.*

14. *R. belgica* Miller. Frutex humanae altitudinis. Caules et rami frequenter inermes, non nulli tamen aculeis recurvis,

14. Évidemment *R. provincialis.* Feuilles longues de deux pouces, larges d'un demi-pouce, non ciliées, poilues principalement

COPIÉ D'APRÈS L'HERBIER OU LE LIVRE.	OBSERVATIONS DE M. J.-G. BAKER.
obsiti. Flores corymbosi, omnium mihi rosarum maximi. Germen ovato-oblongum. Petala pallide incarnata extus albidena. Jacquin, herb.	en dessous sur les nervures, quelques-unes des dents surchargées de dents accessoires ; sépales prolongés en une longue pointe feuillée ; tube du calice resserré au col ; fleurs larges de trois pouces.
15. « *Rosula pulcherrima nana dicta. Rosa burdigalensis ; rose de Dijon. An villosae varietas.* Le correspondant français (du Roi ?).	15. Série des *rubiginosae*. Échantillon en mauvais état ; fleurs presque détruites par les insectes ; folioles terminales petites, typiquement ovales, dentelures fines un peu surchargées de dents accessoires.
16. *Rosa holosericea* Miller. Fl. intense carmesinus odoris gratissima. Jun. Jul. — Foliola magis ovata quam ut *R. provinciali* Mill. Nec non xxx duriara et nonnihil viscida. Flos etiam multo minor. Jacquin, herb.	16. *R. pumila.* Feuilles plus petites que le n° 14, doublement dentées, les dents secondaires glanduleuses, foliole terminale largement ovale.
17. *Rosa moschata* Mill. Frutex 4 pedalis ramosissimus. Caulis et rami aculeis copiosis recurvis muniti, foliola saepe septena tenerrima utrinque viridia subtus glandulosa odorem fortem *R. eglanteria* spargunt. Flos rubescens hemisphericus *R. centifolia* duplex minor fragrantissimus. Jacquin, herb.	17. Série des *Gallicanae*.
18. *Rosa.* Frutex humanae altitudinis. Aculei in caulibus rariores, folia utrinque villosa et tactu mollia inferne albida : flores copiosi corymbosi suaveolentes plani, minus pleni quam *R. centifolia* ejusdemque coloris, germen turbinatum. Jacquin, herb.	18. Série des *Gallicanae*.
19.	19. Série des *Gallicanae*.
20. *Gallica var.* Lin. herb.	20. Je pense que c'est l'*arvina*. Styles réunis en colonne velue plus courte que les étamines, feuilles à nervures proéminentes en dessous, obovales et arrondies à la base, tube du calice glanduleux à la base, sépales laineux et légèrement glanduleux sur le dos.
21.	21. Série des *Gallicanae*.
22. *Alpina* Lin. herb.	22. Votre plante, mais à pédoncules hispides, ainsi que le tube du calice, et pétioles légèrement aciculés et garnis de soies.

COPIÉ D'APRÈS L'HERBIER OU LE LIVRE.	OBSERVATIONS DE M. J.-G. BAKER.
23. *Alpina* Jacq. herb.	23. Deux échantillons avec une étiquette de la main de Jacquin. Un est *R. Alpina vera*, l'autre est *R. Pyrenaica*.
24. *R. sylvestris pumila C. B, non Linnaei. An ejus R. Gallica ?* Lin. herb. *Pumila Willd.* Smith, herb.	
25. *Canina* Lin. herb.	25. Exactement *R. luteliana* Lem. Dentelures simples ; pétioles avec 3 ou 4 aiguillons recourbés, mais ni velus ni munis de soies ; stipules légèrement ciliées-glanduleuses ; pédoncules nus ; sépales très-pinnatifides et fortement ciliés-glanduleux sur toute leur étendue.
26. *R. Cretica* montana foliis subrotundis glutinosis et villosis. Jacq. herb. *R. glutinosa fl. Graec. T.* 482. Sm. herb.	26. *R. glutinosa* Sibth.
27. *R. dumetorum. E. B. l.* 2579 ? *R. rubiginosa* xxx Smith, herb.	27. Le même que le nº 4, mais sans aucune étiquette de Linné sur la feuille.
28. *R. Collina.* Jacquin, herb.	28. Votre plante. Feuilles glabres en dessus, velues en dessous principalement sur les nervures ; foliole terminale presque ronde, toutes simplement dentées ; pétioles velus et chargés de petites glandes ; tube du calice arrondi et pédoncules chargés de soies et d'aiguillons ; styles très-velus.
29. *Pendulina.* *R. inermis fructu longissimo.* Lin. herb.	29. C'est tout à fait votre plante. Linné et non Alton est l'autorité originale pour le nom.
30. *Alba.* Lin. herb.	30. Exactement votre plante.
31. *Monsp.* (Montpellier). Lin. herb.	31. *Alpina* vera.
32. *Monsp.* id. Lin. herb.	32. *R. sepium* Thuil., échantillon bien caractérisé.

HULTHEMIA.

Dumort., Not. sur un nouv. genre de plante (1824);
Boissier, fl. orient., II, p. 668 (1872); *Lowea* Lindley,
bot. regist. (1829), XV; *Rhodopsis* Bunge in Ledeb.,
fl. Alt. (1830), II, p. 224; *Rosae* sp. Pallas; Jussieu;
Willd.; Poir.; Pers.; Lindl.; Tratt.; DC.

H. berberifolia Dumort., l. c., p. 13 et monog. des
roses de la flore Belge (1867), p. 59; Boissier, l. c.;
Rosa berberifolia Pallas, nov. act. Petrop., X, p. 379;
Roessig, die rosen (1801), n° 35; Pers., syn. (1807), II,
p. 47; Lindl., monog. rosar. (1820), p. 1; Thory, prod.
du gen. rosier (1820), p. 35; Tratt., monog. ros. (1823),
II, p. 214; de Pronv., monog. du genre ros. (1824), p. 23;
R. berberifolia var. *Redouteana*, Seringe, in DC., prod.
(1825), II, p. 602; *R. Persica* Juss., gen. (1789), p. 452;
R. simplicifolia Salisb., hort. Allert. (1796), p. 359;
Poiret, enc. suppl. (1804), p. 276; Dum.-Cours., bot.
cult. (1811), V, p. 467; *R. monophylle* Desportes, roset.
gal. (1827), p. 1; *Lowea berberifolia* Lindley, bot. reg.
(1829), tab. 1261.

Icon. Olivier, voy., atl. tab. 45; Pallas, l. c., fig. 5;
Roessig, l. c.; Redouté, les roses (1824), livrais. I, B.

Exsic. Aucher-Eloy, n° 1428; Kotschy, pl. Perse bor.,
n° 698; Karelin et Kiriloff, n° 250.

Hab. Mai, juin. — *Perse.* Amaden (Olivier), Assadabad (Haussk.), les
Monts Elvind (Olivier 1822, in herb. DC. — Aucher-Eloy), Téhéran
(Kotschy). — *Tartarie chinoise.* Désert de la Songarie (Bunge in herb.
DC. ; Turczanninoff in herb. Boissier).

Var. b. **stenophylla** Boiss., l. c., p. 669. — Humilior, folia angus-
tiora lineari-oblonga (Boiss.). — *Perse.* Téhéran (Kotschy, exs. n° 26 !).

Var. c. **velutina** Ser. in DC., l. c. — *Perse*, herb. DC.

Obs. Introduit en France par Michaux et Olivier; en Angleterre, par
Banks, 1790, d'après Desportes.

ROSA.

Tourn., inst., I, p. 646, tab. 408; Lin., gen., n° 631; Juss., gen., p. 372; Lamarck, illust, tab. 440; Gaerth., fruct., I, p. 347, tab. 73, f. 4.

Sect. I. — **Synstylae**.

A). *Sempervirentes.*

	Europe.	Anglet.	France.	Asie.	Afrique.
R. Leschenaultiana Red.				—	
— thyrsiflora Leroy.				—	
— multiflora Thunb.				—	
— Luciae Franch. et Rocheb.				—	
— moschata Miller	—			—	—
— Phoenicea Boissier				—	
— Dupontii Déségl.	?		?	—	
— Abyssinica R. Br.				—	—
— Brownii Tratt.				—	
— ruscinonensis Déségl. et Gren.	—		—		
— longicuspis Bert.				—	
— sempervirens Lin.	—		—		—
— scandens Miller	—		—		
— prostrata DC.	—		—		

B). *Arvenses.*

	Europe.	Anglet.	France.	Asie.	Afrique.
R. bibracteata Bast		—	—		
— conspicua Boreau			—		
— rusticana Déségl.			—		
— Beggeriana Schr.	—				
— arvensis Huds.	—	—	—		
— erronea Ripart	—	—	—		
— ovata Lejeune.	—	—	—		
— gallicoides Déségl.			—		

c). *Stylosae.*

	Europe.	Anglet.	France.	Asie.	Afrique.
R. stylosa Desvaux	—		—		
— Clotildea Timb.-Lagr.			—		
— systyla Bast	—	—	—		
— immitis Déségl.			—		
— parvula Sauzé et Mail.			—		
— virginea Ripart		—	—		
— leucochroa Desvaux		—	—		

SECT. II. — **Indicae.**

	Europe.	Anglet.	France.	Asie.	Afrique.
R. Indica Lin.				—	
— Lawranceana Sweet				?	
— semperflorens Willd.				—	
— longifolia Willd				—	—

SECT. III. — **Bracteatae.**

	Europe.	Anglet.	France.	Asie.	Afrique.
R. involucrata Roxb.				—	
— bracteata Wendl.				—	
— Lyellii Lindley				—	

SECT. IV. — **Banksianae.**

	Europe.	Anglet.	France.	Asie.	Afrique.
R. Banksiae Br.				—	
— microcarpa Lindl.				—	
— amoyensis Hance.				—	
— Sinica Murr.				—	
— hystrix Lindl.				—	

SECT. V. — **Gallicanae.**

	Europe.	Anglet.	France.	Asie.	Afrique.
R. hybrida Schleicher	—		—		
— Polliniana Sprengel	—		—		
— arvina Krocker	—		—		
— arenivaga Déségl.			—		
— subinermis Chabert			—		
— geminata Rau	—		—		
— Fourraei Déségl.			—		
— Boraeana Béraud			—		
— Austriaca Crantz	—		—		
— incarnata Miller	—		—		
— virescens Déségl.			—		
— velutinaeflora Déségl. et Ozan.			—		
— mirabilis Déségl.			—		
— sylvatica Tausch	—		—		
— decipiens Boreau	—		—		
— opacifolia Chabert.			—		
— gallica Lin.	—	?	—		
— provincialis Ait.	—		—		
— assimilis Déségl.			—		
— pygmaea Bieberst.				—	
— Czackiana Besser	—				
— Wolfgangiana Besser.	—				
— pumila Lin. fil.	—	—	—		

Sect. VI. — **Centifoliae.**

	Europe.	Anglet.	France.	Asie.	Afrique.
R. centifolia Lin.					
— sancta Richard					
— parvifolia Willd.					
— muscosa Ait.					
— pomponia DC.					
— pulchella Willd.					
— turbinata Ait.					
— Damascena Miller.					

Sect. VII. — **Pimpinellifoliae.**

	Europe.	Anglet.	France.	Asie.	Afrique.
R. pimpinellifolia Lin.	—		—		
— spinosissima Lin.	—	—	—		
— Besseri Tratt	—				
— Mathonneti Crépin	—		—		
— consimilis Déségl.	—		—		
— spreta Déségl.	—		—		
— Ozanonii Déségl	—		—		
— mitissima Gmelin	—		—		
— Altaica Willd.	—				
— oxyacantha Bieberst.				—	
— Webbiana Wall				—	
— albicans Godet.				—	
— oxyodon Boissier				—	
— rubella Smith		—			
— reversa W. et Kit.	—		—		
— gentilis Sternb.	—		—		
— myriacantha DC.	—		—		
— Ripartii Déségl.	—		—		
— dichroa Lerch	—				

Sect. VIII. — **Sabiniae.**

	Europe.	Anglet.	France.	Asie.	Afrique.
R. Sabini Woods	—	—	—		
— Doniana Woods		—			
— gracilis Woods		—			
— Wilsoni Borrer		—			
— involuta Smith		—			
— coronata Crépin	—		—		
— Sabauda Rapin			—		

Sect. IX. — **Ciunamomeae.**

	Europe.	Anglet.	France.	Asie.	Afrique.
R. cinnamomea Lin.	—	?	—		—
— Willdenowii Spreng.	—				
— Carelica Fries.	—				
— Baltica Roth	—		—		
— blanda Jacquin	—		—		
— Fischeriana Besser	—				
— laxa Retz	—				

	Europe.	Anglet.	France.	Asie.	Afrique.
R. Dahurica Pallas				—	
— Silverhielmii Schr.				—	
— Bungeana Boiss. et Buhse				—	
— anserinaefolia Boissier				—	
— lacerans Boiss. et Buhse				—	
— Lehmanniana Bunge				—	
— Cabulica Boissier				—	
— Elymaitica Boiss. et Hauss				—	
— Orientalis Dupont				—	
— Kotschyana Boiss.				—	
— Kamtchatica Vent.				—	
— rugosa Thunb.				—	
— iwara Sieb.				—	
— microphylla Roxb.				—	
— macrophylla Lindl.				—	
— sericea Lindl.				—	
— dissimilis Déségl.				—	
— Balearica Desfont.	—				

Sect. X. — Alpinae.

	Europe.	Anglet.	France.	Asie.	Afrique.
R. alpina Lin.	—		—		
— intercalaris Déségl.	—		—		
— adjecta Déségl.	—		—		
— Monspeliaca Gouan	—		—		
— pendulina Ait.	—		—		
— lagenaria Villars	—		—		
— Pyrenaica Gouan	—		—		
— glandulosa Bellardi	—		—		

Sect. XI. — Montanae.

	Europe.	Anglet.	France.	Asie.	Afrique.
R. Franzonii Christ.	—				
— ferruginea Villars	—		—		
— montana Villars	—		—		
— Salaevensis Rapin	—		—		
— Perrieri Songeon	—		—		
— Caballicensis Puget	—		—		
— Gorenkensis Besser	—				
— oplisthes Boissier			—		—
— falcata Puget	—		—		
— Ilseana Crépin	—		—		
— glauca Villars	—	—	—		
— complicata Grenier	—	—	—		
— intricata Grenier	—		—		
— fugax Grenier	—	—	—		
— venosa Swartz	—		—		
— Crepiniana Déségl.	—		—		
— subcristata Baker	—		—		
— alpestris Rapin	—		—		
— Hibernica Smith	—		—		
— Schultzii Ripart	—		—		

SECT. XII. — Caninae.

A). *Nudae.*

	Europe.	Anglet.	France.	Asie.	Afrique.
R. canina Lin.	—	—	—	—	—
— glaucescens Desvaux	—		—		
— nitens Desvaux	—		—		
— syntrichostyla Ripart.	—	—	—		
— macroacantha Ripart.			—		
— mucronulata Déséglise	—	—	—		—
— senticosa Achar	—		—		
— flexibilis Déségl.		—	—		
— fallens Déségl..			—		
— addita Déségl..					
— calycina Bieberst.	—				
— armata Steven.	—				
— Transilvanica Schr.	—				
— Touranginiana Déségl. et Rip..	—		—		
— ramosissima Rau	—		—		
— Amansii Rip. et Déségl.	—		—		
— globularis Franchet	—		—		
— montivaga Déségl.	—		—		
— spuria Déségl..	—		—		
— sphaerica Grenier.	—	—	—		
— exilis Crépin	—		—		
— aciphylla Rau	—		—		

B). *Biserratae.*

	Europe.	Anglet.	France.	Asie.	Afrique.
R. Carioti Chabert			—		
— medioxima Déségl.	—		—		
— Malmundariensis Lej..	—	—	—		
— Mandonii Déségl..	—				—
— squarrosa Rau.	—		—		
— rubelliflora Ripart	—		—		
— rubescens Ripart.	—		—		
— vinacea Baker.		—	—		
— dumalis Bechst	—	—	—		
— glaberrima Dumort..	—		—		
— oblonga Déségl. et Rip.	—		—		
— cladoleia Ripart	—		—		
— sylvularum Ripart	—		—		
— insignis Rip. et Déségl.	—		—		
— Chaboissaei Grenier	—	—	—		
— eriostyla Ripart	—	—	—		
— curticola Puget			—		
— stenocarpa Déségl.	—		—		
— villosiuscula Ripart	—		—		
— armatissima Déségl. et Rip.			—		
— stephanocarpa Déségl. et Rip.			—		
— adscita Déségl.			—		

	Europe	Anglet.	France.	Asie.	Afrique.
R. megalocarpa Déségl.				—	
— macrocarpa Mérat.	—		—		
— biserrata Mérat	—		—		
— sphaeroidea Ripart	—		—		
— brachypoda Déségl. et Rip.			—		
— Armidae Webb.					—

c). *Hispidae.*

	Europe	Anglet.	France.	Asie.	Afrique.
R. Pouzini Tratt.			—		
— inconsiderata Déségl.	—				
— Chavini Rapin.	—		—		
— Wolfii de la Soie	—				
— Martini Grenier			—		
— surculosa Woods.		—			
— abstenta Déségl.				—	
— Andegavensis Bast.	—		—		
— vinealis Ripart	—		—		
— Verloti Crépin.			—		
— Suberti Ripart.	—	—	—		
— Rousselii Ripart	—		—		
— interveniens Déségl.			—		
— latebrosa Déségl.		—	—		
— ambigua Lejeune.	—		?		
— Kosinsciana Besser	—		—		
— firma Puget			—		
— aspernata Déségl.		—	—		
— verticillacantha Mérat			—		
— inconspicua Déségl.	—	—	—		
— oenensis Kerner	—				
— Schottiana Seringe	—				
— Acharii Bilb.	—		—		
— Chaberti Déségl.			—		
— Haberiana Puget	—		—		
— Waitziana Tratt.	—				
— transmota Crépin.			—		
— psilophylla Rau	—				
— Aunieri Cariot.			—		
— Laggeri Puget.	—				
— hamathodes Boissier				—	
— Hampeana Griseb.	—				
— Djimilensis Boissier				—	
— Soongarica Bunge.				—	

d). *Pubescentes.*

	Europe	Anglet.	France.	Asie.	Afrique.
R. erythrantha Boreau			—		
— obtusifolia Desvaux	—	—	—		
— brachiata Déségl	—		—		—
— affinis Rau	—		?		

	Europe.	Anglet.	France.	Asie.	Afrique.
R. dumetorum Thuil.	—	—	—		
— urbica Leman	—	—	—		
— globata Déségl.	—		—		
— platyphylla Rau	—	—	—		
— platyphylloides Déségl. et Rip.			—		
— implexa Grenier	—		—		
— jactata Déségl.	—		—		
— sphaerocarpa Puget			—		
— Caucasica Bieberst.				—	
— Schergiana Boissier				—	
— coriifolia Fries	—	—	—		
— cinerosa Déségl.			—		
— canescens Baker	—	—	—		

<h3 style="text-align:center">E). Collinae.</h3>

	Europe.	Anglet.	France.	Asie.	Afrique.
R. corymbifera Borkh.	—		—		
— Numidica Grenier					—
— Deseglisei Boreau	—		—		
— imitata Déségl.	—		—		
— Bellevallis Puget	—		—		
— approximata Déségl.			—		
— Friesii Scheutz	—				
— arguta Crépin				—	
— clivorum Scheutz	—				
— caesia Smith		—			
— collina Jacquin	—	—	—		
— cinerea Rapin			—		
— Boverneriana Lag. et de la Soie	—		—		
— cerasifera Timb.-Lagr.	—				
— Friedlanderiana Besser	—		—		
— saxatilis Steven				—	
— Ratomsciana Besser	—				
— macrantha Desportes			—		
— Borcykiana Besser	—		?		
— alba Lin.	—			—	

SECT. XIII. — **Eglanteriae.**

	Europe.	Anglet.	France.	Asie.	Afrique.
R. lutea Dalech.				—	
— Maracandica Bunge				—	
— Phrygia Boissier				—	
— hemisphaerica Herm.				—	

SECT. XIV. — **Rubiginosae.**

<h3 style="text-align:center">A). Tomentellae.</h3>

	Europe.	Anglet.	France.	Asie.	Afrique.
R. tomentella Leman	—	—	—		
— similata Puget	—		—		
— Tiroliensis Kerner	—				

	Europe.	Anglet.	France.	Asie.	Afrique.
R. Borreri Woods		—			
— Bakeri Déségl.		—			
— Valesiaca Lag. et Pug.	—				
— Nebrodensis Gussone.	—		—		
— viscida Puget.			—		
— viscosa Jan.	—				
— Blondaeana Ripart	—	—	—		

в). *Glandulosae.*

	Europe.	Anglet.	France.	Asie.	Afrique.
R. insidiosa Ripart	—		—		
— dryadea Ripart			—		
— protea Ripart			—		
— consanguinea Grenier	—				
— Godeti Grenier	—		—		
— Cotteti Puget	—				
— marginata Wallroth	—	?	?		
— trachyphylla Rau	—		?		
— leucantha Bieberst.				—	
— Wasserburgensis Kirschl.			—		
— commutata Scheutz	—				
— subolida Déségl.			—		
— Pugeti Boreau			—		
— nemorivaga Déségl.			—		
— decora Kerner.	—				
— flexuosa Rau	—				
— pseudo-flexuosa Ozanon			—		
— speciosa Déségl.			—		
— Jundzilliana Besser	—		—		
— nitidula Besser	—				
— livescens Besser	—				

c). *Pseudo-rubiginosae.*

	Europe.	Anglet.	France.	Asie.	Afrique.
R. Hungarica Kerner	—				
— grandiflora Wallroth	—				
— sepium Thuil.	—		—		
— vinodora Kerner	—				
— agrestis Savi	—		—		
— mentita Déségl.			—		
— arvatica Puget.		—	—		
— virgultorum Ripart	—		—		
— Billetii Puget					
— Seraphini Viv.	—		—		
— Cheriensis Déségl.	—		—		
— Lugdunensis Déségl.	—		—		
— Jordani Déségl.	—		—		
— elliptica Tausch	—		—		
— Vaillantiana Boreau	—		—		

	Europe.	Anglet.	France.	Asie.	Afrique.
R. ladanifera Timb.-Lagr.			—		
— Arabica Crépin					—
— Klukii Besser		—			
— subdola Déségl.			—		
— Tuschetica Boissier				—	
— Biturigensis Boreau			—		

D). *Verae-rubiginosae.*

	Europe.	Anglet.	France.	Asie.	Afrique.
R. apricorum Ripart	—	—	—		
— comosa Ripart	—	—	—		
— umbellata Leers	—		—		
— horrida Fischer			—	—	
— permixta Déségl.	—		—		
— septicola Déségl.	—		—		
— operta Puget	—		—		
— echinocarpa Ripart	—	—	—		
— dimorphacantha Martinis	—		—		
— sylvicola Déségl. et Rip.	—	—	—		
— Iberica Steven				—	
— Aucheri Crépin				—	
— asperrima Godet				—	
— glutinosa Sibth	—			—	
— pustulosa Bertol.	—				
— Heckeliana Tratt.	—				
— Sicula Tratt.	—				
— Orphanidis Boiss. et Reut.	—				
— micrantha Smith	—	—	—		
— floribunda Steven			—		
— diminuta Boreau			—		
— lactiflora Déségl.			—		
— Lemanii Boreau	—	—	—		
— rotundifolia. Rchb.	—		—		

Sect. XV. — **Tomentosae.**

A). *Verae-tomentosae.*

* Folioles toutes simplement dentées.

	Europe.	Anglet.	France.	Asie.	Afrique.
R. Didoensis Boissier				—	
— Armena Boissier				—	
— Vanheurckiana Crépin				—	
— Boissieri Crépin				—	
— Balansaea Déségl.				—	
— cineracens Dumort	—				
— micans Déségl.	—				
— Mareyana Boullu				—	
— dumosa Puget	—				
— farinulenta Crépin	—				

(32)

**** Feuilles doublement dentées.**

† Folioles à glandes éparses en dessous ou à nervures secondaires velues.

	Europe.	Anglet.	France.	Asie.	Afrique.
R. foetida Bast		—	—		
— abietina Grenier			—		
— Gisleri Puget	—				
— Sufferti Kirschl.			—		
— spinulifolia Dematra	—				
— vestita Godet			—		
— terebenthinacea Besser	—	—	—		
— Arduennensis Crépin	—				
— pulverulenta Bieberst.				—	
— caryophyllacea Besser	—				
— capnoides Kerner	—				
— cuspidata Bieberst				—	
— cuspidatoides Crépin	—	—	—		
— Genevensis Puget	—				
— scabriuscula Smith			—		
— farinosa Rau	—		—		

†† Folioles églanduleuses en dessous.

	Europe.	Anglet.	France.	Asie.	Afrique.
R. Borkhausenii Tratt.	—				
— collivaga Cottet	—				
— velutina Clairville	—				
— tomentosa Smith	—	—	—		?
— intromissa Crépin	—		—		
— dimorpha Besser	—		—		
— Ledebourii Sprengel				—	
— subglobosa Smith	—	—	—		
— Tunoniensis Déségl.			—		
— confusa Puget			—		
— Annesiensis Déségl.			—		
— Andrzeiowscii Besser	—				

B). Pomiferae.

	Europe.	Anglet.	France.	Asie.	Afrique.
R. omissa Déségl.				—	
— Ruprechti Boissier					—
— Heldreichii Bois. et Reut.					—
— mollis Smith	—	—	—		
— Scheutzii Christ.	—				
— venusta Scheutz	—				
— Cremsensis Kerner	—				
— Australis Kerner	—				
— resinosa Sternb.	—				
— resinosoides Crépin	—	—	—		

	Europe.	Anglet.	France.	Asie.	Afrique.
R. minuta Boreau		—	—		
— ciliato-petala Besser	—				
— Grenierii Déségl.	—		—		
— pomifera Herm.	—		—		
— Friburgensis Lag. et Pug.	—				
— recondita Puget	—	—	—		—
— Murithii Puget	—				
— Gaudini Puget.	—				
— Gombensis Puget.	—				
— proxima Cottet	—				

Sect. I. — **Synstylae.**

Styles soudés ou rapprochés en colonne glabre ou hérissée[1]. DC., cat. hort. monsp. (1815), p. 137; Desvaux., journ. bot. (1813), II, p. 112; DC., in Seringe, mus. Helvét. (1818), I, p. 2; Thory, prod. gen. ros. (1820), p. 133; Seringe, in DC., prod. (1825). II, p. 597; Desportes, ros. gall. (1827), p. 107; Duby, bot. gal. (1828), I, p. 175; Boreau, fl. cent. de la France (1840), II, p. 135; Déséglise, ess. monog., in Mém. soc. Acad. de M.-et-L. (1861), X, p. 49 extr., p. 9; Cariot, étud. des fleurs (1865), II, p. 167; Crépin, primit. monog. ros., fasc. I (1869), p. 12; Cottet, énum. des ros. du Valais, in bull. Soc. Murith., fasc. III (1874), p. 38; *Systylae* Lindley, monog. ros. (1820), p. 111; de Pronville, monog. du gen. ros. (1824), p. 112; Godet, fl. jura (1853), p. 216; Baker, review of the british ros. (1864), p. 35 et monog. of brit. ros., in Linnean Society's Journ., XI, p. 238; Déséglise, class. of the spec. of the genus rosa in the naturalist (1865),

---

(1) C'est La Chenal qui, le premier, a signalé la conformation particulière des styles dans le R. arvensis : *Spec. med. inaug. obs. bot.* Basil. 1759.

p. 309; *Stylorhodon* Dumort., not. sur un nouv. gen. de plantes (1824), p. 11, flor. belg. (1827), p. 94 et monog. des ros. de la fl. belge (1867), p. 64; *Nitidae* Rchb., fl. excurs. (1830-32), II, p. 625, part.; *Nobiles* Koch, syn. (1845), p. 254, part.; *Caninae* sous-sect., Grenier, fl. jura. (1864), p. 229; *Stylosae* Crép. l. c., p. 13.

A). *Sempervirentes.*

1.
  - Pétioles glabres, églanduleux, aiguillonnés . . 2.
  - Pétioles velus-glanduleux ou parsemés de poils et de glandes . . . . 4.

2.
  - Styles glabres . . . . *prostrata.*
  - Styles hérissés . . . . 3.

3.
  - Folioles ovales acuminées, fleur blanche inodore, fruit ovoïde rouge . . . . *sempervirens.*
  - Folioles oblongues ou ovales-obtuses, fleur blanche à odeur suave, fruit petit, sphérique . . *scandens.*

4.
  - Folioles larges, ovales, glabres en dessus, pubescentes en dessous, styles velus, tube du calice glabre, fleur grande d'un blanc rosé . . . *Dupontii.*
  - Folioles ovales-lancéolées, glabres en dessus, nervures secondaires parsemées de poils, tube du calice glanduleux, styles hérissés à la base, fleur blanche . . . . *Ruscinonensis.*

Obs. Les clefs dichotomiques ne sont établies que pour les rosiers indigènes de la France et de l'Angleterre.

1. R. Leschenaultiana Redouté, les roses (1824), livr. 40, C; *R. sempervirens* var. *Leschenaultiana* Seringe, in DC., pr. II, p. 598.

Icon. Redouté, l. c.; Wight, pl. ind.-or., I, tab. 38.
Exs. Hohenacker, plant. ind.-or., n° 1577.

Hab. *Indes-Orientales.* Montagne de Nil-Gherries.

2. R. thyrsiflora Leroy ! *R. intermedia* Carrière, revue
horticole, XVII (1868), p. 270 (non Bosc) ; Crépin, l.
c., p. 125 ; *R. Wichurae* K. Koch, wochens., n° 26 ?
(1869).

ICON. Revue horticole, XVII, fig. 29 et 30.

HAB. — Le Japon ! Non la Chine, comme le dit M. Carrière.

OBS. La description qui a été faite dans la Revue horticole, prouve bien
de la négligence de la part de son auteur ! Des mots ronflants pour
étourdir le vulgaire, des détails impossibles, et les caractères principaux
sont passés sous silence ! M. Crépin, l. c., a refait la description de
ce rosier.

3. R. multiflora Thunberg, fl. Japon. (1784), p. 214 ;
Willd., sp., II, p. 1077 ; Pers., syn. (1807), II, p. 50 ;
Lindl., monog. ros., p. 119 ; Tratt., monog. ros., I,
p. 84 ; de Pronv., monog. du gen. ros., p. 119 ; Desportes, ros. gall., p. 110 ; *R. multiflora* var. a. et b. Seringe
in DC., prod., II, p. 598 ; *R. florida* Poiret, dict.
encycl., supp. IV, p. 725 ; *R. Thunbergii* Tratt., l.
c., p. 86.

HAB. — Le Japon (Thunberg); la Chine (Staunton).

Les échantillons de l'herbier DC. proviennent du jardin de Montpellier, 1816. — Introduit en Angleterre par Th. Evans, en 1804 et
en France par Boursault en 1808, d'après Desportes.

4. R. Luciae Franch. et Rocheb., in bull. de la Soc.
royale de botaniq. de Belgique (1871), X, p. 523 ;
R. Wichuraiana Crépin, in herb. reg. Berol.

HAB. — *Japon.* Iokohama (Savatier), Hakodate (Maximowicz in herb.
Boissier!), Nagasaki 1862 (R. Oldham in herb. Boissier!).

5. R. moschata Miller, dict. (1768), n° 13; et éd.
franç. (1784), VI, p. 526; Quer, fl. Esp., VI (1784),
p. 205, *teste Lindley ;* Ait., hort. Kew. (1789), II, p. 207;

Willd., sp. (1797), II, p. 1074; et herb. n° 9845 ex
Crépin ; Desf., fl. Atl. (1798), I, p. 400; Gmelin, fl.
Bad.-Als. (1806), II, p. 450; Pers., l. c. p. 49; Dum.-
Cours., bot. cult. (1811), V, p. 482; Lindl., l. c., p. 121;
Thory, prod. gen. ros. (1850), p. 158; Tratt., l. c., II,
p. 95; de Pronv., l. c., p. 121; Seringe, in DC., prod.,
II, p. 598 excl. var. b.; Desp., l. c., p. 111; Rchb., fl.
excurs. (1850), II, p. 625; *R. opsostemma* Ehrh., beitr.
(1788), II, p. 72 ; *R. arborea* Pers., l. c., p. 50; Lindl.,
l. c., p. 141; de Pronv., l. c., p. 158; *R. glandulifera*
Roxb. (*test.* Lindley); *R. Brunonii* var. *arborea* Seringe,
l. c., Desp., l. c., n° 2478.

Icon. Jacquin, Schoenbr. (1798), III, tab. 280; et
fragm., tab. 54, f. 5; Redouté, les roses (1824), liv. II, A;
Roessig, tab. 27; *d'après Pritzel, je cite :* Miss Lawr.,
tab. 64; Guimpel et Schl., 51; Hayne, 11, 53.

Exs. Seringe, rosiers desséchés, n° 4! Kralik, pl. Tunc-
tanae, n° 171 (sub. *R. sempervirens* L.).

Hab. Mai, juin. — *Italie. Sicile* : dans les bois montagneux de Madonie !
(Todaro ! J'ai reçu ce rosier de M. Todaro, sous le nom de *R. sempervirens
var. luxurians*). — *Turquie d'Europe.* Crète, île de Candie (Olivier 1822,
in herb. DC. !). — *Asie.* Indes-Orient. (Hooker et Thomson !). — *Afrique.*
Tunis, haies à Zaghouan (Kralik).

Obs. D'après Redouté, Olivier aurait vu le *Rosa moschata* atteindre 50
pieds de haut dans les jardins du roi de Perse à Ispahan. Indiqué en
Espagne, d'après Quer; à l'île de Madère, selon Staunton. — Lindley,
dans sa monographie, considère cette espèce comme véritablement indigène dans le nord de l'Afrique, où elle s'étendrait de l'Egypte à Mogador,
et de ce dernier point jusque dans l'île de Madère. Cette plante se trouve
aussi au Népaul où MM. Hooker et Thomson l'ont observée. — Miquel
(Ann. mus. bot. Lugduno-Batavi, III, p. 59), signale le *R. moschata*
au Japon. — D'après M. Crépin (Primit. monog. ros. 1872), Meyen aurait
rapporté le *R. moschata* (fl. pleno), de la Cordillière Saint-Fernand du

Chili, et, dans l'herbier du musée de Leyde, il y aurait un spécimen à fleurs simples récolté dans une des iles Moluques : plante probablement introduite.

Aiton ignorait la patrie de ce rosier; il était cultivé en Angleterre par John Gerard, en 1596. Il était dans le jardin de Fugger, à Augsbourg, en 1565.

6. **R. Phoenicea** Boissier, diagn., série 1, fasc. X, p. 4 (1849) et fl. orient. (1872), II, p. 688.

Exs. Aucher-Eloy, n° 1455 ! Kotschy, n°s 77 ! 87 ! 185 ! 552 ! Gaillardot, herb. de Syrie, n° 65 !

Hab. Juin. Les haies. — *Turquie d'Asie.* Mont Taurus (Kotschy); — Syrie : Damas (Aucher-Eloy), Beslan (Kotschy), Aintab (Haussknecht), Tripoli, Beyrouth, Sidon (Boissier), haies du Nahr et Aoulé près de Saïda (Gaillardot).

7. **R. Dupontii** Déségl., essai monog., in mém. soc. Acad. de Maine-et-Loire, X (1861), p. 58, extr., p. 18 ; *R. nivea* Dupont, non DC. ; *R. moschata* var. *rosea* Seringe, in DC., prod., II, p. 598 ; *R. Damascena* var. *subalba* Redouté, les roses (1824), livrais. 13, A ; *R. alba* var. *Damascena* Poir., encycl., VI, p. 291, teste Redouté.

Icon. Botan. Reg. tab. 861 ! Redouté, l. c. !

Hab. Juin. — *France.* Maine-et-Loire : Angers, fourneaux à chaux ; transplanté au jardin botanique, d'une haie aujourd'hui détruite (Boreau, 1852).

Obs. Thory cite comme patrie de cette espèce les parties méridionales de l'Europe et dit qu'elle serait naturelle au sol de l'Espagne ; mais on n'a aucune donnée certaine à cet égard.

8. **R. Abyssinica** R. Br. in Salt., Abyss. app. 64 ; Lindl., l. c., p. 116 ; Tratt., l. c., II, p. 99 ; Seringe, in DC., prod., II, p. 598 ; Richard, Voy. en Abyss. (1847), IV, p. 261 ; *R. Schimperiana* Hochst et Steud. !

Icon. Lindley, l. c., tab. 13.

Exs. Schimper, Abyss. sectio prima, n° 189.

Hab. — *Afrique.* Abyssinie : Vallée Chahagné prov. du Tigré (Richard), région inférieure des monts Scholoda (Schimper).

9. R. Brownii Tratt. l. c., II, p. 96; Sprengel, syst. (1825-27), II, p. 556; Sweet, hort. brit. (1839), p. 116; *R. Brunonii* Lind., l. c., 120; de Pronv., l. c., p. 120; Seringe in DC., prod., II, p. 598.

Icon. Lindley, l. c., tab. 14!; Bot. mag. LXIX, tab. 4030; le texte dit : « *fol. utrinque pilosis subtus glandulosis;* » la figure 4030 représente une plante glabre ; même observation pour la planche de la flore des serres, IV, p. 366.

Hab. — *Asie.* Le Népaul (Wallich, 1819-21, in herb. DC.).

Var. b. **nudiuscula** Lindley, bot. reg., tab. 829; Ser. l. c.; Desportes, ros. gal. n° 2476.

Hab. — *Asie.* Le Népaul (Wallich, n° 689, in herb. Delessert).

10. R. Ruscinonensis Déségl. et Grenier, in Billotia (1864), p. 35; *R. moschata* DC., fl. fr., IV, p. 447 et Cat. hort. Monsp. (1813), p. 138 (non Miller); Duby, bot. gal., I, p. 175; Lois., fl. gal. (1828), I, p. 565; *R. sempervirens* var. *pilosula* Seringe, in DC., prod., II, p. 598; *R. sempervirens* var. b. *moschata* Gr. et Godr., fl. de Fr. (1848), I, p. 555.

Hab. Mai. — *France.* Pyrén.-Orient. : Prades (Coder, 1814 ; Thomas, 1822, in herb. DC!), Bonyult (Collin, in herb. Grenier), Perpignan (Montagne); — Var. : Hyères (Hanry). — *Italie.* Sicile : Palerme (Todaro).

11. R. longicuspis Bert., misc. bot. XXI, in mem. Acad. Bonon. (1861), p. 201, tab. 13; Walpers, an. bot., VII, p. 878; *R. sempervirens* Hook. et Thom. (non Lin.).

Hab. — *Asie.* Ind.-Orient. : Khasia (herb. Boissier). Il diffère du *R. sempervirens* par ses pétioles et ses pédoncules légèrement velus, parsemés de quelques glandes fines, le tube du calice velu à la base.

12. R. sempervirens L. sp. 704 ; Miller, l. c., n° 9 ; Willd., sp. II, p. 1072 ; Ait., l. c., II, p. 205 ; Gilibert, pl. d'Europe (1800), I, p. 585 ; DC. fl. fr. (1805), IV, p. 446 ; Pers., l. c., p. 49 ; Desvaux, journ. bot., (1813), II, p. 115 ; DC., cat. hort. Monsp. (1813), p. 138 ; Lindl., l. c., p. 117, *part.* ; Thory, prod., p. 156 ; Saint-Amans, fl. Agen. (1821), p. 203, excl. var. b. ; de Pronv., l. c., p. 117, excl. var. ; Lois., l. c., p. 359, part. ; Duby, l. c., p. 175 ; Mutel, fl. fr. (1834), I, p. 337 ; Richt., cod. bot. Lin. (1840), p. 496, n° 3740 ; Koch, syn. (1843), p. 255, excl. var. ; Gonnet, fl. élément. de Fr. (1848), p. 482, excl. var. ; Gr. et Godr., fl. de Fr. (1848), I, p. 555, excl. var. b. ; Boreau, fl. cent. de la France, éd. 2 (1849), n° 651, éd. 3 (1857), n° 813 et cat. de M.-et-L., p. 78 ; Delastre, fl. vien. (1842), p. 157 ; Arrond., fl. Toul. (1854), p. 124 ; Déségl., l. c. p. 55 et extr., p. 15 ; de Mart.-Don., fl. Tarn (1864), p. 226 ; Boissier, Fl. orient. (1872), II, p. 688 ; *R. moschata* Lap. abr., p. 284 et herb., texte Clos, révis. herb. Lapeyrouse ; *R. atrovirens* Viv., fl. ital., frag. 1, p. 4 ; *R. alba* Allioni, fl. Pedem. (1785), II, p. 159, non Lin.

Icon. Dillen, hort. Elth., tab. 246, f. 318 ; Sibthorp, fl. Græca, tab. 485 ; Bot. reg., tab. 465 ; Redouté, les Roses (1824), livrais. 15, C. ; Clusius, hist. (1601) ; je cite d'après Lindley : Miss Lawr. tab. 45.

Hab. Juillet. — *France.* Maine-et-Loire : Angers, Brise-Potière (Boreau), Saint-Barthelemy, Chalonnes (Boreau, catal.) ; — Vienne : Entre Civray et Pressac (Boreau, fl. cent.) ; — Vendée : Luçon (Pontarlier, in herb. Grenier) ; — Charente-inférieure : Fouras (Guillon), Saint-Laurent-de-la-Prée (Lloyd) ; — Gard : Anduze (Grenier), Bagnols (Xatard, in herb. Grenier) ; — Hérault : Montpellier ! — Aude : Narbonne (Delort),

Montagne-Noire (Ozanon) ; — Haute-Garonne : Toulouse (Arrondeau, flore) ; — Var : Fréjus (DC. 1807 !), Hyères (Grenier). — *Autriche.* Dalmatie (Petter). — *Espagne.* Saint-Filipe de Xantiva (Bourgeau), Pêna Castillo (Lang), Algeziras (Boissier), Estepona (DC. 1830 !). — *Italie.* Chivari (DC. 1808), Gènes (de Notaris, in herb. Grenier). — *Turquie d'Europe* Candie (Raulin, in herb. Boissier). — *Grèce.* Attique (de Heldreich), Athènes (Boissier), Zante (Margot in herb. Boissier), Mont Taygète (Despréaux). — *Afrique.* Algérie : Alger (Bové), Bône (Mutel) ; — Maroc : Tanger (Salzmann).

Var. b. **microphylla** DC., cat. monsp., p. 158 et fl. fr. (1815), V, p. 533 ; Seringe, l. c.; Lois., l. c.; Duby, l. c.

HAB. Mai, juin. — *France.* Hérault : bosquet Estor et bois de la Ramette (DC. 1812 !), Béziers (Jullien). — *Italie.* Chivari (Turio, in herb. DC. 1808).

Obs. Le *R. sempervirens* L. aurait été introduit en Angleterre, vers 1629, d'après Aiton, qui le dit originaire de la Germanie.

15. **R. scandens** Miller, dict., n° 8, trad. franc., VI, p. 526 ; Boreau, fl. cent., éd. 3, II, p. 214, obs.; Déségl., l. c., p. 56 et extr., p. 16 ; *R. sempervirens* Tratt., l. c., p. 97 (non Lin.) ; Guss., syn. sicul., I, p. 561 ; Rchb., fl. excurs., II, p. 623 ; Willd., herb. n° 9869, *teste Crépin*, primit. monog. ros., fasc. 2, p. 19 ; *R. sempervirens a. scandens* DC., fl. fr., V, p. 533 ; *R. moschata* Mutel, fl. fr., I, p. 337, non Lin.; *R. microphylla* Desf. fl. Atl. ? I, p. 401, non Roxb.

HAB. Mai-juin. — *France.* Charente-inférieure : île de Ré (Ripart) ; — Gironde : Sainte-Foye (Chabert) ; — Dordogne : la Roquette (Puget) ; — Lot-et-Garonne : Agen (Garroute) ; — Haute-Garonne : Toulouse (Timbal-Lagrave) ; — Var : Le Luc (Hanry), Toulon (Huet) ; — Alpes-maritimes : Antibes, Cannes (Bornet) ; — Aude : Narbonne à la Fenal (Martrin-Donos) ; — Vaucluse : Avignon (Grenier) ; — Pyrén.-Orient. : Bagnols ! — Ile de Corse : Rogliano (Revellière in herb. Boreau), Bonifacio (Kralik). — *Espagne.* Pyrénées espagnoles : St-Lorinzo de la Muga (Bourgeau). — *Italie.* Gènes (de Notaris in herb. Grenier), Palerme (Todaro), Ischia (Gussone in herb. DC. 1837), mont Pisan près d'Asciano (Savi), île de Sardaigne (Balbis, in herb. DC. 1826). — *Turquie d'Europe.* Constantinople (Boissier).

Obs. I. Dans l'herbier DC., il y a un rosier étiqueté de sa main « *R. verticillacantha Mérat ?* » *Romainville.* C'est un *R. scandens* Miller, pris certainement dans un jardin.

Obs. II. L'espèce suivante nous étant inconnue, nous rapportons in extenso la description donnée par son auteur.

R. Broteri Tratt., l. c., p. 98 ; *R. scandens* Brotero, fl. lusit., II, p. 341 ; *R. sempervirens latifolia* Thory, prod. p. 158 ; Seringe, l. c.

Exs. Welwitsch, n° 189 ?

Icon. Redouté, les roses (1824), livrais. 25, A.

Frutex scandens 50-pedalis et ultra. Ramuli flaccidi, armati aculeis paucis, brevibus, rectis, validis, purpurascentibus, ceterum glabri. Folia alterna 2-3 juga, foliolis 2-3 pollicaribus, latis, obovatis, basi rotundatis, vel cordatis, apice acuminatis, simpliciter et argute serratis, utrinque glabris, lucidis, petiolis aculeis setisque glanduliferis sparsis munitis, stipulis linearibus, apice divaricatis, et glanduloso-serrulatis, acuminatis. Flores cymosi, longe pedunculati, magni ; pedunculi hispido-glandulosi, subnutantes, centrali excepto, bibracteati. Urceoli plerumque glabri, elliptici ; petala speciosa, rotundata, alba, quandoque extus roseo vittata. Fructus nondum descripti (Trattinnick).

Hab. — In Italia (Trattinnick).

Affinis *R. sempervirenti*, a qua tamen praecipue, urceolis glabris, segmentis 3 pinnatifidis, et petalis differt (Tratt.).

14. R. prostrata DC., cat. Monsp. (1813), p. 138 et fl. fr. (1815), V, p. 556 ; Lindl., l. c., p. 118 ; Arrondeau, fl. Toul., p. 124 ; Déségl., l. c., p. 56 et extr. p. 16 ; de Mart.-Don., florule du Tarn, p. 226 ; *R. sempervirens* var. *prostrata* Desvaux, l. c., p. 115 ; de Pronv., l. c., p. 118 ; Saint-Amans, fl. Agen., p. 205 ; Mutel, l. c., p. 357 ; Gonnet, fl. élém. de la Fr. (1848), p. 482 ; *R. sempervirens* var. *lejostyla* Koch, syn., p. 255 ; *R. sempervirens* Lap., abr. p. 284, teste Clos, révis. de l'herb. Lapeyr., p. 260 ; *R. arvensis* var. *prostrata* Thory, prod., p. 155 ; Seringe in DC., prod., II, p. 597 ; Desportes, l. c., n° 2450 ; Duby, l. c., p. 175 ; Lois., l. c., p. 559 ; *R. arvensis Candolleana* Tratt., l. c., p. 104 ; *R. humifusa* Tratt., l. c., p. 102.

Exs. Reichenbach, n° 1937 ; Willkomm, n° 131 (*sub nom. R. rubrifolia* Vill.), n° 196.

Hab. Mai-juin. — *France.* Lot-et-Garonne : Agen (Garroute, in herb. Ripart) ; — Gard : Le Vigan, Alson (Martin, in herb. Grenier) ; — Tarn : bois de Gaïx près de Castres (de Larembergue), forêt de Giroussens, bois d'Avignon près Parisot (de Martrin-Donos) ; — Aude : Axat (Loret, in herb. Grenier) ; — Haute-Garonne : bois de la Ramette près Toulouse (DC., 1807 !), Toulouse (Baillet) ; — Bouches-du-Rhône : Aix à la Gaude (Eugène, in herb. Grenier) ; — Var : Le Luc (Hanry). — *Autriche.* Illyrie : Trieste (Tommasini). — *Espagne.* Bilbao, Yrun, Fuenterrabia (Willkomm).

Var. **obtusiuscula** de Martr-Donos, l. c.

Tige *couchée*, à aiguillons épais, courts, coniques, inclinés, ceux des rameaux assez forts, dilatés ; pétioles glabres, aiguillonnés ; 5-7 folioles, *ovales*, la plupart un peu *obtuses*, fermes, *glaucescentes* surtout en dessous, glabres et persistantes, celles des jeunes pousses rougeâtres ; pédoncules longs, solitaires ou en corymbe peu fourni, *glabres* ou munis de quelques rares soies glanduleuses ; tube du calice *oblong*, glabre ; sépales ovales, cuspidés, glabres ou rarement munis sur leurs bords de quelques glandes pédicellées ; styles en *colonne hérisée ;* fleurs blanches ; fruit oblong (de Martrin-Donos).

Hab. Juin. — La Grésigne à Canimont (de Mart.-Don. fl).

Obs. J'ai vu, dans l'herbier DC., un spécimen cultivé en Angleterre du *R. Ayreshirea* hort. brit. (*R. capreolata* Neil ? Edimb. phil. journ., n° 5, p. 102 ; *R. arvensis* var. *Ayreshirea* Seringe, in DC., prod., II, p. 597) qui ne me semble pas différer du *R. prostrata* DC., si ce n'est qu'il a les folioles plus grandes. M. Timbal-Lagrave m'a envoyé un rosier de Toulouse qui se rapporte exactement à l'échantillon de Llyel, qui est dans l'herbier DC.

b). *Arvenses.*

1.	Tiges couchées ou décombantes	2.
	Tiges droites ou dressées	5.
2.	Aiguillons uniformes, sans mélange de soies glandulifères	3.
	Aiguillons mélangés de soies glandulifères au sommet des rameaux	*gallicoides.*

<table>
<tr><td rowspan="3">3.</td><td>Pédoncules glabres, pétioles non glanduleux . . .</td><td>erronea.</td></tr>
<tr><td>Pédoncules plus ou moins glanduleux, pétioles portant des glandes . . . .</td><td>4.</td></tr>
</table>

3. { Pédoncules glabres, pétioles non glanduleux . . . *erronea.*
   { Pédoncules plus ou moins glanduleux, pétioles por-
   { tant des glandes . . . . 4.

4. { Fruit arrondi ou pyriforme . . . . *arvensis.*
   { Fruit ovoïde-allongé . . . . *ovata.*

5. { Folioles luisantes en dessus . . . . *bibracteata.*
   { Folioles non luisantes . . . . 6.

6. { Arbrisseau élevé, corolle d'un beau blanc, styles
   {   munis à la base de poils, fruit d'un rouge terne,
   {   subarrondi . . . . *conspicua.*
   { Arbrisseau bas, touffu, corolle d'un blanc carné,
   {   styles glabres, fruit rouge, ovoïde. . . . . . *rusticana.*

15. R. bibracteata Bastard, in DC., fl. fr. V, (1815), p. 557; Tratt. l. c., p. 46; Boreau, l. c., éd. 2, nᵒ 652, éd. 3, nᵒ 814 et Cat. de M.-et-Loire, p. 78; Arrondeau, l. c., p. 124; Déségl., l. c., p. 58 et extr., p. 18; de Martr.-Donos, fl. Tarn, p. 227; Cariot, l. c., p. 167; Lloyd, fl. Ouest (1868), p. 180; Verlot, cat. pl. Dauph. (1872), p. 112; *R. arvensis* var. *Bibracteata* Seringe, in DC., prod., I, p. 597; Duby, bot. gal., I, p. 175; Lois.. fl. Gall., I, p. 559; Boreau, fl. cent., éd. 1, I, p. 185; Delastre, fl. vien., p. 157; Baker, monog. of brit. ros., in Linn. society's journ., XI, p. 242; *R. arvensis* var. *multiflora* Boreau, mém. de la soc. ind. d'Angers (1841), extr., p. 9; *R. arvensis* var. *bracteata* Gr. et Godr., l. c., I, p. 555; *R. arvensis* var. *umbellata* Godet, fl. Jura (1855), p. 217; Reuter, Cat. Genève (1861), p 75; *R. stylosa* var. *bracteata* Saint-Amans, fl. Agen. (1821), p. 204; *R. systyla* Woods! brit. spec. of ros., in trans. soc. Linn. (1816), XII, p. 250 et herb. nᵒ 122, nᵒ 126; Smith, Engl. flora, II, p. 594; Lindley, l. c., p. 111; de Pronv., l. c., p. 113; Hooker, brit. fl., éd. 2, p. 245 (non Bast.).

Icon. Engl. bot., tab. 1895.

Exs. Billot, n° 1870.

Hab. Mai, juin. Haies. — *France*. Vendée : Fontenay-le-Comte (Letourneux) ; — Maine-et-Loire : Angers (Bastard, in herb. DC. 1815-17) Angers (Boreau); — Cher : Bourgneuf, près de la forêt d'Allogny ! — Isère : Crémieu (Verlot, catal.); — Tarn : Saint-Urcisse (Mart.-Donos); — Lozère : Mende (Prost, in herb. DC. 1815) ; — Haute-Garonne : Toulouse (Noulet, in herb. Grenier) ; — Loire-inférieure : Pornic (Dubouché in herb. Grenier). — *Angleterre*. Sussex : (Woods ! échantillon récolté par lui-même et que je tiens de la générosité de M. J.-G. Baker); — Essex : Tipton (E.-G. Varenne); — Devonshire : haies à Longbridge, Revelstoke, Plymouth (Archer-Briggs) ; — Cornwall : Burraton, Saint-Stephens (Archer Briggs).

16. **R. conspicua** Boreau, in mém. de la soc. Acad. de M.-et-Loire, XII (1862), p. 55; *R. corymbosa* Bastard ! inéd. in herb. DC. (non Ehrh., nec Bosc).

Hab. — *France*. Maine-et-Loire : Angers, chemin de Saint-Barthélemy (Boreau), route de Candé à Engrande, crêtes de fossés tourbeux (Bastard, in herb. DC. 1811 !).

17. **R. rusticana** Déséglise, in Billotia (1865), p. 34 et extr., p. 2; *R. arvensis* var. *oblusata* Seringe, in DC., prod., II, p. 597?

Exs. Déséglise, herb. ros., n° 1.

Hab. Juin. Haies. — *France*. Calvados : bois de Manerbe près de Lisieux ! — Cher : Fontmoreau, Saint-Martin (Ripart), Marçay, près de la Servanterie !

18. **R. Beggeriana** Schrenk, enum. pl. nov., p. 75; Ledeb., fl. Ross., II, p. 82.
Glaberrima ; ramis decumbentibus, aculeis stipularibus rectis, stipulis omnibus conformibus oblongo-linearibus planis, auriculis denticulatis, petiolis aculeatis, foliolis 5-7 (parvis deciduis) oblongis simpliciter argute serratis, pedunculis uni-multifloris calycibusque subglobosis glabris

bracteis latis cinctis, laciniis calycinis subintegerrimis, stylis in columnam staminibus breviorem cohaerentibus, ovalis, sessilibus.

Proxima *R. arvensi*, sed diversa aculeis raris stipula-ribus rectis, foliolis parvis, stylis in columnam brevem villosam cohaerentibus (Schrenk).

Hab. — In Siberiae Altaicae des. Songoro-Kirghisico ad. fl. Koksu.

Obs. N'ayant vu aucun échantillon de ce rosier dans les herbiers de Genève, j'ai cru devoir rapporter la description donnée par l'auteur.

19. **R. arvensis** Hudson, fl. Angl. (1762), p. 192, éd. 2 (1798), p. 219; Willd., sp. II, p. 1066; Smith, fl. brit. (1804), II, p. 558; DC., fl. fr. (1805), IV, p. 438; Bastard, ess. fl. de Maine-et-Loire (1809), p. 187; Mérat, fl. Par. (1812), p. 189; Desvaux, journ. bot. (1815), II, p. 115; Woods, l. c. (1816), p. 232; Seringe, mélanges (1818), I, p. 5; Lindley, l. c. (1820), p. 112, excl. var.; Saint-Amans, fl. Agen. (1821), p. 204; Tratt, l. c. (1824), II, p. 103; Smith, Engl. fl. (1824), II, p. 396; Balbis, fl. Lyon. (1827), p. 256; Dumort., fl. belg. (1827), p. 94, exl. var.; Chevalier, fl. génér. de Paris (1827), II, p. 688; Desportes, l. c. (1828), n° 2444, n° 2445; Lorey et Duret, fl. Côte-d'Or (1831), I, p. 302; Host, fl. Aust. (1831), II, p. 26; Hooker, brit. fl. (1835), p. 244; Boreau, fl. cent., éd. 1 (1840), n° 400, éd. 2 (1849), n° 655, édit. 3, (1857), n° 815 et Cat. de M.-et-Loire (1859), p. 78; Koch, syn. (1843), p. 254; Godet, fl. jura (1853), p. 216; Arrondeau, l. c. (1854), p. 124; Reuter, Cat. Genève (1861), p. 75; Dumort., monog. ros. de la fl. belge (1867), p. 64, part.; Baker, Northumb. (1868), p. 164 et monog. of brit. ros., in Linn. Society's journ., XI, p. 241; Lloyd, fl. Ouest (1868), p. 180; Boissier, fl.

orient. (1872), II, p. 688; Pérard, Cat. Montluç. (1872),
p. 83; *R. repens* Scopoli, fl. carn., éd. 2 (1772), I, p. 355;
Gmel., fl. Bad.-Als. (1806), II, p. 418; Rau, enum. ros.
(1816), p. 40; Rchb., fl. excurs. (1830), II, p. 624;
Mutel, fl. fr. (1834), I, p. 356; Déséglise, l. c. (1861), X,
p. 62 et extr., p. 22; Cariot, étud. des fleurs (1865), II,
p. 168; de Martrin-Donos, fl. du Tarn (1864), p. 227;
K. Koch, dendrol., I, p. 264; *R. serpens* Wibel, Werth.
(1799), p. 265; Kirschleger, fl. d'Alsace (1852), I, p. 242;
R. sylvestris Herm., diss. (1762), n° 10; Poll., palat.
(1776), II, p. 51; Roth. Catal. bot., fasc. I (1797), p. 59;
R. scandens Mönch, Verzeich. (1785), p. 118, non
Miller; *R. herporhodon* Ehrh., beitr., II, (1788), p. 69;
R. Halleri Krocker, fl. Siles. (1790), II, pars 1, p. 150;
R. fusca Mönch, meth. (1794), p. 688; *R. canina* var.
sylvestris Roth, fl. germ. (1789), II, p. 560; *R. semper-
virens* Roessig, die rosen (1800), p. 52 (non Linn.);
R. glauca Dierb. heidelb. (1818), p. 140.

Icon. Custis, bot. mag. XLVI, tab. 2054, mala; Jacquin,
fragm., tab. 104; Baxter, brit. bot., V, tab. 525; Roessig, die
rosen, n° 52; je cite d'après Pritzel les planches suivantes :
Curtis, lond., IV, tab. 123; Schrank, fl. monac., IV,
tab. 305; Guimpel, Holzgew. 95; d'après Lindley : Miss
Lawrance, tab. 86.

Exs. Reichenbach, n° 1752. Orphanides, flora graeca,
n° 3108, n° 3495. Seringe, n° 1, n° 45. Sendtner, n° 959.
Wirtgen, n° 82, n° 180. Billot, n° 3716. Déséglise, n° 2.

Hab. Juin. Haies, bois, landes. — Plante vulgaire en France, en Belgique, en Angleterre; rare en Écosse ; commune en Autriche, dans le Pala-
tinat, la Silésie, la Carniole, l'Allemagne, la Suisse. Gussone, ne l'indique
pas en Sicile ; je ne la vois pas non plus en Espagne ni en Portugal ; cependant Seringe dans le *prodromus*, dit : « *In Europae sylvis et sepibus.* » Elle

manque à l'Algérie ; elle se retrouve dans la Turquie d'Europe, en Bosnie (Sendtner, exs. n° 959), en Macédoine, Mont Korthiati (Orphanides, exs. n° 5495) ; en Grèce, Mont Malevo (Orphanides, exs. n° 5108).

M. Boissier, dans sa flore d'Orient, dit pour l'aire géographique de cette espèce : « *Europa media et Australis ab Angliâ, Belgio et Germaniâ ad regionem Danubialem usque.* »

Var. **parvifolia** de Martrin-Donos, l. c., p. 227.

Feuilles et fleurs très-petites ; tiges presque dépourvues d'aiguillons.

Hab. — *Tarn* : forêt de Giroussens (de Martrin-Donos).

Obs. Voici les observations de M. Crépin, sur le *R. arvensis* de l'herbier de Willdenow, n° 9861. « Ce numéro est représenté par trois feuilles simples. Fol. 1). Deux échantillons appartiennent au *R. arvensis* Huds. Au milieu de la feuille, il y a un ramuscule qui appartient au groupe des *Sepiaceae* et qui paraît voisin du *R. Jordani*. Fol. 2, 5). Quatre rameaux florifères ; *R. repens* Hop. — N° 9860. Ce numéro, *R. arvensis* L., est représenté par 5 feuilles simples. Fol. 1). Spécimen trop incomplet pour bien juger de la forme du *R. arvensis* à laquelle il appartient. Fol. 2). Un rameau florifère de la section des *Caninae*, trib. *Biserratae* et voisin du *R. oblonga* Ripart. Fol. 5). Un rameau fructifère. Même forme que celle du folio deux. Fol. 4). Un rameau fructifère. Forme de la section des *Caninae*, trib. *Biserratae* et qui peut être rapportée au *R. viridicata* Puget. Fol. 5). C'est une forme de la section des *Caninae*, trib. *Pubescentes* et voisine du *R. pyriformis* Déségl. » (Crépin, primit. monog. ros., fasc. 2 (1872), p. 20 et p. 21).

20. R. erronea Ripart, in Crépin, primit. monog. ros. (1869), fasc. I, p. 12 ; *R. arvensis* Vill., fl. Dauph. (1789), III, p. 548 ; Krocker, l. c., p. 141 ; Gilibert, pl. d'Europe, I, p. 582 ; Thuillier, fl. Paris., p. 250 ; Pers., syn., II, p. 47 ; Déséglise, l. c., p. 61 et extr., p. 21, non Hudson.

Exs. Orphanides, flora Graeca, n° 684 !

Hab. Juin. Bois. — *Angleterre.* Yorkshire : fourrés à Scawton (Baker). — *France.* Cher : Saint-Germain-des-bois, la Grange-Saint-Jean, bois de Fleuret (Ripart), bois de Saint-Florent ! de Charron ! et de Marmagne ! forêt du Rhin-du-bois ! — Haute-Savoie : Brenthonne (Puget). — *Grèce.* Mont Malevo (Orphanides, in herb. Boissier).

Obs. J'ai reçu de M. Kerner, d'Innsbruck, sous le nom de *R. baldensis* Kerner, une forme assez curieuse du *R. arvensis*, et sur laquelle il me serait assez difficile de me prononcer, n'ayant vu que des échantillons incomplets. — *R. baldensis* Kerner, mss. Caractères généraux du *R. arvensis*, dont il diffère par ses pétioles velues, glanduleux, aiguillonnés, ses folioles velues à poils apprimés en dessus, velues en dessous principalement sur les nervures, la médiane portant en outre quelques petits aciculés. Je ne connais pas la forme de la corolle et du fruit.

Hab. — *Autriche*. Tyrol : au pied du mont Baldo (Kerner).

21. R. ovata Lejeune, fl. de Spa (1811), II, p. 512; *R. arvensis* var. *ovata* Desvaux, journ. bot. (1815), II, p. 115, excl. syn.; *R. stylosa* Mérat, fl. Par. (1812), p. 192 (non Desvaux); *R. controversa* Leman, inéd. in herb. Boreau; *Rosier rampant* Reynier, mém. soc. de Lausanne (1785), I, p. 69; *R. seperina* Sauzé et Maillard, fl. des Deux-Sèvres.

Icon. Reynier, l. c., tab. V. Redouté, les roses (1824), livrais. 6, D.

Port du *R. arvensis*, aiguillons dilatés en forme de disque à la base, droits, crochus ou inclinés; pétioles pubescents, parsemés de glandes aiguillonnés en dessous; 5-7 folioles ovales, ovales-elliptiques, les inférieures obtuses ou même rétuses, glabres, vertes en dessus, glauques en dessous, à nervure médiane velue, villosité disparaissant en partie avec l'âge, simplement dentées, à dents ouvertes et terminées par un mucron; pédoncules portant des glandes fines stipitées plus ou moins abondantes; tube du calice ovoïde, glabre; fleur plus grande que dans le *R. arvensis*; styles soudés en une longue colonne glabre; fruit ovoïde allongé.

Hab. Juin. Haies, bois. — *Angleterre*. Devonshire : Plymouth (Baker); — Yorkshire : Saint-John (Baker); Cheshire : (Webb) — *Belgique*.

Prov. de Namur : Han-sur-Lesse (Crépin). — *France.* Deux-Sèvres : (Sauzet !); — Cher : bois de Marmagne ! la Touche près de Mehun ! forêt de Fontmozeau, ruines du Château ! Bourges, vignes du Château ! la Servanterie près de Mehun ! — Haute-Savoie : Arenthon (Puget).

22. R. gallicoides Nob. ; *R. stylosa* var. *gallicoides* Baker, l. c., p. 240.

Port et caractères généraux du *R. arvensis*, dont il diffère par ses tiges *chargées au sommet de glandes fines, stipitées, violacées, mélangées* avec des aiguillons, ces glandes se retrouvent aussi sur les tiges stériles; ses folioles *plus grandes*, ovales-elliptiques, celles des jeunes pousses lancéolées ou moins cuspidées au sommet, les folioles adultes largement dentées, à dents ouvertes, quelques-unes *portent de petites dents accessoires;* les pédoncules sont solitaires ou réunis par 2-5, chargés de glandes fines violacées, ayant à leur base des bractées ovales, cuspidées, glabres en dessus, *glanduleuses en dessous,* plus courtes que les pédoncules; tube du calice petit, violacé-pruineux, *obovoïde,* portant à sa base des glandes fines; divisions calicinales appendiculées, bordées de glandes, saillantes sur le bouton, beaucoup plus courtes que la corolle ; *fleur grande;* styles soudés en une longue colonne grêle, glabre, s'élevant au-dessus d'un disque conique saillant ; fruit *ovoïde allongé,* rouge.

Hab. Juillet. — *Angleterre.* Warwickshire : Chesterton Wood near Myton (Bromwich). — *France.* Loire-inférieure : Torton près de Nantes (de l'Isle Georget).

Obs. *R. tuguriorum* Willd., en. hort. Berol. (1809), p. 544 et herb., n° 9851, le fol. 1 du n° 9819, les fol. 1 et 2 du n° 9857 ; Lindl, l. c., p. 159 ; Tratt., l. c., I, p. 76 ; Crépin, l. c., fasc. 5 (1872), p. 22, cum descript. Sprengel et Steudel rapportent cette espèce de Willdenow au *R. arvensis.* M. K. Koch, au *R. repens.* M. Crépin en fait une hybride (*R. arvensis* $\times$ *gallica* ?). — Willdenow a décrit cette espèce à fleur pleine, sur une plante cultivée au jardin de Berlin, dont la patrie est inconnue.

c). *Stylosae.*

Styles agglutinés en colonne plus ou moins saillante.

1.	Pédoncules glabres ou presque glabres	2.
	Pédoncules glanduleux	5.
2.	Pédoncules glabres	3.
	Pédoncules peu glanduleux.	4.

3. Pétioles inermes, folioles petites elliptiques, tube du calice ovoïde, fleur rose clair, fruit petit ovoïde . *parvula.*

Pétioles aiguillonnés, folioles ovales-aiguës, tube du calice obovoïde, fleur d'un blanc pur, fruit petit, sphérique, rouge . . . . *virginea.*

4. Pétioles velus, parsemés de glandes, aiguillonnés, feuilles grandes, ovales-elliptiques, glabres en dessus, pubescentes en dessous, fleur rose . . . . *Clotildea.*

Pétioles parsemés de poils blanchâtres, aiguillonnés, feuilles ovales-aiguës, glabres, fleur blanche, onglet un peu jaunâtre, fruit petit, ovoïde, rouge . . . *immitis.*

5. Folioles légèrement velues en dessus, corolle blanche. *stylosa.*

Folioles glabres en dessus . . . . 6.

6. Corole rose, feuilles vertes, fruit d'un rouge sanguin. *systyla.*

Corolle blanche, onglet jaunâtre, feuilles devenant d'un vert jaunâtre, fruit rouge-orangé . . . . . *leucochroa.*

23. R. stylosa Desvaux, journ. bot. (1809), II, p. 317 et (1813), II, p. 115; DC., cat. Monsp., p. 138 et fl. fr. V, p. 536; Lejeune, fl. de Spa? (1811), II, p. 312; Saint-Amans, l. c., p. 204; Lois., fl. gall., I, p. 363; Desportes, ros. gal., p. 107; Mutel, fl. fr., I, p. 355; Boreau, bull. de la soc. ind. d'Angers (1844), extr., p. 9, et fl. cent., éd. 2, n° 636, éd. 3, n° 818 et Cat. de M.-et-Loire, p. 78; Delastre, fl. de la Vienne, p. 155; Arrondeau, fl. toulous.? p. 124; Déségl., l. c., p. 66, extr. p. 26 et in Billot, arch. de la fl. de Fr. et d'All., p. 334; de Martr.-Donos, l. c.,

p. 290; Cariot, étud. des fleurs (1865), II, p. 169; Lloyd, fl. de l'Ouest (1868), p. 179 ; Pérard, cat. de Montluç. (1872), p. 85; *R. stylosa* a. *Desvauxiana* Seringe, in DC., prodr., II, p. 590 excl. syn. Lindl. et Smith ; Duby, l. c., p. 175; Gr. et Godr., l. c., p. 555; *R. serpenti-canina* Kirschl., fl. d'Als.. I, p. 243.

Icon. Desvaux, l. c., tab. XIV.

Exs. Billot, n° 1485; Déséglise, herb. ros., n° 40.

Hab. Mai, juin. Haies, bois. — *Prusse.* Malmedy, d'après Lejeune, flore de Spa. — *France.* Calvados · Saint-Pierre-des-Ifs (Boreau) ; — Maine-et-Loire : Villebernier, Angers (Boreau); Vienne : Croutelle (Delastre); — Deux-Sèvres : indiqué dans ce départ. par MM. Sauzé et Maillard, dans leur catalogue ; — Cher : bois de Gérissai, forêt d'Allogny (Ripart), forêt du Rhin-du-bois ! bois de la Touche près de Mehun ! bois de Marmagne ! — Allier : Montluçon (Pérard, cat.); — Tarn-et-Garonne : Grizolles (Timbal-Lagrave); — Tarn : d'après la florule de Martrin-Donos, ce rosier serait A. C. ; 17 localités sont indiquées ; — Haute-Garonne : Toulouse (Arrondeau, flore) ; — Rhône : Ecully (Chabert), Lyon à la Tête d'or (Jordan).

24. **R. Clotildea** Timbal-Lagrave in Crépin, primit. monog. rosar., fasc. I (1869), p. 59 (non Timb. Lagr., bull. hist. nat. de Toulouse, IV, p. 172, 1871).

Feuilles grandes, ovales, ovales-elliptiques, arrondies aux deux extrémités, d'autres arrondies au sommet, cunéiformes à la base, glabres en dessus, pubescentes en dessous, *complètement dépourvues de glandes*, simplement dentées, à dents convergentes vers le sommet; pétioles velus, parsemés de glandes fines, faiblement aiguillonnés, quelques-uns sont même inermes; stipules assez allongées, lancéolées, glabres, bordées de glandes, oreillettes aiguës, droites ou peu écartées; pédoncules 1-5, parsemés de glandes fines peu abondantes, munis à leur base d'une bractée lancéolée, cuspidée au sommet, de couleur vineuse, glabre en dessus, parsemée de poils mous peu abondants en dessous, égalant les pédoncules, les pédoncules extérieurs sont munis en outre de deux petites bractées opposées plus courtes qu'eux; le pédoncule central est sans bractée; tube du calice ovoïde, glabre, d'une couleur pruineuse; divisions calicinales ovales, cuspidées au sommet, les extérieures glabres en dessous, munies d'appendices étroits filiformes, les extérieures entières, tomenteuses aux bords; styles agglutinés en colonne hérissée s'élevant au-dessus d'un disque un peu conique; fleur rose. — *Description établie sur les échantillons reçus de M. Timbal-Lagrave en 1864.*

Hab. — *France.* Haute-Garonne : bois de Bouconne près de la ferme du Bugué (Timbal-Lagrave).

Obs. Au mois de février 1864, j'ai reçu de M. Timbal-Lagrave un rosier venant du bois de Bouconne, près la métairie du Bugué, sous le n° 93, que j'ai laissé indéterminé en le rapportant au groupe du *R. systyla.* En 1869, M. Crépin, dans ses *primitiæ monog. ros.*, en a donné une diagnose sous le nom de *R. Clotildea* Timb.-Lagrave, et il place ce rosier dans les *Stylosae.* En 1871, M. Timbal-Lagrave, dans le *Bulletin d'histoire naturelle de Toulouse*, IV, p. 172, donne de ce rosier la description suivante : le « *R. Clotildea* est peu répandu dans nos environs; il est cependant com- « mun à Bouconne, du côté de Brax, près la métairie dite du Bugué. Il « appartient à la section *stylosae* par ses styles un peu en colonne agglu- « tinée. Les fleurs sont grandes et roses; les feuilles grandes, vertes en « dessus et glauques en dessous avec des glandes sur les pétioles et les « nervures. Le fruit est bleuâtre avant la maturité, puis rouge, globuleux; « les sépales tombent quand le fruit devient rouge. »

« J'incline à penser que cette plante est le *R. suavis* Arrondeau, mais « non le *R. suavis* Willd., comme le croit M. Noulet. » (Timbal-Lagrave).

Remarquons une chose, c'est que l'auteur de cette description ne fait aucune mention du port de l'arbrisseau, des aiguillons, de la dentition des folioles, ni si les styles sont glabres, velus ou hérissés. Les pédoncules sont-ils glabres ou glanduleux? M. Timbal-Lagrave passe sous silence ces caractères, qui pourtant sont utiles à connaître.

En 1872, j'ai prié M. Timbal-Lagrave de vouloir bien me procurer son type : le 4 janvier 1875, j'ai reçu sous le nom de *R. Clotildea* un mélange regrettable de la part d'un observateur, tel que M. Timbal-Lagrave.

Voici ce que j'ai reçu et que je conserve en herbier : l'échantillon en fleurs a les styles libres ! très-courts, glabres ; les feuilles sont elliptiques, lancéolées, légèrement velues en dessus, pubescentes *églanduleuses* en dessous, doublement dentées, aiguillons grêles, droits. Cet échantillon appartient au groupe du *R. tomentosa.* L'échantillon en fruit vert a les folioles grandes, ovales-elliptiques, glabres sur les deux faces, parsemées de glandes fines en dessous, la dentition des folioles est double et triple ; les styles libres ! courts, hérissés ; les divisions calicinales redressées sur le fruit me paraissent persistantes. Cet échantillon appartient à ce que M. Timbal-Lagrave nomme *R. Tolosana* et qui est une rubiginosae. Un troisième échantillon en fruit mûr, me semble être pris sur le même buisson que celui en fleurs ; les feuilles et les aiguillons sont les mêmes.

Si l'échantillon en fleurs a les folioles dépourvues de glandes, je ne puis pas admettre que les glandes aient poussé comme des champignons sur les folioles du rameau en fruit vert, pour disparaître ensuite sur celles du ramaux dont le fruit est à maturité. Le 7 février 1875, j'ai reçu de nouveau de M. Timbal-Lagrave ce *R. Clotildea,* mais encore avec un mélange. Sur deux échantillons en fleurs, l'un a les folioles *doublement* dentées et appartient au groupe du *R. tomentosa :* l'autre est le vrai *R. Clotildea ;* ces deux échantillons ont les folioles *églanduleuses* en dessous et sont en contradiction avec le texte de l'auteur.

M. Timbal-Lagrave dit aussi qu'il penche à croire que cette plante serait le *R. suavis* Arrondeau non Willd. M. Arrondeau, fl. Toulous. (1854), p. 126, dit : « Aiguillons coniques, grêles, courbés ; folioles glabres, d'un « vert foncé en dessus, pâles et glauques en dessous, *orbiculaires*, simple- « ment dentées ; styles courts ; fleurs d'un rose foncé. »

Ne connaissant pas le type de M. Arrondeau, je ne puis parler que d'après le texte ; mais, alors, je crois que la plante de M. Timbal-Lagrave est le contraire de celle de M. Arrondeau, car les échantillons reçus en 1864, 1873, 1875, ont les feuilles doublement dentées et nullement orbiculaires.

25. R. systyla Bastard, essai fl. de M.-et-Loire, suppl. (1812), p. 51; Boreau, fl. cent., éd. 2, n° 654, éd. 3, n₀ 816 et mém. soc. indust. d'Angers (1844), extr., p. 9

et catal. de M.-et-Loire, p. 78; Arrondeau, l. c., p. 124, Déséglise, in Billot, annot. fl. de Fr. et d'Allem. (1855), p. 9, et mém. de la soc. Acad. de M.-et-L., X, p. 64 et extr., p. 24; de Martr.-Don., l. c., p. 228; Cariot, l. c., p. 168; Lloyd, l. c., p. 179; Verlot, cat. pl. du Dauph., p. 113; Godet, fl. Jura, p. 216; *R. fastigiata* Bastard! l. c.; Lejeune, fl. de Spa (1811), II, p. 314; DC., fl. fr. (1815), V, p. 555; Poir., encyclop. suppl., IV, p. 711; Tratt., l. c., II, p. 5; Déséglise, l. c., p. 65 et extr., p. 55; de Martr.-Donos, l. c., p. 228; Cariot, l. c., p. 168; *R. leucochroa* var. *angustana* Desv., journ. bot. (1815), II, p. 113; *R. canina* var. *fastigiata* Desvaux, l. c., p. 114; Seringe, in DC., prod., II, p. 613; Duby, l. c., p. 178; *R. brevistyla* var. DC., fl. fr., V, p. 557; *R. rustica* Leman! bull. philom. (1818), extr., p. 11, n° 28; *R. stylosa* var. *leucochroa* Seringe, l. c., p. 599, part.; Duby, l. c., p. 176, part.; G. et Godr., l. c., p. 555, part.; *R. collina* var. *fastigiata* Thory, prod., p. 70; *R. serpenti-canina* Kirschl., l. c.; *R. stylosa* Gaudin, fl. helv., III, p. 336 (non Desvaux); Rchb., fl. excurs., II, p. 624; Reuter, Cat. de Genève, p. 70; Dumort., monog. des ros. de la flore Belge, p. 64 part.; *R. stylosa* var. *trivialis* Gren., fl. Jura., p. 241.

Icon. Redouté, les roses (1824), livrais. 11, B.

Exs. Billot, n° 1665; Déséglise, n° 5, n° 39.

Hab. Juin. Haies, bois. — *Angleterre.* Cornwall : haies à Burraton, Saint-Stephens, Saint-Mellion (Briggs); — Glocestershire : Sydney (Purchass); — Devonshire : haies près de Plymouth (Baker). — *France.* Loire-inférieure : Thouaré (Lloyd, flore); — Morbihan : Vannes (Lloyd, flore); — Deux-Sèvres : Lassaudière (Sauzé); — Vendée : Napoléon-Vendée (Grenier); — Maine-et-Loire : Angers (Bastard, 1815 in herb. DC.), C. dans ce département (Boreau, catal.); — Loiret : le Briou, Ardon en Sologne (Jullien); — Indre : Chateauroux (Boreau); — Cher : C. C. dans ce département; — Haute-Vienne : Saint-Jean-Ligoure, coteau de la Roselle (Lamy); — Saône-et-Loire : Autun (Carion), Châlon-sur-Saône (Ozanon); Tarn : A. C. dans ce département (de Martrin-Donos, flore); — Lot-et-Garonne : Pommaret près d'Agen (Ozanon) ; — Haute-Garonne : Avignonet, Toulouse (Timbal-Lagrave) ; — Rhône : Lyon à Couzon, au pont d'Alay (Ozanon), Charbonnière, tour de Salvagny (Chabert), Tassin, Brouilly-Saint-Lager (Boullu) ; — Var : les Maures (Hanry) ; — Haute-Savoie : Pringy, bois de Proméry et de Barioz, Thonon, Tessy (Puget). — *Suisse*. Cant. de Genève : Carouge ! — Cant. de Vaud : Nyon, Versoix, Coppet (Reuter, catal.) ; — Cant. de Bâle : Jura de Bâle (Christ).

Var. b. **lanceolata** Lindley, monog. ros., p. 111; de Pronv. l. c., p. 113; *R. brevistyla* b. *lanceolata* Tratt., l. c., p. 47 ; *R. stylosa* var. ? *lanceolata* Seringe, in DC., prod., II, p. 599.

« *Foliolis ovato-lanceolatis, fructo sphoerico.* » — Lindley.

Les feuilles sont plus grandes que dans le type, elliptiques-lancéolées, la terminale arrondie à la base et plus ou moins acuminée au sommet, vertes, glabres en dessus, pubescentes sur les nervures, d'autres folioles n'ont de villosité que sur la côte médiane, simplement dentées ; pétioles pubérulents ou glabres, parsemés de quelque rares petites glandes fines ; pédoncules glabres ou munis de quelques soies glanduleuses peu abondantes, solitaires ou réunis en corymbe de 5-15 au sommet des rameaux ; bractées ovales-acuminées, glabres, plus courtes que les pédoncules ; tube du calice sphérique ; styles en colonne glabre, plus ou moins saillante, disque conique ; fleur d'un rose clair ; fruit rouge globuleux.

Hab. Mai-juin. Haies, bois. — *Angleterre*. Indiqué dans le midi de l'Irlande, par Lindley. — *France*. Yonne : Auxerre (Mabile) ; — Vienne Montmorillon (Chaboisseau); — Cher : Berry, Boulon ; — Rhône : Charbonnière (Chabert).

Obs. A l'exemple de De Candolle, flore française, j'avais séparé dans mon essai monographique des rosiers de la France le *R. fastigiata* Bast., du *R. systyla* Bast., mais une étude plus approfondie de ces deux formes me fait adopter l'opinion de M. Boreau ; le savant auteur de la flore du centre de la France dit en observation, p. 215 : « Bastard a établi le *R. systyla* « sur des individus à rameaux uniflores et à longs styles, et le *R. fastigiata* « sur des pieds à fleurs en corymbe et à styles moins saillants, mais les « variations s'observent souvent dans le même buisson. »

Nous ne chercherons pas à éclaircir les observations plus ou moins judicieuses émises par M. Grenier, dans sa flore du Jura ; pour lui, les *R. stylosa*, *R. systyla*, *R. fastigiata* et *R. leucochroa*, tout ne fait qu'un et, à l'en croire, on trouverait sur le même pied toutes ces formes réunies : pour M. Grenier, « le *R. stylosa* Desv. édité en 1810, n'est que la forme pubescente atteignant son maximum de développement. »

M. Du Mortier, dans sa monographie des rosiers de la Belgique, sous le nom de *R. stylosa*, nous semble avoir en vue le *R. systyla* Bast., et le *R. leucochroa* Desv. ? Il indique ce rosier dans le Luxembourg, et le dit répandu en Angleterre. C'est, il nous semble, le contraire : le *R. systyla* Bast. y est rare ; Lindley et Woods ont pris pour le *R. systyla*, le *R. bibracteata* Bast., qui est loin d'y être commun.

26. R. immitis Déséglise in mém. soc. Acad. de M.-et-Loire (1873), XXVIII, p. 17, extr., p. 1, descript. de qq. esp. nouv. du genre rosa.

Hab. Juin. Bois. — *France*. Cher : bois de Marmagne ! bois de Rouet près les vignes, commune de Mehun !

27. R. parvula Sauzé et Maillard, cat. du départ. des Deux-Sèvres (1864), p. 27 ; *R. modesta* Ripart, in Crépin, primit. monog. ros., fasc. I (1869), p. 39.

« Cette espèce inédite est commune dans le midi du » département ; elle se distingue facilement du *R. systyla* » par ses fleurs beaucoup plus petites, ses pédoncules » glabres, ses styles en colonne toujours saillante, par ses » tiges grêles et ses feuilles d'un vert tendre. » — Sauzé et Maillard, catal.

Arbrisseau à aiguillons robustes, dilatés à la base, courbés ou presque droits, ceux des rameaux plus petits, écorce verdâtre ou violacée, tiges flexueuses ; pétioles pubescents, sillonnés en dessus, *inermes, quelques pétioles très-faible-ment aiguillonnés en dessous ;* 5-7 folioles toutes pétiolées, la terminale ovale, terminée en pointe au sommet, les laté-rales elliptiques aiguës ou arrondies aux deux extrémités, *petites, glabres, d'un vert clair* en dessus, pubescentes sur les nervures, simplement dentées ; stipules étroites, glabres, à oreillettes aiguës, droites ; pédoncules solitaires ou réunis en bouquet par trois, *glabres ;* tube du calice ovoïde, glabre ; divisions calicinales ovales, terminées en pointe, les extérieures appendiculées, les intérieures entières, saillantes sur le bouton, plus courtes que la corolle ; fleur d'un rose clair ; styles glabres, en colonne saillante ; disque conique ; fruit petit ovoïde.

Hab. Juin. Haies, bois. — *France.* Deux-Sèvres : (Sauzé !) ; — Cher : pacage de Bouy, commune de Berry, forêt de Fontmoreau, bois de Mortho-mier, Marçay près de Quincy ; — Haute-Garonne : Toulouse, à Laramette (Timbal-Lagrave).

28. **R. virginea** Ripart, in Déséglise, not. extr. de l'énum. des rosiers, the journ. of botany, juin 1874, extr. p. 1 ; *R. leucochroa* b. *lactea floribus candidis* Loisel.? notice, in Desvaux, journ. (1809), II, p. 257 ; Desportes, l. c., n° 2440 (1).

Arbrisseau robuste, touffu, aiguillons nombreux, dilatés à la base, recourbés au sommet, ceux des jeunes rameaux moins forts ; pétioles un peu velus au bord du sillon et à la naissance des folioles, quelques pétioles portent de petites glandes fines stipitées peu abondantes, aiguillonnés en dessous ; 5-7 folioles ovales-aiguës ou ovales-arrondies, *glabres,* vertes en dessus, plus pâles en dessous, simple-ment dentées ; stipules glabres, bordées de glandes, oreil-lettes aiguës, divergentes ; pédoncules 1-4, *glabres,* ayant à leur base des bractées ovales, cuspidées au sommet, glabres,

---

(1) Cette description a paru en juin 1874, dans le *The Journal of Botany,* et je crois devoir la reproduire.

égalant ou plus courtes que les pédoncules ; tube du calice *obovoïde*, glabre ; divisions calicinales spatulées au sommet, les extérieures entières, saillantes sur le bouton, plus courtes que la corolle, réfléchies à l'anthèse, non persistantes ; styles glabres en une colonne plus ou moins saillante, disque conique ; fleur *d'un blanc pur même à l'onglet ;* fruit rouge, sphérique.

Hᴀʙ. Mai, juin. Haies, bois. — *Angleterre.* Lancaster (Webb). — *France.* Cher : Fussy (Ripart), bois de Rouet ! Mehun ! forêts de Fontmoreau ! du Rhin-du-bois !, Berry !, Boursac !, Nierzon !, Aubusset ! — Calvados : bois de Manerbe près de Lisieux !

29. R. leucochroa Desvaux, journ. bot. (1809), II, p. 316, et (1813), II, p. 115; Loisel., notice (1810), p. 81 excl. var. b.; DC. cat. Monsp., p. 138; Saint-Amans, fl. Agen. (1821), p. 204; Desportes, l. c., n° 2439; Boreau, bull Soc. ind. d'Angers (1844), extr. p. 9 et fl. cent., éd. 2, n° 655, éd. 3, n° 817 et catal. M.-et-Loire, p. 78; Déséglise, essai monog., l. c. X, p. 65 et extr., p. 25; de Martr.-Donos, l. c., p. 228; Cariot, l. c., p. 169; Lloyd, l. c., p. 179; *R. brevistyla* a. DC., fl. fr. (1815), V, p. 537; Thory, l. c., p. 140; Tratt., l. c., p. 47; *R. stylosa* var. *leucochroa* Seringe, in DC., prod., II (1825), p. 599; Duby, l. c., p. 176; Delastre, fl. de la Vienne (1842), p. 157; Gonnet, fl. élément. de la Fr. (1848), p. 483; Gr. et Godr., l. c., p. 555.

Iᴄᴏɴ. Desvaux, l. c. (1815), tab. XV; Redouté, les roses (1824), livrais. 6, A.

Hᴀʙ. Mai, juin. Haies, bois. — *Angleterre.* Devonshire : Egg, Buckland, Modbury, Newton (Briggs). — *France.* Vosges : Liezey ! — Loire-inférieure : Thouaré (Lloyd) ; Vendée : Napoléon-Vendée (Pontarlier in herb. Grenier) ; — M.-et-L. : Angers, Chalonnes (Boreau) ; — Deux-Sèvres : La-Mothe-Saint-Héray (Sauzé) ; — Vienne : Poitiers (Desvaux, in herb.

Déséglise) ; — Cher : Saint-Florent ! Saint-Martin-d'Auxigny ! Berry ! Mehem ; — Tarn : A. C. dans ce département d'après de Martrin-Donos, flore ; — Rhône : Lyon à Charbonnière (Chabert), Villeurbane, Tassin (Ozanon) ; — Var : Hyères (Huet).

SECT. II. — **Indicae**.

Crépin, primit. monog. rosar., fasc. 2 (1872), in Bull. de la Soc. roy. de Botan. de Belgique, XI, p. 158, extr. p. 22 ; *Chinenses* DC., in Seringe, mus. helv. (1818), I, p. 2, pro part.; *Smithiana* Tratt., monog. ros. (1823), I, p. 88, excl. R. sinica.

Styles plus ou moins saillants ; stipules toutes étroites. Par son mode d'inflorescence, cette section a sa place marquée à côté de la section des Synstylae. — La section des Indicae est composée de formes dont la délimitation spécifique est encore très-obscure, ce qui est dû à ce qu'elles ont été toutes primitivement décrites sur des plantes cultivées et plus ou moins profondément modifiées par une longue culture, non-seulement dans les jardins d'Europe, mais dans ceux de la Chine et du Japon. -- Crépin.

50. **R. Indica** L., sp., 705; Pers , syn., II, p. 50; Tratt., l. c., p. 96; Richt., codex, p. 497, n° 3745.

« Rami inermes ; rarius armati una alterave spina tenuis-
» sima versus folia vel in petiolis. Folia pinnata : foliolis
» quinis, subtus tomentosis, supra glabris, serratis : extimo
» duplo majore. Pedunculi longi, nudi simplices. Calyx
» incisus, laevis. Fructus magnitudine sorbi aucupariae. »
(Lin.) Hab. in China.

OBS. — Lindley, dans sa monographie dont de Pronville a donné une traduction en langue française, dit : « Il n'est peut-être plus temps de « demander ce que Linné a voulu désigner par *Indica*, puisque son carac- « tère spécifique et sa description ne conviennent à aucune des espèces

« indigènes de la Chine, du moins à celles qui composent cette tribu. La
« figure de Petiver (tab. 55, f. 11) sur laquelle il se fonde et en quoi il a
« été suivi par Willdenow, Poiret et autres, appartient à une plante bien
« différente qui a beaucoup de rapport avec le *R. Banksiae* et que j'ai
« appelée *microcarpa*. J'ai toutefois examiné les échantillons de Linné et je
« ne doute pas qu'ils n'appartiennent à cette espèce ; mais ayant étudié
« pareillement le spécimen dont S. James Smith forme le type du
« *R. sinica,* je n'hésite pas à prononcer que cet échantillon est une
« monstruosité de l'*Indica* de nos jardins. Les stipules sont étroites, poin-
« tues, finement dentées en leurs bords, les aiguillons droits, faibles,
« inégaux, ce que l'on doit trouver dans l'*Indica*, et ne convient pas au
« port ou à l'état faible du *Sinica*. Ce nom m'ayant paru suranné, je l'ai
« réservé pour la plante qui le porte dans l'*hortus Kewensis*. » (Lindley,
monog., trad. de Pronville).

Voici ce que M. Crépin dit des échantillons du *R. Indica* de l'herbier
de Willdenow, n° 9875 : « ce numéro est représenté par deux feuilles
« simples. Fol. 1). Un rameau florifère. — Ne se rapporte nullement à la
« diagnose de Linné, reproduite par Willdenow sur l'étiquette. Il doit
« appartenir au *R. Indica* humilis, publié par Seringe dans ses roses
« desséchées, n° 59. — Fol. 2). Un rameau muni d'un ramuscule florifère.
« — Appartient au *R. Sinica* Murray. » — Crépin.

Le *R. Indica* de l'herbier DC., n'est pas celui décrit par Linné : une
note écrite par De Candolle se trouve dans son herbier, et donne la description suivante de ce qu'il prend pour *R. Indica* Lin.

« Sous-arbrisseau de 5-6 décimètres, écorce verte, aiguillons rouges,
« recourbés, épars, stipules ciliées de poils glanduleux, pétioles munis
« d'aiguillons et de poils glanduleux, portant 5 folioles ailées, ovales
« lancéolées, rouges en leurs bords, inégalement dentées en scie, glabres
« et lisses ; pédoncules garnis de poils glanduleux ; ovaire glabre, ovale,
« divisions du calice dentelées, corolle d'un rose vif. Bengale. » (DC.).

Le *R. Indica* Seringe et ce qui se trouve dans l'herbier DC., nous
semblent rentrer dans le *R. Bengalensis*.

51. R. Lawranceana Sweet, hort. suburb. Lond.
(1818), p. 119, et hort. brit. (1859), p. 216; Lindley,
l. c., p. 110; de Pronv., l. c., p. 110; Desportes, l. c.,
p. 91; *R. Laurentiae* Andr. fasc. 58; Tratt., l. c. 1,
p. 105; *R. Laurentiae subinermis* Tratt., l. c., p. 106;

R. Indica var. *Lawranceana* Thory, prod., p. 131; Wallr., hist. ros. p. 101; *R. Indica* var. *acuminata* Seringe, in DC., prod., II, p. 601; *R. Indica* var. *humilis* Seringe, mélang., fasc. I, p. 44 et in DC., prod., II, p. 600; *R. pusilla* Mauritius cat. p. 15? teste Lindley; *R. semperflorens* var. *minima* Sims, bot. mag., tab. 1762.

Icon. Curtis, bot. mag., tab. 1762; Lindley, bot. reg., tab. 538; Redouté, les roses (1824), livrais. 5, D., livrais. 39, A.

Hab. — La Chine? — A été introduit en Angleterre en 1810; à Paris par Noisette, mais j'ignore la date de son introduction en France.

Obs. Je passe sous silence le *R. Noisettiana* Thory (hybride obtenu du *R. moschata* fécondé par le *R. Indica*), et les rosiers à fleur double qui sont du domaine de l'horticulture, plutôt que des espèces botaniques, dont les origines sont des plus obscures, comme les noms sous lesquels ils figurent dans les catalogues.

52. R. semperflorens Willd., sp., II, p. 1078 (1797), et enum. hort. (1809), p. 547; Jacq., hort. Schönbr., III, p. 17; Seringe, mélang., fasc. I, p. 11; Lindley, l. c., p. 108; *R. diversifolia* Ventenat, jard. Cels, n° 35 (1800); *R. Bengalensis* var. *Chinensis* Pers.. l. c.; *R. Sinica* Tratt., l. c., p. 89 (non Murray); *R. atropurpurea* Brotero. fl. Lusit. (1805), II, p. 488 ?; Seringe, in DC., prod., II, p. 601; *R. Indica* var. *semperflorens* Seringe, l. c.

Icon. Curtis, bot. mag., VIII, tab. 284; Jacquin, hort., tab. 281, et obs., tab. 55; Ventenat, tab. 35; Redouté, les Roses (1824), livrais. 15, B.; Roessig, die Rosen, tab. 19; d'après l'autorité de Lindley, je cite : Miss Lawrance, tab. 25; Smith, exot., fasc. 2, tab. 91; Pritzel mentionne : Savi, fl. ital., I, 58 et II, 2; Kerner, hort., 114.

Exs. Compagnie des Indes-Orient. (1829), n° 686;
Wallich in herb. DC. et herb. Delessert, échantillon cul-
tivé au jardin de Calcuta ; Seringe, roses desséchées, n° 5;
Bourgeau, expédit. du Mexique, n° 2942.

Hab. — La *Chine*, passant pour être originaire du Bengale (Ventenat, l.c.).
— *Indes* (Lambert, 1816, in herb. DC.); Bengale (Leschenault, 1821 in
herb. DC.); Calcuta, 1829, in herb. DC. — *Mexique*. Orizaba (Bourgeau),
Spont? — *Brésil* (Theremin, 1819, in herb. DC.), spont. ? — *Guyane
hollandaise*. Surinam (Wright, in herb. DC., 1829), spont. ? — *Afrique*.
Tanger, jardin du consulat du Danemark, où il forme d'énormes buissons
à l'état sauvage, fleur simple (mai 1849, Reuter !).

Obs. Loiseleur-Deslonchamps, dans le dictionnaire des sciences naturelles, XLVI, p. 264, dit : ce rosier, originaire de la Chine et des parties
septentrionales du Bengale, a été introduit en Angleterre en 1771 et ce
n'est guère que 20 ans après qu'il a été introduit en France. — Redouté
dit qu'il a été introduit en Europe par les Anglais, qui l'ont rapporté de
l'Inde, et il a fleuri pour la première fois en Angleterre vers l'année 1793.
— D'après Desportes, son introduction en France date de l'année 1800.

55. R. longifolia Willd., sp., II, p. 1079 et herb.,
n° 9872; Pers., l. c., p. 50; Poiret, encycl. suppl., VI,
p. 296; Tratt., l. c., I, p. 101 ; *R. Indica* var. *longifolia*
Lindley, l. c., p. 106 ; Seringe, in DC., prod., II, p. 600;
R. semperflorens var. *longifolia* de Pronv., l. c., p. 108 ;
R. persicifolia Hortulan.

Icon. Redouté, les roses (1824), livrais. 18, A.

Hab. — Les Indes

Sect. III. — **Bracteatae**.

Lindley, monog. ros. (1820), p. 7 ; de Pronville, monog. du genre rosier, p. 28 ; *Wendlandiana* Trattinnick,
monog. ros. (1815), II, p. 188 ; *Chinenses* § 3. Seringe,
in DC., prod , II, p. 602.

54. R. involucrata Roxb., in Lindley, l. c., p. 8 ;
de Pronv., l. c., p. 29 ; Seringe, in DC., prod., II,
p. 602 ; Desportes, l. c., p. 2 ; *R. Lindleyana* Tratt.,
l. c., p. 190 ; *R. clynophylla* Thory, prod., p. 126 ;
Seringe, l. c., p. 606.

Icon. Bot. regist., tab. 759 ; Redouté, les roses (1824),
livrais. 11, A.

Exs. Compagnie des Indes-Orient. (an. 1820), n° 696,
in herb. DC.

Hab. — Les *Indes* et la *Chine.* — Les Indes (Lambert, 1816, in herb.
DC.) ; Assam (Colonel Jenkins, 1825, in herb. DC.).) ; Bengale orient.
(Hooker et Thomson).

Introduit en Angleterre par Whitley, en 1820.

Obs. *R. Hardii* Paxton, mag. of botan., X, (1845), p. 195. Hybride
formé entre le *R. berberifolia* et le *R. involucrata*. Il n'a que les fleurs du
premier, les feuilles ont aussi un aspect singulier, les pédoncules et les
calices sont recouverts d'un duvet épais et feutré. Cette plante était cultivée au jardin de Paris en 1868, d'où proviennent mes échantillons.

55. R. bracteata Wendl., obs. n° 50 et hort. Herren.;
Pers., l. c., p. 50 ; Lindley, l. c., p. 10 ; de Pronv., l.
c., p. 30 ; Tratt., l. c., II, p. 189 ; Seringe, in DC.,
prod., II, p. 602 ; Desportes, l. c., p. 2 ; *R. Macartnea*
Dum.-Courset, bot. cult., éd. 2 (1811), V, p. 485.

Icon. Ventenat, jard. de Cels, tab. 28 ; Roessig, die
rosen, pl. 52 ; Redouté, les roses (1824), livr. 2, B. —
Je cite d'après Lindley : Wendland, hort. Herren., 7,
tab. 22 ; Miss Lawrance, tab. 28 sub nom. *R. lucida* non
Ehrh.

Hab. — La Chine.

Var. b. **scabricaulis** Lindl., l. c. ; Seringe, l. c. ; *R. bracteata*,
Mönch, meth. sup., 290 ; Jacq., frag, p. 50.

Icon. Jacquin, l. c , tab. 34, f. 2 ; Curtis, bot. mag., tab. 1377.
Ramis setigeris, aculeis minoribus, rectiusculis.

Hab. — La Chine.

Obs. Ce rosier, originaire de la Chine, a été introduit en Angleterre par Georges Staunton en 1795 ; introduit à Paris par Cels en 1795, d'après Desportes.

36. R. Lyellii Lindley, l. c., p. 12; Tratt., l. c., p. 191 ; Seringe in DC., prod., II, p. 601.

Icon. Lindley, l. c., tab. 1.

Hab. — Le Népaul (Wallich, 1829, nº 682, in herb. Delessert).

Sect. IV. — **Banksianae**.

Lindley, monog. ros. (1820), p. 125 ; de Pronville, monog. du genre rosier, p. 125 ; *Chinenses* § 2 Seringe, in DC., prod., II, p. 601; *Purshiana* Tratt., monog., ros., II, p. 180 ; *Aitoniana* Tratt., l. c., p. 211.

37. R. Banksiae R. Br., in Ait., Kew., ed. alt., III, p. 258; Lindley, l. c., p. 131 ; Thory, prod., p. 39 ; Tratt., l. c., p. 212; de Pronv., l. c., p. 128; Seringe in DC., prod., II, p. 601 ; Desportes, roset. gall., p. 113, nº 2495, nº 2496.

Icon. Curtis, bot. mag., tab. 1954, *flore albo*; Bot. reg., tab. 397, *flore pleno*; Roessig, die rosen, pl. 57 ; Redouté, les roses (1824), livrais. 30, A.

Hab. — La Chine.

Obs. Introduit en Angleterre, en 1807, par William Ker ; son introduction en France date de 1817, par Boursault. Le type est à fleur blanche; il y a une variété à fleur jaune introduite en 1824 et plus répandue que le type dans les jardins.

38. R. microcarpa Lindley, l. c., p. 130; de Pronv.,

l. c., p. 128 ; Seringe, in DC., prod., II, p. 601 ; *R. tri-phylla* Roxb. in Lindl., l. c., p. 138 ?; Seringe, in DC., prod., II, p. 600 ?; *R. cymosa* Tratt., l. c., I, p. 87.

Icon. Lindley, l. c., tab. 18 ; Petiver, gaz. 57, tab. 35, f. 11.

Hab. — La Chine.

Obs. Lindley, dans sa monographie, fait la remarque suivante : « Il ne « peut y avoir une preuve plus frappante de la connaissance imparfaite « que Linné avait des rosiers asiatiques, qu'en le voyant citer celui-ci bien « figuré par Petiver, comme étant l'*Indica*. Willdenow a reproduit cette « erreur, parce que probablement il regardait le *R. Indica* Lin., comme « une plante qui lui était inconnue. » (Lindley, trad. de Pronville).

59. R. Amoyensis Hance in Seem., journ. of botan. (1868), VI, p. 297.

Hab. — *Chine.* Autour de la ville d'Amoy (Hance).

40. R. Sinica Murray, syst. veget. (1774), p. 394; Ait., Kew., éd. 2, III (1810), p. 261 ; Lindley, l. c., p. 126; de Pronv., l. c., p. 125 ; *R. laevigata* Michx, fl. Amer.-bor. (1803), I, p. 295 ; Pursh., fl. Am.-sept. (1804), I, p. 345 ; Pers., syn. (1807), II, p. 49 ; Poir., encycl. suppl., VI, p. 295 ; Lindley, l. c., p. 125 ; Tratt., l. c., II, p. 184 ; de Pronv., l. c., p. 124 ; Seringe in DC., pr., II, p. 600; *R. nivea* DC., cat. Monsp. (1813), p. 137 (non Raf.); Seringe, l. c., p. 599 ; Tratt., l. c., p. 183 ; Thory, prod., p. 57 ; *R. ternata* Poir., l. c. (1810), p. 284; *R. trifoliata* Bosc, dict. d'agricult., éd. 2 (1811), XIII, p. 280 ; *R. Cherokensis* Don, cat., éd. 8, p. 172.

Icon. Lindley, l. c., tab. 16 ; Lindley, bot. regist., XXIII, tab. 1922; Curtis, bot. mag., tab. 2847; Redouté, les roses (1824). livrais., 9, B.

Exs. Compagnie des Indes-orient. (1829), n° 694.

Hᴀʙ. — La *Chine* (Expédition française en Chine, collection du docteur Yvan, an. 1845-46, herb. Jaubert !); les échantillons de l'herbier DC. viennent du jardin botanique de Montpellier (15 mai 1808), ils sont identiques à la plante distribuée par la compagnie des Indes et à celle que je possède de Louisiane.

Espèce remarquable par ses folioles ternées, coriaces, glabres ; les divisions calicinales entières, les extérieures très-dilatées au sommet ; le pédoncule dans sa partie supérieure et le tube du calice sont chargés de soies spiniformes assez longues ; les styles sont velus ; la fleur grande, blanche ; les aiguillons petits, dilatés à la base, courbés ou crochus.

D'après Aiton, il a été introduit en Angleterre en 1759, par Philip Miller ; j'ignore la date de son introduction en France.

41. R. hystrix Lindley, monog. ros. (1820), p. 129; Tratt., l. c., II, p. 182; de Pronv., l. c., p. 127; Seringe in DC., prod., II, p. 559; *R. cucumerina* Tratt., l. c., p. 181.

Iᴄᴏɴ. Lindley, l. c., tab. 17.

Il diffère du *R. Sinica*, par les tiges qui sont plus aiguillonnées, les rameaux sont couverts de petites soies fines, mélangées de petits aiguillons inclinés ou droits ; les pétioles sont armés de nombreux petits aiguillons grèles qui se retrouvent sur la nervure médiane des folioles ; les divisions calicinales sont bordées au sommet de petites soies ; les pédoncules et le tube du calice sont chargés de nombreuses soies spiniformes ; les styles sont obscurément hérissés.

Hᴀʙ. — Le *Japon* (Lindley) ; — la *Chine* (Fortune, herb. Déséglise).

Oʙs. *R. recurva* Roxb., in Lindl., l. c., p. 127 ; Tratt., l. c., II, p. 227; Seringe, in DC., prod., II, p. 600. — Hab. le Népaul. — Espèce bien incertaine, dont il m'a été impossible de voir un type dans les herbiers.

<h3 style="text-align:center">Sᴇᴄᴛ. V. — Gallicanae.</h3>

DC., in Seringe, mus. Helv. (1818), p. 2 et p. 4; Besser, enum. Pod. et Volh. (1822), p. 60; Déséglise, essai monog., in mém. de la Soc. Acad. de M.-et-Loire, X (1861), p. 20 et extr., p. 10, et in the naturalist (1866), n° 20, p. 510; Cariot, étud. des fleurs (1865), II, p. 169; Crépin, primit. monog. ros., fasc. I (1869), p. 15; *Cinnamomeae* Seringe, in DC., prod., II, (1825), p. 602, *part.;* Duby, bot. gall. (1828), I, p. 176, *part.;* Lorey et Duret, fl. de la Côte-d'Or (1831), I, p. 504, *part.;* *Centifoliae* Lindley, monog. ros. (1820), p. 68, *part.;* de Pronville, monog. du genre rosier (1824), p. 66, *part.;* Rchb., fl. excurs. (1830), II, p. 622, *part.;* *Nobiles* Koch, syn. (1843), p. 255, *part.;* Reuter, cat. de Genève (1861), p. 75, *part.;* *Diastylae,* trib. *Dimorphacanthae* Godet, fl. du Jura (1855), p. 204.

1.	Styles agglutinés en colonne velue, glabre ou hérissée, mais non soudés	2.
	Styles libres, glabres, hérissés ou laineux . . .	4.
2.	Colonne stylaire égalant les étamines, corolle rose clair	5.
	Colonne stylaire plus courte que les étamines, corolle rose	*arvina.*
3.	Styles velus, tube du calice grêle, obovoïde, glanduleux, fruit ovoïde, rouge orangé	*hybrida.*
	Styles glabres, tube du calice ovoïde, glabre, fruit ovoïde, d'un rouge obscur	*Polliniana.*
4.	Styles laineux	17.
	Styles glabres ou hérissés.	5.
5.	Styles glabres	6.
	Styles hérissés	8.
6.	Arbrisseau, folioles ovales-elliptiques, doublement dentées, tube du calice obovoïde, glabre, fleur grande, odorante, d'un beau rose, fruit ovoïde, rouge sale	*arenivaga.*
	Sous-arbrisseau.	7.

7. { Pétioles pubescents glandu'eux, folioles ovales ou obtuses, dentées en scie, souvent surchargées de petites dents secondaires, la côte ayant quelques glandes, tube du calice ovoïde, glabre, fleur grande, d'un blanc rosé . . . . *Fourraei.*

Pétioles glabres, glanduleux, aiguillonnés, folioles aiguës, vert sombre en dessus, velues sur les nervures, la côte glanduleuse, simplement dentées, tube du calice oblong, fleur grande, d'un blanc satiné, fruit ovoïde, rouge-brun . . . . . . *opacifolia.*

8. { Fleur rouge foncé ou rouge, à nuance veloutée . . 9.
Fleur rose . . . . 10.

9. { Folioles oblongues-lancéolées, d'un vert pâle en dessus, grisâtres en dessous, la côte légèrement velue et parsemée de glandes, doublement dentées, tube du calice ovoïde, glabre ou hispide à la base, fleur grande, rouge, à nuance veloutée, fruit ovoïde . . . . *virescens.*

Folioles ovales, pubescentes en dessous, ne conservant à l'état adulte de la villosité que sur la côte, simplement dentées, tube du calice obovoïde, glanduleux, fleur grande, rouge foncé, à onglet court, jaunâtre, fruit pyriforme, rouge orangé . *velutinaeflora.*

10. { Arbrisseau . . . . 13.
Sous-arbrisseau. . . . . 11.

11. { Folioles orbiculaires, tomenteuses en dessous, doublement dentées, fleur d'un beau rose, à onglet blanchâtre, brillant. . . . . *austriaca.*
Folioles non orbiculaires. . . . . 12.

12. { Folioles ovales-aiguës, blanchâtres, pubescentes en dessous, inégalement dentés, sépales bordés de glandes, tomenteux au sommet, fleur grande, d'un beau rose . . . . *sylvatica.*

Folioles ovales-arrondies, blanchâtres, pubescentes en dessous, la côte glanduleuse, à dents plus ou moins surchargées de dents accessoires, sépales glabres, fleur rose . . . . *decipiens.*

13. { Tiges et rameaux floraux inermes . . . . 14.
     { Tiges florales aiguillonnées . . . . 15.

14. { Pétioles aiguillonnés, folioles grandes, ovales-aiguës, cordiformes à la base, nervures velues, la côte parsemée de glandes, simplement dentées, tube du calice ovoïde, glabre, fleur grande, d'un beau rose. . . . . , ... *subinermis.*
     { Pétioles inermes, folioles ovales-elliptiques, pâles, pubescentes en dessous, la côte glanduleuse, dentées en scie, à dents surdentées, tube du calice ovoïde, glanduleux, fleur d'un beau rose . . . *incarnata.*

15. { Folioles grandes, ovales, tube du calice globuleux, fleur très-grande, d'un blanc lavé de rose, fruit arrondi, rouge sale . . . . *Boraeana.*
     { Folioles médiocres, tube du calice ovoïde. . . . 16.

16. { Folioles orbiculaires, pubescentes en dessous, pétales blancs, un peu rosés au sommet, fruit arrondi, rouge . . . . *geminata.*
     { Folioles ovales, à nervures velues, villosité disparaissant avec l'âge, la côte velue et parsemée de glandes, simplement dentées, quelques-unes surchargées de dents accessoires, pétales grands, d'un beau rose, fruit rouge, obovoïde . . . . *mirabilis.*

17. { Folioles orbiculaires . . . . 18.
     { Folioles non orbiculaires. . . . . 19.

18. { Folioles doublement dentées, tube du calice ovoïde, arrondi, fleur rouge foncé, avec nuances veloutées, fruit globuleux, rougeâtre . . . . . . *provincialis.*
     { Folioles simplement dentées, en cœur à la base, tube du calice ovoïde-oblong, fleur d'un beau rose nuancé de points blancs. . . . . *assimilis.*

19. { Fleur rouge . . . . 20.
     { Fleur rose vif, onglet jaunâtre, folioles ovales-aiguës, nervure médiane velue, glanduleuse, tube du calice globuleux, fruit arrondi . . . . . *ruralis.*

20. {
Fleur d'un rouge très-foncé, folioles ovales-elliptiques, presque simplement dentées, fruit
arrondi, rougeâtre . . . . *Gallica*.
Fleur d'un rouge vif pâle en dehors et à l'onglet,
folioles ovales, doublement dentées, fruit pyriforme, rouge orangé . . . . *pumila*.

A). *Styles rapprochés en colonne velue, hérissée ou glabre.*

42. R. hybrida Schleicher, catal. 1815; Willd., herb.,
n° 9838, teste Crépin, l. c., fasc. 2 (1872), p. 45; Rchb.,
l. c., p. 623?; Mutel, fl. fr. (1834), I, p. 355?; Boreau, fl.
cent., éd. 2, n° 660, éd. 3, n° 829; Gr. et Godr., l. c., I,
p. 553; Arrondeau, fl. Toulous., p. 124; Reuter, l. c.,
p. 73; Déséglise, l. c., p. 67 et extr., p. 27; Grenier, fl.
Jura., p. 224; Cariot, l. c , p. 170; *R. Gallica* var. *hybrida*
Seringe, in DC., prod., II, p. 603 excl. syn. Rau; Godet,
l. c., p. 207; *R. arvensis* var. *hybrida* Lindley, l. c.,
p. 113 excl. syn. Rau; Lois., fl. gall., I, p. 361?;
R. Axmanni Gmel., fl. Bad.-Als., IV, p. 367?; *R. Gallico-
serpens* Kirschleger, fl. Als., I, p. 244; *R. agrestis*
Gmel, l. c., II, p. 416, teste Seringe ; *R. Rhodani* Chabert !
in Cariot, l. c., p. 677, ex exempl. auth.

Exs. Schleicher, pl. Helv., cent. I, n° 54; Seringe, roses
desséchées, n° 34; Schultz, exs. n° 1446 et herb. norm.,
n° 47; Déséglise, herb. ros., n° 4.

Hab. Mai, juin. Bois. — *France.* Cher : bois de la Brosse longeant Tra-
vaille Coquin (Blondeau, 1829, in herb. Déséglise), forêt de Fontmoreau
(Ripart), forêt du Brouard près Levet ! bois de Givray près de Bourges !
bois de Charron et de Marmagne ! bois de Saint-Florent ! — Puy-de-Dôme :
bois de Lezoux (Lamotte) ; — Haute-Garonne : Bouconne à Toulouse
(Timbal-Lagrave) ; — Rhône : bois de Charbonnière, Dardilly, Grésieux
(Chabert), Brouilly-Saint-Lager, Tassin, Crapone (Boullu). — *Suisse.*
Cant. de Genève : bois de la Bâtie, Veyrier, Troënex, Compesières, Lancy.
— *Bavière.* Lac de Starnberg (Christ).

43. R. Polliniana Sprengel, plant. min. cogn. pug. (1813), II, p. 66; Poiret, encycl. supp., IV (1816), p. 715; Pollini, Viag. al lago de Garda, p. 129; Lindley, l. c., p. 135?; Tratt., l. c., II, p. 101? *R. Pollinaria* de Pronville, l. c., p. 152 ? *R. pumila* b. Pollini, fl. Veron., II, p. 143; *R. conica* Chabert! in Cariot, l. c., p. 171; *R. intermedia* Chabert! in herb. Déséglise; *R. arvensis-Gallica* Gremli! *R. ambigens* Gremli! *R. canina-Gallica* c. *ambigens* Gremli! *R. sylvestris flore majore et rubente* Seguier, fl. Veron., II, p. 311.

Icon. Pollini, l. c., tab. 1, f. 3.

Exs. Billot (suites), n° 3717.

Sous-arbrisseau atteignant un mètre au plus, rameaux grêles, à écorce verte ou rougeâtre, les uns presque inermes, les autres armés d'aiguillons grêles en forme de disque à la base, droits ou légèrement inclinés, rougeâtres ou grisâtres, mélangés de soies pédicellées au sommet, ceux de la tige principale plus robustes; pétioles légèrement pubescents, glanduleux, aiguillonnés en dessous; 3-5 folioles ovales, arrondies à la base, aiguës au sommet ou ovales-elliptiques et d'autres tout à fait arrondies, vertes et glabres en dessus, glaucescentes en dessous, la côte glanduleuse et portant quelques poils, dentées en scie, à dents mucronées, quelques folioles ont les dents surchargées de petites glandes fines qui les font paraître comme doublement dentées; stipules lancéolées, glabres, à oreillettes aiguës, droites, à bords glanduleux; pédoncules solitaires ou réunis par 2-4, assez longs, rougeâtres, portant des glandes pédicellées; des bractées qui se trouvent à la base du bouquet, l'une est dilatée ou terminée par trois folioles, l'autre est ovale, cuspidée, glabre; les pédoncules extérieurs ont deux petites bractées opposées, le pédoncule central en est dépourvu ; tube du calice pruineux, ovoïde, glabre ; divisions calicinales terminées en pointe, glabres en dessous, les extérieures appendiculées, saillantes sur le bouton, plus courtes que la corolle ; styles glabres au-dessus d'un disque conique (comme dans l'échantillon de Sprengel) plus ou moins élevé ; pétales roses, grands ; fruit ovoïde, d'un rouge obscur.

Obs. La plante que je viens de décrire est identique à l'échantillon qui se trouve dans l'herbier DC., sous le nom de *R. Polliniana*, venant de Sprengel et donné sans localité en 1825, par de Welden. — M. Cariot, en décrivant le *R. conica*, dit : « pétales aussi larges que longs, cordiformes» arrondis à l'onglet. » C'est une erreur, les pétales sont cunéiformes à la base, émarginés au sommet, d'après les beaux échantillons que j'ai de Chabert.

Hab. Mai, juin. Bois. — *France*. Cher : bois de Charron près de Marmagne ! — Rhône : bords des bois à Charbonnière, pont d'Alaï, Dardilly (Chabert). — *Suisse*. Cant. de Schaffhouse : Wirbelberg (Gremli). — *Italie*. Mont Baldo (Huguenin).

44. R. arvina Krocker, fl. Silesiaca (1790), II, p. 150 ; Rau, enum. ros. (1816), p. 106 ; Tratt., l. c., I, p. 56, Rchb., l. c., p. 625 excl. syn. ; Boreau, bull. de la soc. indust. d'Angers (1844), ext., p. 10, fl. cent., éd. 2, n° 661, éd. 3, n° 850, catal. de M.-et-Loire, p. 79 ; Gonnet, fl. élém. de France, p. 482 ; Gr. et Godr., l. c., p. 554 ; Arrondeau, l. c., p. 125 ; Déséglise, l. c., p. 68 et extr., p. 28 ; Cariot, l. c., p. 170 ; *R. Gallica* var. *arvina* Seringe, in DC., prod., II, p. 604 ; *R. serpenti-Gallica* Kirschleg., l. c., p. 243 ; *R. Gallico-stylosa* Timb.-Lagr.! in herb. Ripart ; *R. canino-Gallica* Timb.-Lagr.! in herb. Déséglise.

Hab. Juin. Haies et bois. R. R. — *France*. Maine-et-Loire : Angers (Boreau) ; — Haute-Garonne : Toulouse à Bouconne (Timbal-Lagrave),

Laramette à Toulouse (Baillet); — Rhône : Lyon à Charbonnière (Ozanon),
vallon de Tassin (Chabert). — *Styrie*. Grätz (Reichenbach, flora). —
Bavière. Retzbach près Wurtzbourg (Rau). — *Silésie* (Krocker).

B). *Styles libres, hérissés ou glabres.*

45. **R. arcuivaga** Déséglise in Jullien, catal. syst. de
qq. pl. nouv. pour la flore orléanaise, in mém. de la soc.
Acad. de M.-et-Loire, XII (1862), extr. p. 9.

Exs. Déséglise, herb. ros. n° 41.

Hᴀʙ. Juin. Haies. — *France* : Loiret : levée de la Loire à Orléans près le
bois de l'Isle (Jullien), Saint-Denis-en-Val (Boreau, in litt.).

46. **R. subinermis** Chabert, in Cariot, l. c. p. 175.

Hᴀʙ. Juin. Haies, bois. — *France*. Rhône : Dardilly (Chabert), haies au
Gau Francheville, Charbonnière ? (Boullu).

47. **R. geminata** Rau, énum. ros. (1816), p. 98 et
p. 169; Tratt., l. c., II, p. 29; Rchb., l. c., p. 624;
Boreau, bull. de la soc. indust. d'Angers (1844), extr.,
p. 10, fl. cent. éd. 2, n° 658, éd. 3, n° 820; Gr. et Godr.,
l. c., 555; Déséglise, l. c., X, p. 69 et extr., p. 29;
Cariot, l. c., p. 171; Fourreau, cat. pl. du cours du
Rhône (1869), p. 73; *R. agrestis* Kirschleger, l. c., I,
p. 244 an Gmel. ?; *R. incomparabilis* Chabert ! in Cariot !
l. c. p. 170.

Iᴄᴏɴ. Redouté, les roses (1824), livrais. 25, c.

Exs. Billot (suites), nᵒˢ 3578, 3718.

Hᴀʙ. Juin. Haies, bois. — *France*. Cher : Aubigny (Delastre in herb.
Boissier) ; — Indre : Mézières (de Jouffroy, in herb. Grenier) ; — Rhône :
Dardilly, route de la tour de Salvagny (Chabert), Charbonnière, Craponne,
Marcy, Saint-Lager, Méginant (Boullu). — *Allemagne*. Wurzbourg (Rau);
Francfort-sur-Mein, forêt de Wilbeler (Rchb.).

48. R. Fourraei Déséglise, descript. de qq. esp. nouv. de rosiers, in mém. de la soc. Acad. de M.-et-Loire, XXVIII, (1873), p. 98, extr. p. 2; *R. mixta* Chabert! in Cariot, l. c., p. 677 (non Trattinnick).

Hab. Juin. Bois, haies. — *France.* Rhône : Charbonnière près de Lyon (Chabert), Sainte-Consorce, Tassin à Méginant (Boullu).

49. R. Boraeana Béraud, mém. de la soc. d'Agricult. d'Angers, V, p. 355; Boreau, l. c., éd. 2, n° 659, éd. 3, n° 821 et catal. de M.-et-Loire, p 78; Déséglise, essai monog. in mém. de la soc. acad. de M.-et-L., X, p. 70 et extr. p. 50; *R. arvina* Lloyd! fl. ouest (1868), p. 181 (non Krocker).

Hab. Juin. Haies. — *France.* Loire-inférieure : Couerron (Boreau) ; — Maine-et-Loire : Angers (Boreau)

50. R. Austriaca Crantz, stirp. Austr. (1769), fasc. 2, p. 86; Poll., fl. Palat., II, p. 50 ; Tratt., l. c. I, p. 61 ; Boreau, fl. Cent., éd. 3, n° 824; Déséglise, l. c., p. 71 et extr., p. 51 ; Cariot, l. c., p. 171 ; Fourreau, l. c., p. 73 ; *R. Gallica* Roth, fl. Germ. (1789), II, p. 559 (non Lin.); Krocker, l. c., II, p. 145 ; *R. Gallica* var. *hispida* Seringe, in DC., prod., II, p. 605 ; *R. pumila* Jacquin, fl. Austr., II, p. 59 (non Lin. fil.); Wallroth, ann. bot., p. 62 ; *R. pumila* var. *hispida* Rau, l. c., p. 116 ; *R. hispida* Münchlaus. Hausv., V, p. 281 ; Schrank, baier. fl., II, p. 41, teste Trattinnick.

Icon. Jacquin, l. c., tab. 198.

Exs. Reichenbach, n° 2250 ; Déséglise, herb. ros., n° 42.

Hab. Juin. Haies, bois des terrains calcaires. — *France.* Cher : bois de Charron près de Marmagne ! vignes de la Chapelle-saint-Ursin ! bois de la Grange saint-Jean près de Levet ! — Rhône : Lyon à Charbonnière (Chabert). — *Autriche.* Au pied de Freuenberges près de Langelois (Widerspach); — Illyrie : Trieste (Tommasini in herb. Boissier) ; — Croatie : Banat (Wierzbicki). — *Italie.* Mont Pastello près de Verone (Boissier).

51. R. incarnata Miller, dict., n° 19, trad. franç., VI,
p. 527; Boreau, l. c., éd. 2, n° 663, éd. 3, n° 826;
Déséglise, l. c., p. 72, extr., p. 52; Fourreau, l. c., p. 73;
R. laevis Boullu, in litt.

Hab. Juin. Bois. — *France*. Cher : bois de Marmagne ! bois de Contre-
moret près Bourges ! bois de Givray, commune de Trouy (Ripart); —
Loir-et-Cher : Cheverny, Fontaines en Sologne (Boreau, flore); — Rhône :
Tassin à Méginant, Marcy (Boullu), Charbonnière, Dardilly (Chabert); —
Haute-Garonne : Toulouse à Colomiers (Timbal-Lagrave). — *Suisse*. Cant.
de Genève : bois des Frères, près de Genève !

52. R. virescens Déséglise, l. c., p. 75, et extr.,
p. 53; Jullien, cat. syst. de qq. pl. nouv. de la fl. Orléan.,
p. 8; *R. Gallica* Auct. pr. part.; *R. Gallica* var. *inermis*
Seringe, in DC., prod., II, p. 604?

Hab. Juin. Haies, bois — *France*. Loiret : bois de Plissai, bords de la
rivière des Montées près Orléans (Saint-Hilaire, 1805, in herb. du mus.
d'Orléans et 1812, in herb. DC !) Saint-Jean-le-Blanc (Jullien).

53. R. velutinaeflora Déséglise et Ozanon, descript.
de qq. esp. nouv. de rosiers, in mém. de la soc. Acad. de
M.-et-Loire (1875), XXVIII, p. 100 et extr., p. 4; Fourreau, l. c , p. 73; *R. Gallica* var. *velutinaeflora* Cariot, l. c.,
p. 173.

Hab. Juin. Bois. — *France*. Rhône : Lyon, bois de l'Étoile (Ozanon),
Charbonnière (Chabert), colline de Brouilly, Saint-Lager (Boullu).

54. R. mirabilis Déséglise, l. c., XXVIII, p. 101 et
extr.; Fourreau, l. c., p. 75.

Hab. Juin. Bois. — *France*. Cher : bois de Marmagne ! — Rhône :
vallon de Tassin, bois de Charbonnière (Chabert), Brouilly à Saint-Lager,
Marcy-le-Loup (Boullu).

55. R. sylvatica Tausch, in diar. bot. flor. dicto ann.
2, II, p. 464; Tratt., l. c., I, p. 58; Bl. et Fing., comp. fl.
germ. (1825), I, p. 637; Seringe, in DC., prod., II,

p. 625 ; Boreau, l. c., éd. 3, nº 927 et catal. de M.-et-Loire, p. 78 ; Déséglise, l. c., X, p. 74 et extr., p. 25 ; Cariot, l. c., p. 172 ; *R. pulchella* Boreau, l. c., éd. 2, nº 662 ; Guépin, flore de Maine-et-Loire (1850), sup., p. 36 (non Willd.) ; *R. triflora* Chabert ! in herb. Déséglise.

Exs. Déséglise, herb. ros., nº 45.

Hab. Juin. Bois, taillis. — *France*. Maine-et-Loire : Angers, Brissac (Boreau) ; — Cher : Trouy, bois des Dames (Ripart), bois de Marmagne ! Saint-Florent ! forêt de Fontmoreau aux brûlis ! — Nièvre : Marzy (Boreau, flore) ; — Rhône : bois de l'Étoile (Ozanon), Charbonnière, pont d'Alaï, Gau (Chabert), vignes de Brouilly-saint-Lager, Sainte-Consorce, Francheville au Gau, St-Genis-des-Ollières (Boullu). — *Alsace*. Mutzig (Billot, in herb. Grenier) — *Autriche*. In umbrosis, collinis in Bohemia (Trattinnick, l. c.).

56. R. decipiens Boreau, l. c., éd. 3 (1857), nº 828 ; Déséglise, l. c., p. 75 et extr., p. 55 ; Cariot, l. c., p. 172 ; Fourreau, l. c., p. 75 ; *R. nemorum* Ripart, in herb. Déséglise.

Hab. Juin, juillet. Bois. — *France*. Cher : Montifaut, près de Bourges (Ripart), bois de Marmagne ! bois de la Grange-saint-Jean, près de Levet ! forêt de Fontmoreau aux brûlis ! — Rhône : Lyon au pont d'Alaï, Charbonnière (Chabert et Ozanon), Sainte-Consorce, Brouilly-saint-Lager (Boullu). — *Suisse*. Cant. de Genève : Le Vangeron près de Genève !

57. R. opacifolia Chabert ! in Cariot, l. c., p. 677. *Description communiquée par feu Chabert.*

Racine non traçante, sous-arbrisseau bas de 3 à 6 décimètres, à rameaux dressés, fermes, armés d'aiguillons épars, grêles, un peu arqués, mêlés de soies glanduleuses. Pétioles glabres, un peu canaliculés, couverts de glandes rougeâtres, aiguillonnés en dessous. Stipules étroites, glabres, à oreillettes lancéolées, aiguës, divergentes, glanduleuses aux bords. 5-7 folioles courtement pétiolées, aiguës, d'un vert sombre, glabres en dessus, opaques en dessous et poilues sur les nervures, à côte médiane glanduleuse, simplement dentées, à dents aiguës, mucronées ciliées. Pédoncules rougeâtres, hispides-glanduleux, munis de bractées lancéolées-aiguës, opposées, les pédoncules sont solitaires ou groupés par 2 ou 3. Tube du calice glabre, oblong, hispide à la base. Sépales rougeâtres, les extérieurs pinnatifides, glabres, les intérieurs tomenteux en dedans sur les bords, les appendices sont étroits, glanduleux. Corolle très-grande, d'un blanc satiné. Styles glabres, un peu plus courts que les étamines, disque peu saillant. Fruit ovoïde, d'un rouge brun (*Chabert*).

Bien voisin du *R. decipiens*, dont il diffère par ses folioles plus petites, à dentelures plus aiguës, ses styles glabres, ses fleurs d'un blanc satiné. **A. D.**

Hab. Juin. Haies. — *France*. Rhône : entre Charbonnière et Tassin, haies au Gau (Chabert)

c). *Styles libres, laineux.*

58. **R. Gallica**. L., sp.,704 ; Allioni, fl. Pedem. (1785), II, p. 139, excl. syn. de Crantz ; Gilibert, pl. d'Europe (1800), I, p. 584 ; Pers., syn., (1807), II, p. 48 ; Willd., enum. plant. (1809), p. 545 ; Dum.-Cours., bot. cult., éd. 2 (1811), V, p. 474 ; Saint-Am., fl. Agen. (1821), p. 207 ; Tratt., l. c. (1823), I, p. 50 ; Balbis, fl. Lyon. (1827), I, p. 258 ; Dumort., fl. belgica (1827), p. 93 ; Chevalier, fl. génér. de Paris (1827), II, p. 696 ; Rchb., fl. excurs. (1830), II, p. 622 ; Richter, codex (1840), p. 497, n° 3742 ; Gr. et Godr., l. c. (1848), I, p. 552 ; Boreau, l. c., éd. 3 (1857), n° 822 et catal. de M.-et-Loire (1859), p. 78 ; Reuter, cat. de Genève (1861),

p. 73; Déséglise, l. c. (1861), X, p. 76, et extr. p. 36; Cariot, l. c. (1865), II, p. 173; Dumort., monog. des ros. de la fl. Belge (1867), p. 45; Loscos, pl. aragon. (1867), p. 130; Fourreau, l. c. (1869), p. 73; Verlot, pl. du Dauph. (1872), p. 115; Boissier, fl. Orient. (1872), II, p. 676; *R. Gallica A*. DC., fl. fr. (1805), IV, p. 444; Lindley, l. c. (1820), p. 68; *R. Gallica* var. *officinalis* Seringe, in DC., prod., II (1825), p. 603; Duby, l. c. (1828), p. 176; *R. rubra* Lam., fl. fr. (1778), III, p. 130; *R. sylvatica* Gatereau, fl. Montaub. (1789), p. 94; *R. Belgica* Brotero, fl. Lusit. (1801), I, p. 338 test. Lindley; *R. blanda* Brotero, l. c.? teste Lindley; *R. semperflorens* Desvaux, obs. (1818), p. 154 non Curtis nec Desf.; *R. cordifolia* Host, fl. Austr. (1831), II, p. 23 teste Rchb.

Icon. Woodv., med., 3, 179; Nouveau Duhamel, VII, pl. 8; Sturm, flora, X. 34; Guimpel, holzgow., 89; Guimp. et Schl., 50; Hayne, II, 30; Wagner, 103 : ces planches sont citées d'après Pritzel. — Roessig, die rosen, n° 56; Lobel, ic., II, tab. 240; J. Bauh, hist., II, p. 34, f. 1.

Exs. Billot, n° 354 bis.

Hab. Juin. Bois. — La Belgique, la France, la Suisse, l'Autriche, l'Allemagne, l'Espagne. — Trattinnick dit : habitare seu sponte nasci videtur in Hispania et Gallia Australi. — M. Boissier, dans sa flore d'Orient, dit : Europa media a Belgio, Germania ad Hispaniam, Italiam, Dalmatiam, Rossiam mediam et Australem. — *Angleterre*. Surrey près de Chartwood Wilson Saunders journ. of bot., 1871, IX, p. 273); spont. ? — *France*. Maine-et-Loire : Saint-Gemmes-sur-Loire, Andard, coteau de Trèves (Boreau, catal.); — Sarthe : bois de Bouillon (Boreau, flore); — Vienne : Vezières, bois de Villiers (Boreau); — Loiret : Orléans, Saint-Denis-en-Val (Boreau in litt.); — Loir-et-Cher : parc du Breuil (Franchet); — Cher : bois de Marmagne! forêt du Rhin-du-bois à Jarry! — Puy-de-Dôme : bois de Lezoux (Lamotte); — Lozère : Chaldecorte! — Rhône :

bois de l'Étoile près de Lyon (Ozanon); Dardilly, Charbonnière (Chabert), pont d'Alaï, Brouilly-saint-Lager (Broullu); — Basses-Alpes : Digne (DC. 1809 !); — *Alsace*. Mont Saint-Quentin près de Metz (Fauché in herb. Boissier). — *Suisse*. Cant. de Genève : bois des Frères, Veyrier.

D'après Aiton, ce rosier était cultivé en Angleterre, en 1596, par John Gerard.

Obs I. *R. Gallica versicolor* Tratt., monog. ros., I, p. 40 ; *R. Gallica marmorea* Seringe in DC., prod., II, p. 605. *Icon.* Roessig, die rosen, n° 14 ; Redouté, les roses (1824), livrais. 11, C ; Bot. mag., pl. 1794 ; Bot. regist., pl. 448.

Je ne connais la plante que cultivée, à fleur presque simple. Thory, *prodrome du genre rosier*, p. 92, dit : « cette variété croît naturellement « près des frontières d'Espagne d'où elle m'a été rapportée par de Man- « gourit. »

Obs. II. *R. Gallica* Willd., herb. n° 9840 ; M. Crépin, l. c, fasc. 2, p. 57, dit : « Ce n° est représenté par cinq feuilles simples. Fol. 1). Paraît « être le *R. Gallica* tel qu'on l'entend ordinairement, mais je n'oserais me « prononcer. — Fol. 2 et 3). Deux ramuscules florifères rappelant assez « le *Rosa* cultivé au jardin botanique d'Angers, que M. Boreau désigne « sous le nom de *R. provincialis*. — Fol. 4). Je n'ose me prononcer sur « cette forme. — Fol. 5). Paraît devoir être rapporté au *R. pumila.* »

Obs. III *R. adenophylla* Willd., enum. plant. (1809), p. 546 et herb. n° 9857 ; Lindley, l. c., p. 91 ; Tratt., l. c., I. p. 82.

M. Crépin, l. c., p. 41, dit : « Cette espèce paraît être une Gallicane « à folioles petites et probablement produite dans les cultures. » Patrie inconnue.

59. **R. provincialis** Ait., Kew (1789), II, p. 204; Willd., énum. plant., 545; Pers., syn., II, p. 48; Dum.-Cours., l. c., V, p. 473; Boreau, l. c., éd. 3, n° 823 et catal. de M.-et-Loire, p. 78 ; Déséglise, l. c., p. 77, et extr., p. 37; Cariot, l. c., II, p. 173; *R. Gallica* Bastard. ess. fl. de M.-et-L., p. 188.

Hab. — L'Espagne et l'Italie, d'après Aiton et Willdenow. — La Bohème, l'Italie, l'Espagne, la France, selon Persoon. — Gussone, *synopsis fl. siculae*, ne fait aucune mention de ce rosier. — Pohl, dans sa flore de

Bohème, considère le *R. provincialis* et le *R. Gallica,* comme variétés l'un de l'autre. — Borckhausen regarde le *R. provincialis* Miller comme étant la même espèce que le *R. centifolia* de Linné.

France. Maine-et-Loire : naturalisé à Angers, Avrillé, Beaucouzé, Faye (Boreau, catal.); — Loir-et-Cher : parc de Breuil, an spont. ? (Franchet); — Cher : bois de Marmagne (Ripart), vignes de la Chapelle-st-Ursin : — Rhône : Charbonnière (Cariot, flore), Tassin (Boullu in Fourreau, cat.); — Var : le Luc (Hanry). — *Italie.* Turin (herb. DC. 1807), Palerme (Todaro!).

OBS. I. Loiseleur-Deslonchamps, dict. des sc. nat., dit que « le R. de « Provins a, dit-on, été rapporté de Syrie à Provins par un comte de Brie, « au retour des croisades ; mais rien n'est moins prouvé que ce fait ; et il « paraît au contraire que cette espèce a été connue de toute antiquité et « que c'est probablement d'elle qu'Homère à vanté les vertus dans « l'Illiade. » — D'après Aiton, ce rosier était cultivé en Angleterre en 1596 par John Gerard.

OBS. II. *R. provincialis* Willd., herb. n° 9837, est réprésenté par dix feuilles simples. M. Crépin, l. c., fait les remarques suivantes : Fol. 1 et 2). « Ces deux spécimens appartiennent au *R. tuguriorum* Willd. Fol. 3). Je « ne puis me prononcer sur cette forme, dont le facies ne rappelle aucune- « ment les *gallicanae.* C'est problement un hybride. Fol. 4). C'est une « Gallicane : Wallroth a écrit à côté « *R. chamaerhodon* v. *gallicae* var. « ő quae sequenta. » Fol. 5). C'est la même forme ou à peu près que la « précédente et toutes les deux peuvent à la rigueur être rapportées au « *gallica* tel qu'on l'entend ordinairement. Fol. 6). Pourrait bien apparte- « nir au *R. centifolia* Lin. Fol. 7). Pourrait bien avoir quelques rapports « avec le *R. damascena* L. Fol. 8). Pourrait bien être une forme du « *R. pumila.* Fol. 9). Me paraît être à peu près la même forme que le « *R. provincialis* cultivé au jardin botanique d'Angers; seulement les « folioles sont un peu pubescentes en dessous sur toute la surface. Fol. 10). « Appartient probablement au *R. gallica.* »

60. **R. assimilis** Déséglise, descript. de qq. esp. nouv. de Ros., in mém. de la soc. Acad. de M.-et-Loire, (1873), XXVIII, p. 103, et extr., p. 7; *R. cordifolia* Chabert, in Cariot, l. c., II, p. 675 (non Host); Fourreau, l. c., p. 73. Pour la description voir Cariot, l. c.

Hᴀʙ. Juin. Bois. — *France*. Rhône : Vallon de Ganches à Charbonnière (Chabert), Marcy-les-Roses près du bois de l'Étoile (Boullu).

61. R. pygmaea M.-Bieb., fl. Taur.-Cauc., I (1808), p. 397 et III (1819), p. 342; Tratt., l. c., I, p. 59; Seringe, in DC., prod., II, p. 604; *R. Gallica* var. *pygmaea* Boissier, l. c., p. 676.

Iᴄᴏɴ. M.-Bieb., cent. pl. rar. Ross., I, tab. 2.

Hᴀʙ. — In Tauria (M. B.).

Oʙs. M. Crépin, l. c , p. 47, a donné une description détaillée de l'échantillon qui existe dans l'herbier de Willdenow, sous le nº 9853 et venant de Marschall von Bieberstein.

62. R. ruralis Déséglise, essai monog., in mém. de la soc. Acad. de M.-et-Loire (1861), X, p. 79, et extr., p. 59; Fourreau, l. c., p. 73.

Hᴀʙ. Juin, juillet. Haies, bois. — *France*. Cher : Moulon, près de Bourges (Blondeau 1830, in herb. Déséglise), pacage de la Servanterie près de Mehun; — Rhône : au Gau, au-dessus du pont d'Alay (Chabert), bois de l'Étoile (Ozanon), Tassin à Méginant (Boullu).

63. R. Czackiana Besser, enum. Podol. et Volh., p. 61 et p. 66; Tratt., l. c., praef., p. VIII.

Hᴀʙ. — Podolia ad Tyram (Besser, 1824, in herb. DC !).

Voici la description de l'échantillon de Besser conservé dans l'herbier DC. — Un rameau portant 4 pétioles et deux fleurs. Le rameau a des grandes stipitées et de petits aiguillons fins. Les folioles sont grandes, oblongues-elliptique, rugueuses, coriaces, mesurant de 4 à 6 cent. de longueur, jusqu'à 3 cent. de largeur, glabres en dessus, pubescentes en dessous, nerveuses à nervures saillantes, la côte médiane parsemée de petites glandes, simplement dentées, à dents ciliées et surchargées de petites glandes. Pétioles pubescents-glanduleux, aiguillonnés en dessous. Stipules allongées, glabres, bordées de glandes, oreillettes divergentes. Pédoncules hispides-glanduleux. Tube du calice ovoïde, glanduleux et couvert de petites soies spiniformes, ces dernières se retrouvent aussi au sommet des pédoncules. Divisions calicinales, les intérieures cuspidées au sommet, les extérieures spatulées, appendiculées, à appendices étroits, plus courtes que la corolle. Fleur grande. Styles hérissés.

Il y lieu de s'étonner de voir ce rosier passé sous silence par Seringe dans le prodromus.

64. R. Wolfgangiana Besser, l. c., p. 67 ; Tratt., l. c., II, praef. p. XVI.

A *R. Czackiana*, recedit iterum, caeterum illi proxima *Rosa* ab Ill. Colon. *Ratomski* in sylva prope Wielhor in distr. Rowniensi lecta, foliolis minus glandulosis, receptaculo graciliori, coarctura colli intra stamina conice elevata, petalis pallidis minoribus, stylis longissimis superne pubescentibus liberis, fructu setis evanescentibus subnudo pyriformi. (Besser.)

Besser place cette espèce de ses Gallicanae ; mais est-ce bien une Gallicane ? N'ayant pas vu un type de Besser dans l'herbier DC., ni dans celui de M. Boissier, j'ai cru devoir donner la courte description de Besser.

65. R. pumila Lin. fil., sup. (1781), p. 262; M.-Bieb., fl. Tau.-Cauc., III, p. 542 ; Wahlenb., fl. Carp. (1814), p. 150; Rau, enum., p. 112, excl. var. b. ; Tratt., l. c., I, p. 45 ; Gmel., fl. Bad.-Als. (1826), IV, p. 564; Rchb., fl. excurs., II, p. 622 ; Host, fl. Austr. (1851), II, p. 23 ; Boreau, l. c., éd. 3, n° 825 ; Guss., l. c., I, p. 562; Déséglise, l. c., X, p. 78 et extr., p. 38 ; Cariot, l. c., II, p. 174; *R. Gallica* Auct., pr. part. ; *R. humilis* Tausch? in diar. bot. flor., ann. 2, II, p. 465; Tratt.,? l. c., p. 42.

Exs. Seringe, ros. desséch., n° 33; Billot., n° 354 part. ; Déséglise, herb. ros., n° 44 et 44 bis.

Hab. Juin. Bois. — *France.* Loir-et-Cher : Cour Cheverny (Franchet); — Cher : bois de Marmagne, de Charron, petit bois des Vignes de la Cha-

pelle-Saint-Ursin, forêt du Rhin-du-bois, bois de Givray près de Bourges ;
— Nièvre : Marzy (Boreau, flore) ; — Doubs : Mont Brégille à Besançon
(Grenier) ; — Haute-Garonne : Toulouse (DC. 1807) ; — Rhône : Lyon,
bois de l'Étoile (Ozanon), Charbonnière (Chabert), Tassin, Brouilly-Saint-
Lager (Boullu). — *Alsace.* Mutzig ! — *Suisse.* Cant. de Genève : environs de
Genève. — *Autriche.* Rehbergerthal près de Krems (Kerner); — Bohème :
Leitmeritz (Kerner). — *Allemagne.* Franconie : les Monts Hoesselberg
(Hausser). — *Italie.* La Vénétie (Balbis, 1809, in herb. DC.). — *Turquie
d'Europe.* Roumélie : Hagion (Grisebach, in herb. Boissier) ; — Moldavie
(Guebhard, 1848, in herb. DC.). — *Russie d'Europe* : la Podolie (Besser,
1824, in herb. DC.). — *Grèce.* Patras (Fauché, in herb. Boissier). — *Turquie
d'Asie.* Anatolie, mont Alemdagh (Noë, in herb. Boissier).

Obs. Le *R. pumila* de l'herbier de Willdenow, n° 9859, est représenté
par cinq feuilles simples. M. Crépin, l. c., p. 38; fait les observations
suivantes : « Fol. 1). Appartient au *R. alpina* L. — Fol. 2). Paraît appar-
« tenir au *R. pumila,* mais l'échantillon est trop incomplet pour pouvoir
« garantir l'assimilation. — Fol. 3). Ressemble beaucoup au *R. gallica*
« Wibel. — Fol. 4). La destruction des styles dans ce spécimen m'empêche
« de bien juger de cette forme, qui paraît être bien voisine du *R. virescens*
« Déségl. — Fol. 5). C'est la même forme que le *R. pumila* Wibel, fol. 3. »
— Introduit en Angleterre, d'après Aiton, en 1775, par Kennedy et Lee.

Sect. VI. — **Centifoliae.**

DC., in Seringe, mus. helv. (1818), I, p. 3.

Doit-on réunir les espèces de ce groupe aux *Gallicanae*
ou en faire une section séparée? Voici la description que
De Candolle donne pour les Centifoliae. « *Styles libres;
« fruit ovale; divisions du calice pinnatifides; pédicelles
« hérissés de poils glanduleux; folioles deux fois dentées en
« scie; fleurs presque toujours doubles.* »

Cette division renferme sans contredit la partie la plus
intéressante du genre pour les amateurs et les horticul-
teurs, mais d'un faible intérêt pour le botaniste, car ces
belles roses qui charment la vue sont des monstruosités
pour lui, outre que la plupart sont sans patrie et sorties
probablement des cultures.

66. R. centifolia L., sp., 704; Willd., en. plant., p. 545; Boissier, fl. Orient., II, p. 676.

Exs. Aucher-Eloy, nº 4486 ! Kotschy, iter cilico, nº 49.

Hab...? — Cultivé en Angleterre en 1596, par John Gerard ; j'ignore la date de son introduction en France.

Obs. Willd. herb. nº 9839 ; « ce numéro est représenté « par deux feuilles. — Fol. 1). Appartient-il au *R. cen-* « *tifolia* L.? je n'oserais me prononcer sur lui. — Fol. 2). « Spécimen atteint de monstruosité dont il m'est impos- « sible de déterminer le type spécifique » (Crépin, l. c., p. 44).

Kotschy, iter cilico, nº 49, a distribué un rosier à fleur presque simple ; est-ce le type du *R. centifolia* L.? devant des matériaux incomplets, il devient très-difficile de se prononcer. Aucher-Eloy, nº 4486, a distribué un rosier venant d'Ispahan, à fleur presque simple, mais rien ne dit s'il est pris dans les cultures ou à l'état sauvage ; M. Boissier, dans sa flore d'Orient, ne fait aucune mention de ce nº d'Aucher-Eloy. — Rœssig, dans sa description économique et botanique des roses, a donné une dissertation tendant à prouver que le *R. canina* L. est le type véritable du Rosier à cent feuilles, lequel, selon lui, ne serait qu'une variété de ce premier rosier, perfectionnée par la culture dans une longue suite de siècles (Thory, in Redouté, les roses, 1824). — M. Bieberstein l'aurait trouvé spontané dans les forêts du Caucase oriental où, même à l'état sauvage, on le rencontrerait à fleur double.

Obs. Les rosiers suivants font partie de cette section.

R. parvifolia Ehrh., beitr. VI, p. 97 ; Willd. herb, nº 9870 ; Crépin, l. c., p. 42. — Hab. ?

R. muscosa Ait.. Kew., 2, p. 207; DC., fl. fr., IV, p. 442; Willd., herb. n° 9864; *Icon.* Roessig, die rosen, n° 6; Curtis, bot. mag., tab. 69; Redouté, les roses (1824), livrais. 2, D.; livrais. 3, C.; livrais. 7, B. — Hab ?

R. pomponia DC., l. c., p. 443; *R. Burgundiaca* Desf., cat., p. 175. *Icon.* Curtis, bot. mag., tab. 407; Redouté, l. c., livrais. 5, D. — Hab. ¿

R. pulchella Willd., enum. plant., p. 545 et herb. n° 9856; Crépin, l. c., p. 44. — Hab. ?

R. turbinata Ait., l. c.; *R. Francofurtana* Gmel., fl. Bad.-Als., II, p. 405; *R. campanulata* Ehrh.

Exs. Wirtgen, p. crit., n° 465. — Hab. ?

R. Damascena Miller, dict., n° 5; Willd., herb. n° 9841; Crépin, l. c., p. 43. — Hab. ?

R. sancta Richard, voy. en Abyss. (1847), IV, p. 292; Walpers, ann. bot., II, p. 466.

Hab..... Colitur circa Ecclesias in provincia *Tigré*.

Le port de ce rosier est à peu près celui du *R. centifolia* L.; mais il en diffère par ses rameaux glabres, glauques, non glanduleux et armés seulement d'un petit nombre d'aiguillons recourbés, par ses fleurs beaucoup plus petites, à pédoncules glabres, glauques et non glanduleux. Cette espèce est cultivée dans les cours qui environnent les églises, dans une partie de l'Abyssinie (Richard).

Sect. VII.   **Pimpinellifoliae**.

DC., in Seringe, mus. Helv. (1818), I, p. 5; Lindley, monog. ros. (1820), p. 56, part.; Besser, enum. Pod. et Volh. (1822), p. 60; Déséglise, obs. on the differ. meth. for the class. of the spec. of the genus rosa, in the Naturalist (1865), n° 20; Cariot, étud. des fleurs (1865), II, p. 174; Crépin, primit. monog. ros., fasc. I (1869), p. 14; ser. *Woodsiana* Tratt., monog. ros. (1823), II, p. 117, *part.*; *Cinnamomeae* Seringe, in DC., prod., II, p. 176, *part.*; Lorey et Duret, fl. de la Côte-d'Or (1831), p. 504, *part.*; *Diastylae* trib. *leptacantae* Godet, fl. Jura (1853), p. 204, *part.*; *Alpinae* Reuter, Cat. de Genève (1861), p. 65, *part.*

1. { Tiges et rameaux inermes . . . . 2.
{ Tiges et rameaux aiguillonnés . . . . . 3.

2. { Folioles petites, styles peu velus, fleur blanche. *mitissima*.
{ Folioles assez grandes, nervure médiane velue,
{   tube du calice très-petit, styles laineux . . *Ozanonii*.

3. { Folioles doublement dentées, glanduleuses en
{   dessous . . . . 4.
{ Folioles simplement ou doublement dentées,
{   églanduleuses . . . . 5.

4. { Folioles à face inférieure portant des glandes
{   nombreuses, pédoncules hispides-glanduleux,
{   à soies glanduleuses fortes . . . . . . *myriacantha*.
{ Folioles à nervures secondaires peu glanduleu-
{   ses ou églanduleuses, la nervure médiane
{   glanduleuse, pédoncules peu glanduleux ou
{   glabres . . . . *Ripartii*.

5. { Fleur blanche ou blanche à onglet jaunâtre. . 6.
{ Fleur rose ou rouge . . . . 9.

6. { Styles velus . . . . 7.
{ Styles glabres ou hérissés. . . . . . . 8.

7. { Fruit gros, pyriforme, pétioles un peu pubéru-
{   lents, inermes . . . . *Mathonneti*.
{ Fruit globuleux, pétioles glabres, aiguillonnés. *spinosissima*.

8. { Styles glabres, folioles à côte médiane un peu
{   velue dans le jeune âge, tube du calice petit,
{   globuleux, glabre . . . . *consimilis*.
{ Styles hérissés, folioles glabres en dessous,
{   tube du calice contracté au sommet . . . *spreta*.

9. { Folioles doublement dentées . . . . . . 10.
{ Folioles simplement ou irrégulièrement dentées. 11.

10. { Folioles glabres, fleur d'un rouge foncé, fruit
{   pendant, ovoïde, rouge. . . . . *rubella*.
{ Folioles velues en dessous sur la côte de quel-
{   ques nervures secondaires, fleur d'un rose
{   clair . . . . *reversa*.

11. ⎰ Folioles simplement dentées, fruit globuleux,
⎱ noirâtre à la maturité . . . . *pimpinellifolia.*
⎰ Folioles simplement ou irrégulièrement den-
⎱ tées, fruit ovoïde ou arrondi, rouge à la ma-
⎰ turité. . . . . *gentilis.*

A). *Folioles églanduleuses en dessous.*

67. **R. pimpinellifolia** Lin., syst., X, n° 1, A ; syst.,
XII, n° 2; spec., ed. II, p. 705; Willd., enum. plant.,
p. 545 (non herb. n° 9826); Krocker, fl. Siles., II, p. 145;
Thuillier, fl. Par., p. 251; Pers., syn., II., p. 47; Gmelin,
fl. Bad.-Als., II, p. 415; Rau, enum. ros., p. 62; Bl. et
Fing., comp., I, p. 620; Richter, codex, p. 496, n° 3735;
R. borealis Tratt., l. c., II, p. 141, *part.*; *R. collina*
Schrank, bavar., n° 774 (non Jacq.); *R. chamaerhodon*
Villars? fl. Dauph., III, p. 555; *R. affinis* Sternb., bot.
Ztg. (1826), beil. p. 80 (non Rau); *R. pimpinellifolio-
alpina* Kirschleger! fl. d'Als. (1852), I, p. 245 (non
Rapin); *R. pimpinellifolia* var. *rosea* et var. *affinis* Koch,
syn., p. 247; *R. Scotica* Miller, dict. n° 5, trad. franc., VI,
p. 525; *R. spinosissima* var. *flore roseo* Hermann, diss.
p. 6; *R. campestris* A. *pimpinellifolia* Wallroth, hist. ros.,
p. 111; *R. pumila spinosissima, flore rubro* J. Bauhin,
hist., II, p. 41; Tournefort, inst. (1729), p. 658.

Icon. Jacquin, fragm., tab. 107, f. 1; Redouté, les roses
(1824), livrais. 24, C. (la plante figurée par Redouté est
sortie d'un semis fait dans les pépinières de Descemet);
livrais. 25, B.; livrais. 58, C.; Loddiges, cab., p. 687; les
planches suivantes sont citées d'après Pritzel : Nouveau
Duhamel, VII, p. 16; Dietr., fl. bor., XII, 864; Regel,
Gartenfl. (1862), 352; Guimpel, holzg., 86.

Hᴀʙ. — *France*. Seine-et-Marne : Fontainebleau (Thuillier, flore); — Vosges : escarpements des hautes Vosges, le Hohneck (Kirschleger, 1852! Boulay, 1860!); — Basses-Alpes : Gap et le Devoluy (Villars, flore). — *Silésie* (Krocker, fl.).

Oʙs. Linné, dans son *Mantissa*, p. 599, a fait la suppression du *R. pimpinellifolia* en le réunissant au *R. spinosissima*, mais sur quoi a-t-il basé cette réunion sans motif et si peu légitime? Gmelin et Rau, ayant cultivé pendant de longues années ces deux plantes, les considèrent comme deux bonnes espèces. Dans notre *Essai monographique sur les rosiers de la France*, nous avons cherché à faire voir la confusion qu'il y a parmi les auteurs, pour le *R. pimpinellifolia* et le *R. spinosissima*. Nous pensons que Tournefort connaissait les plantes tout aussi bien que Linné! s'il n'eût pas vu dans le *R. pumila spinosissima flore rubro* de J. Bauhin, une espèce tranchée, Tournefort n'eut pas manqué de rejeter ce synonyme en l'ajoutant au *R. campestris spinosissima flore albo odorato* de C. Bauhin.

Je ne puis admettre qu'aucun botaniste du XVIIᵉ siècle ait jamais confondu le *R. campestris spinosissima flore albo odorato* C. B., avec le *R. pimpinellifolia* Gerard; dans le *theatrum botanicum* de Parkinson, ils sont figurés comme tout à fait distincts.

Le *R. spinosissima* est seulement dans la première édition du *species plantarum* (1755); le *R. pimpinellifolia* est publié pour la première fois dans le *Syst. Nat.* ed. X, p. 1026 (1759) : mais, en réalité, Linné connaissait peu ces plantes ; on peut en juger par les *Amoenitates academicae* éd. 2, V, p. 220, où, en 1758, il écrit lui-même ou fait écrire par son élève dans une énumération des arbrisseaux de la Suède « *R. spinosissima* per « totam Sueciam crescit, praecipue in acervis lapidum et ad agros, adeoque « in sabuletis et montibus ; altitudo ejus vix guna superat. » C'était sans doute le *R. cinnamomea* et c'est pourquoi Wahlenberg, dans sa flore de Suède, appelle *R. spinosissima* le *R cinnamomea*.

Smith, *Engl. flora*, dit que l'on doit rejeter ce nom (*pimpinellifolia*) obscur et employer celui de *spinosissima* pour ce que l'on donne ordinairement sous le nom de *R. pimpinellifolia*. Mais que deviennent les synonymes de Bauhin et de Tournefort? Avant de vouloir rejeter un nom, il faudrait voir si les botanistes modernes ne font pas une confusion, préférant donner une hypothèse pour un fait acquis à la science! Si nous consultons l'herbier de Linné, nous trouvons étiqueté un *R. pimpinellifolia*, qui est le *R. spinosissima* ordinaire de l'Angleterre et de la France.

L'herbier de Willdenow, nº 9826, sous le nom de *R. pimpinellifolia*, comprend quatre feuilles simples qui toutes appartiennent au *R. spinosis-sima*, d'après l'étude particulière que M. Crépin vient de faire du genre *Rosa* de cette collection.

Je ne suis pas éloigné de voir dans la plante de Sternberg, le *R. pimpi-nellifolia*, réédité en 1826 sous le nom de *R. affinis* Sternb. (non Rau, 1816).

68. R. spinosissima L., sp. (1764), 705; Herm., diss. (1762), p. 6, part.; Crantz, stirp. Austr. (1769), p. 84; Scopoli, fl. Carn. (1772), I, p. 555; Leers, fl. herb. (1775), p. 118; Huds., fl. Angl. (1778), p. 218, excl. syn. Gerard; Allioni, fl. Pedem. (1785), n° 1794; Roth, tent. fl. Germ. (1788), I, p. 217, II, p. 555; Villars, l. c. (1789), III, p. 555; Krocker, l. c. (1798), p. 145; Gilibert, pl. d'Europe (1800), I, p. 585; Smith, fl. Brit. (1804), II, p. 557; Gmelin, l. c. (1804), II, p. 414; Sprengel, fl. Hal. (1806), p. 145; Pers., syn. (1807), II, p. 48; Mérat, fl. Par. (1812), p. 189; Rau, enum. ros. (1816), p. 58; Woods, monog. of roses, (1816), in trans. soc. linn., XII, p. 178 et herb, n°s 7 à 15; Hooker, brit. fl. (1835), p. 229; Déséglise, ess. monog., in mém. de la soc. Acad. de M.-et-L., X (1861), p. 86 et extr., p. 46; Grenier, fl. jura. (1864), p. 226; *R. spinosissima* var. *pusilla* Woods, l. c., p. 179; *R. pimpinellifolia* DC., fl. fr. (1805), IV, p. 458; Mérat, l. c.; Bastard, essai fl. de M.-et-Loire (1809), p. 187; Rchb., fl. excurs. (1830), II, p. 612; Mutel, fl. fr. (1834), I, p. 545; Boreau, fl. cent. de la France, éd. 1 (1840), n° 409, éd. 2 (1849), n° 668, éd. 5 (1857), n° 855; Godet, fl. jura (1855), p. 205; Reuter, cat. Genève (1861), p. 65; *R. pimpinellifolia* a. *vulgaris* Duby, bot. (1828), I, p. 177; *R. pimpinellifolia* a. *collina* Kirschleger fl. Alsace (1852), I, p. 245; *R. poteriifolia* Besser, énum. Pod. et Voll. (1822), p. 62; Tratt., l. c., II, praef. p. xix; *R. OEderiana* Tratt., l. c., p. 153.

Icon. Flora danica, tab. 598; Swenk, bot., tab. 559; Engl. bot., III, tab. 187, éd. 3, tab. 461 (figure mauvaise, qui représente le fruit rouge au lieu d'être noirâtre); Jacquin, frag., tab. 124; bot. regist., tab. 431; Roessig, die rosen, n° 9, n° 25, n° 59; Redouté, les roses (1824), livrais. 7, C.; livrais. 40, A.

Exs. Karelin et Kiriloff (1840), n° 249 ; Schultz, n° 1444; Billot, n° 1182, et bis et ter; Fries, herb. norm., fasc. X, n° 52; Déséglise, herb. ros., n° 6.

Hab. Mai, juin. Bois, coteaux, broussailles. — Espèce commune dans toute l'Europe. M. Boissier, fl. Orient., II, p. 673, dans la distribution géographique de cette espèce, dit : " *Europa omnis, Sibiria, China borealis, India boreali-occidentalis.* „ La plante des Indes est différente de celle de l'Europe ! — Gussone, *synop. Sicul.*, n'indique pas le *R. spinosissima* en Sicile ; Kirschleger le dit rare dans le Grand-duché de Bade, nul dans le Kaisersthul en Brisgau ; il manquerait en France, dans le département du Tarn, d'après la florule de Martrin-Donos ; M. Arrondeau, dans sa flore Toulousaine, ne cite pas ce rosier.

Var. b. **tomentella** Boissier, l. c ; " foliola minuta utrinque tomen- " tella. „ — *Hab.* in monte Albo inter Djungutai et Kutuschi Daghestaniæ (Boissier)

Var. c. **Marlburgensis** Seringe, in DC., prod., II, p. 609; Déséglise, exs. herb. ros., n° 5. — *Hab. Hautes-Alpes*, Villars-d'Arène (Ozanon).

69. **R. Besseri** Tratt., monog. ros., II, p. 128 ; Crépin, primit. monog. ros., fasc. I, p. 40 ; *R. microcarpa* Besser, cat. crem. (1811), p. 20 et enum. Pod. et Volh., p. 18 et p. 62 (non Lindl., nec Thunb.); *R. melanocarpa* Link, enum. Berol., II, p. 57; Desportes, ros. gal., n° 117 ; *R. pimpinellifolia* var. *microcarpa* Seringe, in DC., prod., II, p. 608.

Hab. — *Russie d'Europe.* La Volhynie (Besser, 1820, in herb. DC.).

70. **R. Mathonneti** Crépin, l. c., p. 42; *R. Villarsiana* Sieber ; *R. pellucina* Arvet-Touvet !

Exs. Karelin et Kiriloff (1840), nᵒ 248.

Hᴀʙ. — *Sibérie*. Zmeofskoï (herb. DC., 1816); Mont Camuse (Fischer de Gorenki, 1810, herb. DC.); Mont Tarbagatai ad torrentem Dschamybek et Terekty (Karelin et Kiriloff).

76. R. oxyacantha M.-Bieb., fl. Taur.-Cauc., III, p. 558; Tratt., l. c., p. 158; Seringe, in DC., prod., II, p. 609; Ledebour, fl. Altaic., II, p. 228; Karel. et Kiriloff, enum. plant. Alt., nᵒ 525; *R. pimpinellifolia* var. *oxyacantha* Ledeb., fl. Ross., II, p. 74.

Exs. Karelin et Kiriloff (1840), nᵒ 247.

Hᴀʙ. — Désert de la Songarie (Karelin et Kiriloff, in herb. DC.).

Oʙs. L'échantillon conservé dans l'herbier DC. mesure 12 centim. de hauteur; les aiguillons sont fins, droits, horizontaux, blanchâtres; pétioles velus, inermes; 5-7 folioles, d'un vert clair, glabres en dessus, glaucescentes en dessous, simplement dentées; divisions calicinales entières, glabres; tube du calice petit, globuleux; les pédoncules portent quelques soies éparses; styles laineux; fleur grande.

77. R. Webbiana Wallich, catal., nᵒ 682; Royle, ill. Himal., pl. 208; Walpers, repert. bot., II, p. 11; *R. pimpinellifolia* Hooker et Thomson, exs. herb. des Ind.-Orient.

Hᴀʙ. Juin. — *Asie*. Les monts Himalaya (Hooker et Thomson).

78. R. albicans Godet, in Boissier, fl. Orient. (1872), II, p. 675.

Exs. Bunge, nᵒ 7; Haussknecht, nᵒ 569 A.

Hᴀʙ. — *Perse*. Mont Parrow (Haussknecht, in herb. Boissier), Teheran (Bunge, in herb. Boissier).

79. R. oxyodon Boissier, fl. Orient., II, p. 674.

Hᴀʙ. — Le Caucase oriental (Ruprecht, in herb Boissier).

80. R. rubella Smith, engl. bot., XXXVI, nᵒ 2521; Woods, the brit. spec. ros. in trans. soc. Linn., XII,

73. R. Ozanonii Déséglise, l c., p. 88, et extr., p. 48; Verlot, l. c., obs.

Ex. Déséglise, herb. ros., n° 45.

Hab. Juin, juillet. Région des montagnes. — *Isère :* Saint-Eynard (Verlot); — *Hautes-Alpes* : La Grave, le Puy Vacher (Ozanon); — *Savoie* : mont Brizon !

Obs. *R. petrogenes* Ozanon, in Crépin, primit. monog. ros. (1869), fasc. I, p. 40. — Je ne connais pas ce rosier; M. Crépin, dans sa clef analytique, dit : " tige et rameaux inermes, pédicelles et base du réceptacle " florifère plus ou moins hispides-glanduleux; folioles des rameaux flori- " fères assez souvent doublement dentées. "

74. R. mitissima Gmelin, fl. Bad.-Als., IV, p. 558; Boreau, fl. cent. de la Fr., éd. 5, n° 854; *R. pimpinellifolia* var. *inermis* DC., fl. fr., IV, p. 438; Seringe, in DC., prod., II, p. 609; *R. pimpinellifolia* var. *mitissima* Koch, syn., p. 247; *R. pimpinellifolia* b. *montana* Kirsch., fl. Als., I, p. 245; *R. balloniana* Herm., in Kirschl., l. c.

Hab. Juin. Broussailles des Montagnes. — *France.* Cantal ; — Monts Dores ; — Sources de la Loire, mont Gerbier (Boreau, flore) ; — Doubs : Besançon (Grenier); — Savoie : Mont Nivolet (Songeon); — Vosges : Champ du feu (DC., flore), ballon de Soulz, Hohneck, Hohenstaufen, ballon de Saint-Maurice (Kirschleger, flore). — *Suisse.* Cant. de Soleure : Ravallen-fluk (Christ.).

75. R. Altaica Willd., enum. plant., p. 543; Besser, cat. Crem. ann. 1816, p. 117; Tratt., l c., II, p. 120; Rchb., fl. excurs., II, p. 615; *R. pimpinellifolia* Pallas, fl. ross., II, p. 62; *R. pimpinellifolia* var. *Altaica* Seringe, in DC., prod., II, p. 608; var. *grandiflora* Ledebour, fl. ross., II, p. 75; *R. spinosissima* var. *Pallasii* Lindley, monog. ros., p. 51; *R. grandiflora* Lindley, l. c., p. 53; *R. Sibirica* Tratt., l. c., p. 250; *R. lutescens* var *fl. albis* Link, enum. berol., II, p. 56.

Exs. Sieber (1829), n° 57, *sub nom*. *R. Villarsiana*
Sieber; Maille, reliquiae, n° 1085.

HAB. Juin. Région des montagnes. — *France*. Vosges : Ballon de
Saint-Maurice (Pierrat); — Doubs : Crêt des Roches à pont de Roide
(Paillot); — Isère : Saint-Christophe en Oisans (Boullu), en montant du
Freney à l'Alpe du mont de Lans ; mont Rachet (Verlot); — Hautes-
Alpes : mont Gondran près de Briançon (Sieber, 1826), La Grave
(Mathonnet); — Basses-Alpes : Saint-Paul de Vars (Arvet-Touvet); — Haute-
Savoie : Le Salève (Puget); — Savoie : mont Nivolet (Songeon). — *Suisse*.
Jura de Soleure (Christ).

OBS. En 1829, Sieber a distribué en exsiccata un *Rosa Villarsiana*
Sieber, j'ignore si la description a paru ; cette plante de Sieber me semble
la même que le *R. Mathonneti* Crépin. M. Verlot, dans son excellent catalogue des plantes du Dauphiné, ne fait aucune mention de la plante de
Sieber, ni de celle de Maille.

71. **R. consimilis** Déséglise, l. c., p. 90, et extr.,
p. 50; Verlot, cat. du Dauph., p. 115, obs.

Exs. Déséglise, herb. ros., n° 9.

HAB. Juillet. — *France*. Lozère : (Prost, 1815, in herb. DC.); —
Hautes-Alpes : La Grave (Ozanon, Verlot), Villard-d'Arène (Verlot); —
Isère : Montagne de la Salette (Verlot), Saint-Eynard (Ravaud, in herb.
Grenier); — Haute-Savoie : Mont Veyrier près d'Annecy, Mandallaz
(Puget); — Savoie : Mont Nivolet (Songeon). — *Autriche*. Illyrie :
Slavnik près de Trieste (Tommasini, in herb. Boissier).

72. **R. spreta** Déséglise, l. c., p. 89, et extr., p. 49;
Verlot, l. c.

Exs. Déséglise, herb. ros., n° 8.

HAB. Juin, juillet. Région des montagnes. — *France*. Pyrénées-
Orient. : Eynes (Ripart); — Hautes-Alpes : La Grave (Ozanon), Villard-
d'Arène (Verlot), Rabou près de Gap (Grenier); — Isère : Montagne de
Comboire près de Grenoble, Mont Rachet, Saint-Eynard (Verlot); —
Haute-Savoie : Montagne de Veyrier près d'Annecy (Puget); — Savoie :
dent de Nivolet près de Chambéry (Songeon). — *Suisse*. Valais : Mont
Cornu (Orsini, in herb. Boissier)·

p. 177 et herbier n° 2 à n° 6; Lindley, l. c., p. 40; de
Pronville, l. c., p. 51; Tratt., l. c., II, p. 157; Smith,
engl. flora, II, p. 574; Desportes, ros. gall., p. 10; Rchb.,
fl. excurs., II, p. 615; Hooker, brit. flor. (1855), p. 228;
Baker, Northumb. et Durh., p. 162; *R. Candolleana
elegans* Thory, descript. nov. spec. gen. rosae (1819),
p. 7; *R. alpina* var. *rubella* Seringe, in DC., prod., II,
p. 612.

Icon. Engl. bot., tab. 2521 et third edit., tab. 462;
Thory, l. c.

Hab. — *Angleterre.* Coast of Durham (Winch, 1819, in herb. DC. ! Lyell,
1820, sans localité, in herb. DC.); je possède un échantillon cultivé venant
de Woods !

81. **R. reversa** W. et Kit., hung., III, p. 295;
Lindley, l. c., p. 57; Tratt., l. c., p. 114; Desportes, l. c.
n° 214; Rchb., l. c., p. 615; Koch, syn., p. 247; *R. Alpina*
var. *reversa* Seringe, in DC., prod., II, p. 611; *R. Wulfenii*
Tratt.?, l. c., p. 200.

Icon. W. et Kit., l. c., tab. 264.

Hab. Juin. Région des Montagnes. — *France.* Savoie : mont Nivolet, au-
dessus de Monterminod (Songeon). — *Autriche.* Hongrie : les monts de
Matra (W. et Kit.).

Obs. I. La plante que j'ai de la Savoie correspond à la planche 264 de
la flore de Hongrie. Les folioles sont ovales ou ovales-arrondies, glabres en
dessus, velues en dessous sur la côte médiane et quelques-unes des nervures secondaires ; les styles sont velus ; les aiguillons sont grêles, dilatés
à la base en forme de disque, longs, droits ou inclinés ; les pédoncules
solitaires ou réunis par 2-5; la corolle est d'un rose clair ; je n'ai pas vu le
fruit. Wald. et Kit. disent : feuilles « *duplicatis serratis* » la planche
représente des folioles à dents simples, comme dans la plante de la Savoie ;
en présence d'échantillons incomplets et en l'absence d'un type authentique, il est difficile d'affirmer.

Obs. II. *R. suavis* Willd., en. berol. sup., p. 37; Link, en. hort. berol., II, p. 57; Desportes, l. c., n° 79; Tratt., l. c., II, p. 154; Seringe, in DC., prod., II, p. 612; *R. Alpina* b. *suavis* Rchb., fl. excurs., II. p. 613.

Hab ...? Cultivé au jardin botanique de Berlin en 1815, d'après Desportes; a été introduit en Angleterre en 1817, selon Sweet. Il était cultivé à Berlin depuis plus longtemps, puisque l'herbier de Kunth contient un échantillon récolté en 1806. Reichenbach dit que cette plante se trouve dans le sud de la Suisse : « *in der südlichen Schweiz* » — Willd., herb. n° 9848; M. Crépin dit : « M. K. Koch, dans sa *dendrologie*, rap-
« porte le *R. suavis* Willd., au *R. reversa* W. et K. En se basant sur
« l'échantillon représentant le n° 9848, on est porté à admettre cette iden-
« tification; cependant, dans cet échantillon, les folioles sont une fois plus
« petites que dans le spécimen du *R. reversa* n° 9854, à côte seule velue
« et glanduleuse. Dans l'herbier de Link, n° 208, se trouve un ramus-
« cule en boutons du *R. suavis*, récolté dans le jardin botanique de
« Berlin, identique avec le spécimen du n° 9848 de l'herbier de Willdenow.
« Dans l'herbier de Kunth, n° 162, la même espèce récoltée en 1806 dans
« le même jardin botanique. » Crépin, l. c., fasc. 2 (1872), p. 51, p. 52.

82. R. gentilis Sternb., bot. Ztg. (1826), beil., p. 79; Koch, syn., p. 247; *R. rubella* Godet ! fl. jura, p. 205 (non Smith); Grenier, fl. jura., p. 227; *R. pimpinellifolio-alpina* Rapin, in Reuter, cat. Genève (1861), p. 64 (non Kirschleger) ; *R. alpino-pimpinellifolia* Reuter, l. c.; Verlot, plant. du Dauph. (1872), p. 115.

Hab. Mai, juin. Région des montagnes. — *France.* Ain : Gex à la Faucille (Boullu); — Haute-Savoie : le Salève au-dessus de Monnetier! — Isère : mont Rachet, Villard-d'Arène. (Verlot). — *Suisse.* Cant. de Neuchâtel : sommet du Chaumont (Godet); — cant. de Soleure : Ravellen (Christ). — *Autriche.* Istrie : mont Maggiore.

b). *Feuilles glanduleuses en dessous.*

85. R. myriacantha DC., fl. fr. (1805), IV, p. 439, V (1815), p. 555; M.-Bieb., fl. Taur.-Cauc., III (1819), p. 12; Lindley, l. c., p. 55; Thory, prod., p. 44; Tratt.,

l. c., II, p. 88; Desportes, l. c., p. 12; Rchb., l. c., p. 615; *R. myriacantha* a. *pumila* Desvaux, journ. bot. (1813) II, p. 118; *R. pimpinellifolia* var. *myriacantha* Seringe, in DC., prod., II, p. 608; Lois., fl. gal., I, p. 359; Duby, bot., I, p. 177; Koch, syn., p. 247; *R. campestris* e. *myriacantha* Wallr., hist. ros., p. 119; *R. provincialis* var. *parvifolia* M.-Bieb., l. c., p. 538 teste Wallroth; *R. parvifolia* Pallas, fl. ross., II, p. 62, test. Wallroth; *R. spinosissima* Gouan, fl. Monsp., p. 257; *R. Granatensis* Willkom. in Linnaea (1852), XXV, p. 24! Walpers, Ann. bot., VII, p. 877.

Icon. Lindley, l. c., tab. 10; Redouté, les roses (1824), livrais. 24, A, *medioc.*

Exs. Willkomm (1845), n° 1159 !

Hab. Juin. — *France.* Dauphiné (DC); — Hérault : entre Montpellier et Mireval (DC., 8 mai 1807), Roquehaute (Ozanon); — Pyrénées-Orient. : Collioures! — *Espagne.* Sierra Alfacar (Willkomm, 1845, Reuter, 1849).

84. R. Ripartii Déséglise, l. c., p. 87 et extr., p. 47; Verlot, cat. pl. du Dauph., p. 113; *R. spinosissima* Tratt., l. c., II, p. 118 (non Lin.); Rchb., l. c., p. 612; Mutel, fl. fr., I, p. 345; *R. pimpinellifolia* var. c. Lloyd, fl. ouest (1868), p. 173.

Exs. Billot, n° 3578; Déséglise, herb. ros., n° 7; Wirtgen, pl. crit., n° 73!, n° 127 pro part.

Hab. Mai, juin. Haies, bois, coteaux calcaires. — *France.* Loire-inférieure : bourg de Batz ! Le Pouliguen ! — Cher : A. C. Saint-Florent, le Subdray, Morthonnier, Trouy, Bourges, etc.; — Hautes-Alpes : mont Bayard (Verlot). — *Prusse.* Ockenheim près de Bingen (Wirtgen). — *Sibérie* (Herb. DC., sans date).

Obs. *R. macropoda* Ripart! caractères du *R. Ripartii*, dont il diffère par son fruit gros, pomiforme, à pédoncules charnus au sommet.

Hab. — Cher : Vignes de la Grange-St-Jean, Vignes de Givray (Ripart).

85. R. dichroa Lerch., in Ostr. bot. Zeitsch. (1872), XXII, 5, p. 145; Christ, die rosen, p. 72.

Hab. — Juin. — *Suisse.* Cant. de Neuchâtel : château ruiné de Rochefort (Godet).

Feuilles vertes, parsemées de poils courts apprimés, ou glabres en dessus, velues en dessous principalement sur les nervures, portant en outre des glandes éparses, doublement dentées; pétioles velus, parsemés de rares glandes fines, inermes.

Sect. VIII. — **Sabiniae**.

Crépin, primit. monog. ros. (1869), fasc. I, p. 15; *Pimpinellifoliae* Lindley, l. c., p. 36, *part.*; série *Bieber-steiniana* Tratt., l. c., I, p. 107, *part.*; *Cinnamomeae* Seringe, in DC., prod., II, p. 602, *part.*; *Caninae* Seringe, l. c., p. 611, part.

1.	Folioles doublement dentées	2.
	Folioles simplement dentées	*Wilsoni.*
2.	Folioles églanduleuses en dessous. . . .	3.
	Folioles glanduleuses en dessous	4.
3.	Folioles glabres sur les deux faces	*Sabauda.*
	Folioles pubescentes sur les deux faces, fleur blanche	*Doniana.*
	Folioles parsemées de poils apprimés en dessus, velues en dessous, fleur rose . . .	*Sabini.*
4.	Folioles glabres en dessus	5.
	Folioles pubescentes sur les deux faces . .	6.
5.	Folioles pubescentes et très-glanduleuses en dessous, tube du calice subglobuleux, glabre, pédoncule glabre, fleur d'un rose vif.	*coronata subnuda.*
	Folioles velues sur les nervures en dessous, un peu glanduleuses à la base, tube du calice globuleux, hispide-glanduleux, pédoncules glanduleux, fleur rose à onglet blanc . .	*involuta.*

6. {
Folioles portant de nombreuses glandes bru-
nâtres en dessous, fleur d'un rose pâle, fruit
subglobuleux ou ovoïde, rouge orangé. . *coronata.*
Folioles un peu glanduleuses en dessous, tube
du calice sphérique, chargé de petites soies,
fleur d'un beau rose, blanche à la base,
fruit globuleux . . . . *gracilis.*

86. **R. Sabini** Woods, brit. spec. of ros., in trans. lin. soc. (1816), XII, p. 188 et herb. n° 22 à n° 24; Lindley, l. c., p. 59, excl. var. b.; Smith, engl. fl. (1824), II, p. 380; de Pronv., monog. du genre ros., p. 65, excl. var. b.; Tratt., l. c., I, p. 130; Hooker, brit. fl. (1835), p. 232, excl. var. b. c.; Rchb., fl. excurs., II, p. 164, excl. var. b.; Babington, man., ed. 6, p. 124; Baker, rev. of the Brit. ros., p. 5, excl. syn.; *R. nivalis* Don, hort. Cant., ed. 8, p. 170 ; *R. involuta* var. *Sabini* Baker, monog. of Brit. ros. in Linn. Society's journ., XI, p. 205, part. exl. syn.

Icon. English bot., tab. 2954, third ed., tab. 463.

Exs. Baker, herb. ros. brit., n° 1, n° 2.

Hab. Juin, juillet. Haies. — *Angleterre*. Cheshire : près de Claughton (Webb) ; — Warwickshire : road side near Oakley Wood (Brunswich); — Yorkshire : Cleveland (Baker). — *France*. Haute-Savoie : le mont Salève! — *Suisse*. Cant. de Soleure : Ravellen (Christ).

Obs. Sur vingt échantillons anglais que j'ai en herbier, je ne vois pas de trace de glandes sur la face inférieure des folioles, même dans ceux distribués par M. Baker, herb. ros. brit., n° 1 et n° 2. Le rosier que j'ai récolté au Salève et celui que j'ai reçu de M. Christ, venant du Jura soleurois, sont identiques à mes échantillons anglais.

87. **R. Doniana** Woods, l. c., p. 185 et herb. n°s 18 à 20; Tratt., l. c., p. 135 ; Smith, l. c., p. 378; Desportes, ros. gal., n° 219 ; *R. Sabini* var. *Doniana*

Lindley, l. c., p. 59 ; Seringe, in DC., prod., II, p. 615 ; Rchb., l. c., p. 614 ; Hooker, l. c., p. 232 ; Babington, l. c., p. 124 ; *R. in oluta* var. *Doniana* Baker, monog. of brit. ros., in Linn. Society's journ., XI, p. 206.

Icon. English bot., tab. 2601.

Hab. Juin. — *Angleterre*. Sussex (J. Woods, in herb. Déséglise); — Yorkshire : Thornton-le-Shief (Baker); — Cheshire (Webb).

Var. 1. **gracilescens** Baker, l. c., p. 206.

C'est une forme robuste d'Irlande récoltée à Antrim par le docteur Moore. Feuilles à peu près de 3-3 ½ pouces de long, ovales, maigrement poilues sur les deux faces, non glanduleuses ; pédoncule aciculé et tube du calice elliptique, lisse. — Je n'ai pas vu cette forme.

Var. 2. **Robertsoni** Baker, l. c.; *R. Sabini* var. b., engl. fl., II, p. 580; *R. involuta* Winch, geogr. distrib., 41 (non Smith).

Exs. Baker, herb. ros., n° 3.

Intermédiaire entre *R. Sabini* et *R. involuta*. Les feuilles sont parsemées de poils apprimés en dessus dans le jeune âge, glabres quand elles sont adultes, velues en dessous sur les nervures, non glanduleuses; tube du calice quelquefois mais non toujours lisse.

Hab. — *Angleterre*. Yorkshire : les haies à Sowerby près Thirsk (Baker); — Northumberland : Newcastle (Winch, 1819, in herb. DC.).

88. **R. gracilis** Woods, l. c., p. 186 et herb. n° 21 ; Smith, l. c., p. 579 ; Tratt., l. c., I, p. 131 ; *R. Sabini* var. *gracilis* Rchb., l. c., p. 614 ; Babington, l. c., p. 124.

Icon. English bot., tab. 583.

Hab. Juin. — *Angleterre*. Cumberland : Pooley-Bridge près d'Ambleside (Forster ! reçu de M. J.-G. Baker); — Durham : Darlington (Hailstone, 1827); — Yorkshire, haies à Newsham Carr : collines à Ayton (Baker).

89. **R. Wilsoni** Borrer, in Hooker, brit. fl. (1835), p. 231 ; Rchb., fl. excurs., II, p. 614 ; Babington, l. c., p. 123 ; *R. involuta* var. *Wilsoni* Baker, l. c., p. 208,

Icon. English bot., tab. 2723 et third edit., tab. 464.

Hab. Juin. — *Angleterre*. Carnarvonshire : bords du Menai près de Bangor (Wilson! Baker, Webb).

90. **R. involuta** Smith, fl. brit., III, (1804), p. 1398, et Engl. fl. (1824), II, p. 577 ; Woods, l. c., p. 183 et herb. n° 17 ; Lindley, l. c., p. 56, excl. syn. Don ; Tratt., l. c., p. 152 ; Rchb., fl. excurs., II, p. 613 ; Hooker, brit. fl., p. 231 ; Babington, l. c., p. 125 ; Baker, rev. of the Brit. ros. (1864), p. 8 ; *R. involuta* var. *Smithii* Baker, monog. of Brit. ros., in Linn. Society's journ. XI, p. 207, excl. syn. Rapin ; *R. pimpinellifolia* var. *involuta* Seringe, in DC., prod., II, p. 609.

Icon. English bot., tab. 2068 et tab. 2601.

Hab. Région des montagnes. — *Angleterre*. Les montagnes occidentales de l'Écosse. — Mon échantillon me vient de Woods, il a été récolté sur la plante cultivée dans le jardin de Borrer. — Turner en 1816, Lyell en 1820, ont envoyé ce rosier à DC. ; les étiquettes sont sans indication de localité.

Var. **laevigata** Baker, l. c., p. 207.

Le pédoncule et le tube du calice glabres, ce dernier petit, globuleux ; les divisions calicinales tout à fait simples et non glanduleuses sur le dos.

Hab. — *Angleterre*. Yorkshire : Broughton (Haitstone, Baker). La même plante a été communiquée à M. Baker, par M. le docteur Moore, venant de Antrim et Derry ; — Cheshire : près de Hoylake rivay station ? (Webb).

Var. **Moorei** Baker, l. c.

Hab. Near the sea, Tamlaghbard, Derry. — Je n'ai pas vu cette variété à aiguillons plus vigoureux que dans les autres variétés, les grands 5 à 6 lignes de long, légèrement courbés, larges à la base de $\frac{3}{8}$ de pouce. Folioles presque glabres en dessus, faiblement velues et extrêmement glanduleuses en dessous. Pétioles à peine poilus, mais glanduleux et pourvus de nombreux acicules inégaux, les plus forts courbés en faulx. Pédoncule et tube du calice hispides-glanduleux. Les sépales grands, de 8 à 9 lignes de longueur, légèrement pinnés.

Var. **occidentalis** Baker, l. c. ; *R. spinosissima* var. *pilosa* Lindley,
l. c., p. 51 ; Hooker, l. c., p. 229 ; *R. pimpinellifolia* var. *pilosa* Seringe,
in DC., prod., II, p. 609.

Described by Lindley from an irish specimen still in the Hookeriam
herbarium, the exact station not known (Baker).

M. Baker, in litt. 25 juin 1865, me fait les observations suivantes
sur cette curieuse forme : « Elle a tout à fait la feuille du *R. pimpinellifolia*
« avec des dentelures doubles, la nervure médiane et le pétiole aciculés,
« glanduleux et légèrement velus. Les sépales, qui sont glanduleux sur le
« dos, sont plus feuillés et dilatés à la pointe, deux d'entre eux sont
« légèrement pinnatifides. »

91. R. coronata Crépin, notes sur qq. pl. rar. ou
crit. de la Belgique, in bull. de l'Acad. roy. de Belgique,
XIV (1862), n° 7 et extr. p. 25.

Exs. Wirtgen, n° 270 et 270bis.

Hab. Mai-juin. Coteaux boisés. — *Belgique*. Prov. de Namur : Han-sur-
Lesse (Crépin). — *France*. Savoie : Praz-Flandet au-dessus de Chevron
près d'Albertville ? (Puget).

Var. **subnuda** Crépin, l. c., p. 26.

Hab. Mai-juin. — *Belgique*. Prov. de Namur : Han-sur-Lesse, Wavreille
(Crépin).

92. R. Sabauda Rapin, bull. soc. Hall, p. 175, et
guide cant. de Vaud., éd. 2, p. 191 ; Reuter, cat. genève
(1861), p. 64 ; Grenier, fl. jura., p. 229.

Hab. Juin. Région des montagnes. — *France*. Haute-Savoie : le Mont
Salève !

Sect. IX. — Cinnamomeae.

DC., in Seringe, mus. Helv. (1818), I, p. 2 ; Lindley,
monog. ros. (1820), p. 15 ; Besser, enum. Pod. et Volh.
(1822), p. 60 ; Seringe, in DC., prod. (1825), II, p. 602,
part. ; Duby, bot. Gall. (1828), I, p. 176, part. ; Lorey

et Duret, fl. Côte-d'or (1851), I, p. 504, part. ; Déséglise,
l. c., X (1861), p. 50 et extr., p. 10 et obs. on the differ.
meth. prop. for the class. of the spec. of the gen. rosa, in
the naturalist (1865), n° 20, p. 511 ; Cottet, énum. ros.
du valais, in bull. soc. Murith., fasc. 5 (1874), p. 58 ;
Cassiorhodon Du Mortier, Hulth. (1824), p. 11, florula
Belgica (1827), p. 93, monog. des ros. de la flore Belg.
(1867), p. 43 ; *Diastylae* trib. *dimorphacanthae* Godet,
fl. jura (1853), p. 204, part.

1.	Folioles pubescentes sur les deux faces . . . . *cinnamomea.*	
	Folioles glabres sur les deux faces . . . . . 2.	
2.	Rameaux aiguillonnés, folioles petites . . . . *Baltica.*	
	Rameaux inermes, folioles grandes . . . . . *blanda.*	

93. **R. cinnamomea** L., sp., 703 ; All , fl. Pedem.,
II, p. 138 ; Leers, fl. herb., p. 118 ; Moench, meth.,
p. 687 ; DC., fl. fr., IV, p. 439 ; Willd., enum. plant.,
p. 543 ; Woods, l. c., p. 175 et herb. n° 1 ; Afzelius, ros.
succ., fasc. I, p. 7 ; Tratt , l. c., II, p. 171 ; Smith, engl.
fl., II, p. 372 ; Lindley, l. c., p. 28 ; Du Mort., fl. belg.,
p. 95 et monog. des ros. de la flore de Belg., p. 43 ;
Lois., fl. gall., I, p. 558 ; Duby, l. c., p. 176 ; Rchb.,
fl. excurs., II, p. 614, Host, fl. Austr., II, p. 26 ; Mutel,
l. c., I, p. 347 ; Hooker, brit. fl., p. 227 ; Boreau,
fl. cent., éd. 1, n° 410, éd. 2, n° 666, éd. 3, n° 831 ;
Kirschleger, fl. Als., I, p. 246 ; Koch, syn. 248 ; Gonnet,
fl. élem. de France, p. 477 ; Gr. et Godr., fl. de Fr., I,
p. 556 ; Godet, l. c., p. 207 ; Reuter, cat. genève (1861),
p. 65 ; Déséglise, l. c., p. 81, extr., p. 41 ; Grenier,
fl. jura, p. 233 ; Cariot, l. c., (1865), II, p. 174 ; Baker,
nat. hist. trans. of Northumb. and Durh., II, p. 161 ;
Boissier, l. c., II, p. 676 ; Babington, man., éd. 6, p. 123,
R. cinnamomea a. *majalis* Rau, enum. ros., p. 53 ; Bl. et

Fing., l. c., I, p. 622; Desvaux, journ. bot. (1813), II, p. 120; *R. cinnamomea* var. *latifolia* Seringe, in DC., prod., II, p. 606; *R. cinnamomea* var. *collincola* Seringe, l. c., p. 605; *R. majalis* Herm., diss., p. 8; Retz., obs., fasc. 3, p. 35; Wahlenb., fl. Lap., n° 256; Desf., fl. Atl., I, p. 400?; Lindley, l. c., p. 54; Tratt., l. c., II, p. 172; *R. collincola* Ehrh., beitr., II, p. 70; *R. simplex* Scop., carn., I, p. 355; *R. spinosissima* Wahlemb., fl. Ups., p. 117, et fl. Suec., p. 316; *R. mutica* Müll., in fl. Danica, IV; Tratt., l. c., II, p. 169; *R. Scopoliana* Tratt., l. c., p. 229; *R. turbinella* Swartz in Spreng., syst., II, p. 544; Seringe, l. c., p. 625; *R. cinerea* Sw.?

Icon. English bot., vol. 34, tab. 2388 (excl. le fruit); Redouté, les roses (1824), livrais. 10, D.; Flora Danica tab. 688; Svensk, bot., VIII, tab. 555?

Exs. Scheicher, n° 55; Seringe, n° 2; Schultz, n° 648; Aucher-Eloy, n° 1431; Fries, herb. norm., fasc. 7, n° 45 et n° 46.

Hab. Mai, juin. — *Suède*. Laponie (Andersson, 1864, in herb. DC.). — *Norvège*. Christiania (Buchinger). — *Angleterre*. Bois d'Aketon près de Pontefract, Yorkshire, où il est probablement introduit (*probably not a native*); Birkhill, Galston, Ayrshire, d'apparence sauvage (*apparently willd. — Hooker, brit. fl*); — Bois près Alnwick (Baker, northumb. and Durh); M. Baker, dans sa revue et sa monographie des rosiers anglais, ne fait aucune mention de ce rosier, ce qui porterait à croire qu'il n'existerait pas en Angleterre à l'état spontané : cependant Sweet, *hort. Britannicus*, regarde ce rosier comme spontané en Angleterre; un échantillon de Lyell, donné en 1820, existe dans l'herbier DC., mais sans localité. Aiton le dit natif du sud de l'Europe et cultivé en Angleterre en 1596, par John Gerard. — *Belgique*. En abondance près de Luxembourg, d'après M. Du Mortier. — *France*. Vosges (Mutel fl. fr.); — Meurthe : Nancy (Grenier); — Puy-de-Dôme . entre Sainte-Marguerite et le pont de Longue (Lecoq et Lam., catal.); — Creuse : Aubusson (Bridel, in herb. DC. !), montagnes de la Creuse où il est certainement spontané (Boreau, in litt., 50 mai 1871) ; — Jura : St-Loup (Puget). — *Suisse*. Cant. de Vaud : Lausanne (Schleicher) ; — cant. du Valais : Mont Catogne (de la Soie), Zermatt (Cottet), Loëches ; — cant. de Fribourg : Furi (Lagger) ; — cant. de Berne : rives de l'Aar à Berne (Seringe). — *Autriche*. Tyrol : entre Zirl et Onipontem (Kerner). — *Allemagne*. Lithuanie (Besser, 1824, in herb. DC.) ; — Bavière : Ingolstaat (Schonger). — *Asie*. Arménie (Aucher-Eloy) ; Perse (Bélanger).

Seringe, dit : Ad ripas fluminum Europae et Americae? — Trattinnick, in Suecia, Dania, Anglia, nec non in Germania boreali. — M. Boissier, Europa borealis et media in Alpinis, Sibiria omnis, Songaria.

D'après M. Crépin, le n° 9819, *R. cinnamomea* de l'herbier de Willde-now, est représenté par huit feuilles simples. « Fol. 1). Appartient au « *R. tuguriorum* Willd. Fol. 2, 3, 4, 5). Flore pleno. Fol. 6). Paraît être « une forme du *R. tomentella* Lem. Fol. 7). Pourrait bien être une forme « du *R. cinnamomea* à folioles amples, allongées. Fol. 8), n'appartient pas « aux *Cinnamomeae*, pourrait bien être le *R. coriifolia* Fries. » (Crépin, l. « c., fasc. 2, p. 49).

Obs. I. *R. foecundissima* Münch. Hausv., V, p. 279 ; Roth, fl. Germ., II, p. 557 ; *R. cinnamomea* Gmelin, fl. Bad.-Als., II, p. 411 ; Lindley, l. c., p. 28 ; Dematra, monog. ros. de Fribourg (1818), p. 4 ; *R. cinnamomea* var. *foecundissima* Koch, syn., p. 249 ; Reuter, cat. Genève (1861), p. 65 ; *R. odore cinnamomi flore pleno* C. Bauch., pin. ; *R. cinnamomea flore pleno* Clusius, hist., I, p. 115 ; *R. domestica* Matth. 55, f. 1 ; Camerarius, epit., 98, f. 1.

Icon. Roessig, die rosen, tab. 5 ; Lindley, l. c., tab. 5 ; Redouté, les roses (1824), livr. 37, B ; flora Danica, tab. 1214.

Exs. Seringe, n° 29 ; Billot, n° 5845 ; Déséglise, herb ros., n° 58.

Hab. Mai, juin. Subspont. dans les haies. — *France*. Meurthe : Château-Salins (Maire) ; — Doubs : Besançon (Paillot) ; — Jura : Salins ; — Landes : Mont-de-Marsan (Debeaux, in herb. Grenier) ; — Haute-Savoie : Pringy, Arenthon (Puget).

Obs. II. *R. fluvialis* Müller, fl. Danica, tab. 868 ; Tratt., l. c., p. 174 ; Pers., syn., II, p. 47 ; *R. cinnamomea* var. b. Lindley, l. c., p. 28.

Je n'ai pas vu ce rosier, indiqué en Suisse par Hooker in Lindley et en Danemark par Müller. La planche 868 du *flora Danica* représente les

divisions calicinales plus courtes que le bouton, les feuilles ovales, à dentelures ouvertes assez profondes.

Obs. III. *R. aristata* Lapeyr., hist. pyr., p. 285; Lindley, l. c., p. 33;
Tratt., l. c., II, p. 165; Seringe, in DC., prod., II, p. 606; Lois., fl. gall., I,
p. 358; Desportes, roset. gal., n° 48; Duby, l. c , II, p. 1009; Mutel, l. c.,
p. 353; Gonnet, l. c., p. 479, n° 12.

Hab. Mai, juin. — Les Pyrénées à Barrèges (Lapeyrouse).

« Cette espèce, admise par Lindley, Seringe, Duby, Loiseleur, Mutel
« et Gonnet, omise par MM. Grenier et Godron, a sans doute disparu de
« l'herbier; à sa place, se trouvent deux espèces: l'une le *R. rubiginosa* L.,
« l'autre le *R. arvensis* var. *bracteata* Gr. et God. » (Clos, révision de
l'herbier de Lapeyrouse, p. 261).

94. R. Willdenowii Sprengel, syst., II, p. 547 ;
Seringe, in DC., prod., II, p. 621; Crépin, l. c., fasc. 2
(1872), in bull. soc. bot. de Belg., XI, p. 166, extr., p. 50
(non Trattinnick); *R. microphylla* Willd., herb. n° 9828
(non Roxb.); *R. arenaria* M.-Bieb., in herb. Willd.

Hab. — *Sibérie.*

95. R. Carelica Fries, sum. veget. scand. (1846), I,
p. 171 ; Scheutz, in Crépin, l. c., p. 245 et extr. p. 129.

Exs. Fries, herb. norm., fasc. XIII, n° 59.

Hab. — *Suède.* Westerbotten (Dyhr, in herb. DC.; — Buchinger, in
herb. Déséglise).

96. R. Baltica Roth, nov. pl. spec., p. 254; Tratt.,
l. c., II, p. 57; Bluff et Fing., comp., I, p. 625; Rchb.,
l. c., II, p. 615; Seringe, in DC., prod., II, p. 615;
Boreau, précis des herb. faites en M.-et-L. (1862), extr.
p. 19; *R. lucida* Koch, syn., p. 444 (non Ehrh.);
R. spinosissima Pesneau, catal. de la Loire-inf. (1841),
p. 181; *R. pseudo-lucida* Besser ! in herb. DC.

Exs. Déséglise, herb. ros., n° 46.

Hᴀʙ. Sables maritimes. Juin. — *France*. Loire-inférieure : naturalisé dans les dunes de Pornichet (Ledantec, Provost et Jullien); — Doubs : bois de Brégille à Besançon? (Paillot). M. Paillot, dans sa lettre du 15 juillet 1865, m'écrit : « Il m'a été impossible de remettre la main sur le « *R. baltica*, dont j'ai recueilli il y a deux ans un échantillon stérile dans « le bois de Brégille. » — *Allemagne*. Hambourg à Nienstäden (Lagger), Hambourg (Sonder in herb. Grenier).

97. R. blanda Ait., Hort. Kew., éd. 1, II, p. 202 (1789); Jacquin, fragm. (1809), p. 70; Willd., sp., II, p. 1065 et herb., n° 9818; Tratt., l. c., II, p. 151; Rchb., fl. excurs., II, p. 614; *R. fraxinifolia* Gmel., fl. Bad.-Als. (1806), II, p. 412; Seringe, mélanges, I, p. 33 et mus. helv., I, p. 25; Lindley, l. c., p. 26; Du Mortier, fl. belg., p. 95; Lej. et Courtois, comp., II, p. 140; Déséglise, in Billot, annot. fl. de Fr. et d'Allem., p. 295; *R. Virginiana* Miller, dict. n° 10, trad. franc., VI, p. 326 ex Lindley; *R. fraxinea* Willd.? enum. plant. sup., p. 37; *R. cinnamomea* Mérat, rev. fl. Paris (1843), p. 290; Coss. et Germ., fl. Paris (1845), p. 181; *R. cinnamomea* var. *globosa* Desvaux, journ. bot. (1813), II, p. 120.

Iᴄᴏɴ. Jacquin, l. c., tab., 105; Bot. regist., tab. 458.

Exs. Seringe, n° 28; Wirtgen, pl. crit., fasc. IX, n° 464; Kickxia belgica, n° 562.

Hᴀʙ. — *Belgique*. Prov. d'Anvers : Zammel (Van Haesendonck), Hersselt (Thielens); M. Du Mortier le signale près de Huy ; Lejeune et Courtois disent qu'il n'est pas rare vers Liége. — *France*. Loiret : Malesherbes (Cosson); — Seine-et-Oise : Dampierre ! — Oise : Pierrefonds près de Compiègne (Ozanon) ; — Seine-et-Marne : Nemours (Mérat, revue fl. Par.); — Gironde : Bordeaux (Ozanon) ; — Côte-d'Or : Dijon (Daenen); — Lozère : Mende (Prost, 1815, in herb. DC.). — *Suisse*. Cant. de Genève : Bois des Frères près de Genève ! — *Allemagne*. Coblence (Wirtgen).

98. R. Fischeriana Besser; Desportes, ros. gal.,

p. 114 ; *R. saxatilis* hort. genevensis ! non Steven.

Arbrisseau de 1-2 mètres, à tiges très-faiblement aiguillonnées, rameaux inermes, purpurins ou verdâtres ; pétioles pubérulents, inermes ; 3-5 folioles d'un vert glaucescent, glabres en dessus, nervures velues, villosité disparaissant plus ou moins avec l'âge, mais la côte médiane reste toujours velue, elliptiques, les inférieures quelquefois ovales, doublement dentées, à dents assez profondes, les secondaires terminées par une glande ; stipules lancéolées, glabres, bordées de glandes, à oreillettes aiguës ; pédoncules solitaires ou réunis par 1-3, courts, glabres, cachés par les bractées, le pédoncule solitaire porte à sa base une bractée ovale, cuspidée, plus longue que le pédoncule, ceux réunis en bouquet portent à la base deux bractées opposées, souvent une foliacée, le pédoncule central est dépourvu de bractées ; tube du calice petit, globuleux, glabre ; divisions calicinales entières, lancéolées, spatulées au sommet, longuement saillantes sur le bouton, dépassant la corolle, réfléchies à l'anthèse, glabres, les extérieures à bords glanduleux ; styles libres, très-velus ; fleur rouge ; fruit ovoïde, rouge, couronné par les divisions calicinales redressées, persistantes.

Hab. — *Russie*, ex Steudel.

99. **R. laxa** Retz, in Hoffm., phyt. Bl., I, 39 ; Hornem., hafn., n° 11, p. 472 ; Tratt., l. c., II, p. 15 ; Seringe, in DC., prod., II, p. 605.

Hab. — *Sibérie*.

100. **R. Dahurica** Pallas, fl. ross., II, p. 61 ; Lindley, l. c., p. 52 ; Tratt., l. c., II, p. 170 ; Seringe, l. c., p. 606 ; Rchb., fl. excurs., II, p. 615 ?

Hab. — In Dahuriae et Mongoliae transalpinae apricis et betulis (Pallas).

101. R. Silverhielmii Schrenk, bull. de la classe phys.-mathém. de l'Acad. imp. soc. de St-Pétersbourg, II, p. 195; Fischer, sup. cat. de St-Pétersb., 25 janv. 1844, p. 17; Walpers, repert., V, p. 649.

Hab. Juin. — In arundinetis ad fl. Tschu. — Des échantillons que j'ai en herbier, l'un vient du jardin botanique d'Angers (Boreau), l'autre a été récolté par moi dans celui de Genève; dans l'herbier de M. Boissier, les échantillons ont été pris dans un jardin.

102. R. Bungeana Boiss. et Buhse, transk. u. Pers. pflz. (1860), XII, p. 81; Walpers, an. bot., VII, p. 877 [1].

Icon. Boissier et Buhse, l. c., tab. VI.

Hab. — In radice M. Illangledagh et in valle Dechagri prope Nachitschewan.

103. R. anserinaefolia Boissier, diagn., série I., fasc. 7, p. 51 et fl. Orient., II, p. 677; *R. Daënensis* Boissier, diagn., sér. I, fasc. 7, p. 51.

Exs. Aucher-Eloy, n° 1437! n° 4485!; Kotschy, n°ˢ 424, 622, 635, 682.

Hab. — *Perse* (Aucher-Eloy); mont Kuh-Daëna et mont Elbrus (Kotschy). — Les deux numéros d'Aucher-Eloy ne sont pas cités par M. Boissier dans sa flore d'Orient.

104. R. lacerans Boissier et Buhse, l. c., p. 85; Boissier, fl. Orient., II, p. 677.

Hab. — *Perse*. Entre Nischapur et Mechhed, entre Herat et Tebbes (Bunge, in herb. Boissier).

---

[1] Dans Walpers, il y a une faute d'impression qui change le nom spécifique; c'est *R. Bungeana* qu'il faut dire et non *R. Burgeana* comme l'écrit Walpers.

105. R. Lehmanniana Bunge, pl. Lehm., p. 287; Walpers, ann. bot., IV, p. 656; Boissier, fl. Orient., II, p. 678.

Hab. — *Asie*. Samarcand (Lehmann, in herb. Boissier).

106. R. Cabulica Boissier, l. c., p. 678.

Hab. — In regni Cabulici Alpinis ad Erak et Sir i Chusma (Boissier).

Var. b. **latispina** Boissier, l. c.; *R. latispina* Boissier, diagn., sér. II, fasc. 2, p. 49.

Hab. - In Alpinis regni Cabulici prope Kalou (Boissier).

107. R. Elymaitica Boissier et Haussk., in Boiss., fl. Orient., II, p. 675.

Exs. Aucher-Eloy, n° 1459! Ce n° n'est pas cité par M. Boissier; il est identique au *R. Elymaitica* qui se trouve dans son herbier.

Hab. — La Perse (Aucher-Eloy), Teng Nalli (Boissier).

108. R. Orientalis Dupont, in DC., prod., II, p. 607; Boissier, fl. Orient., II, p. 680.

Exs. Kotschy, n°s 70, 295, 543, 539, 540, 791.

Hab. Juin. — Région alpine inférieure du Taurus près de Gulek-Maden (Balansa), mont Elbrus près de Passgala ; mont Gara (Kotschy).

Var. b. **Olympica**. — Feuilles doublement dentées.

R. pygmaea var. *Olympica* Clement, sert. olymp., p. 40; *R. glutinosa* b. *tomentella* Boissier, l. c., p. 679. — Cette forme me semble plutôt appartenir au *R. Orientalis*, qu'au *R. glutinosa* Sibth.

Hab. — Olympe de Bithynie (Clement).

109. R. Kotschyana Boissier, diagn., sér. I., fasc. 10, p. 5, et fl. Orient., II, p. 683.

Exs. Kotschy, n° 657 !

Hᴀʙ. Juin-juillet. — *Perse*. Mont Kuh-Daëna (Kotschy).

Oʙs. Ce rosier, avec ses divisions calicinales entières, me semble plutôt appartenir à la section *Cinnamomeae* qu'à celle des *Tomentosae*, où M. Boissier le place ?

110. R. Kamtschatica Ventenat. jard. de Cels (1800), tab. 67; Ait., Kew., ed. 2, III, p. 259; Pers., syn., II, p. 47; Lindley, l. c., p. 6; Tratt., l. c., II, p. 123; Seringe, in DC., prod., II, p. 607; de Pronv., l. c., p. 27; Desportes, l. c., p. 2.

Iᴄᴏɴ. Ventenat, l. c.; Bot. regist., tab. 419; Bot. mag., tab. 3149.

Hᴀʙ. Mai. — Kamtschatka.

111. R. rugosa Thunb , fl. Jap. (1784), p. 213; Pers., l. c., p. 48; Lindley, l. c., p. 5; Tratt., l. c , II, p. 116; Seringe, in DC., prod., II, p. 607; Sieb. et Zucc., fl. Jap., p. 66; *R. ferox* Ait., Kew., ed. II, (1811), III, p. 262; Lindley, l. c., p. 3; de Pronv., l. c., p. 25; Desportes, l. c., p. 1; *R. Kamtchatica* Thory, prod., p. 45; Cariot, étud. des fleurs (1865), III, p. 179; *R. Kamtchatica* var. *ferox* Seringe, l. c.; *R. echinata* Dupont; *R. Regeliana* Lind. et André, illust. hort. (1872), p. 371 (non Reuter).

Iᴄᴏɴ. Miss Lawrance, tab. 42 ex Lindley; Bot. regist., tab. 420; Redouté, les roses (1824), livrais. 3, A; Roessig, die rosen, tab. 60; Sieb. et Zucc., l. c., tab. 28; Lindley, l. c., tab. 19.

Hᴀʙ. — Le Japon· — Tous les échantillons que j'ai été à même de voir viennent des jardins et ceux que je possède en herbier ont la même origine. Sweet, hort. brit., dit que ce rosier a été introduit en Angleterre en 1796.

Var. **glabriuscula** Crépin, l. c., fasc. 2, p. 55; *R. coruscans* Waitz in Link, enum. hort. berol., II, p. 57 ; Tratt., l. c., II, p. 178; Desportes, l. c., nº 215 ; Seringe, in DC., prod., II, p. 610.

Hab. ...? Il était cultivé dans le jardin de Berlin en 1822, d'après Desportes ; il a été introduit en Angleterre, selon Sweet, en 1825.

112. R. Iwara Sieb., cat. rais. des pl. du Japon (1856), p. 6; Regel, ind. sem. hort. Petrop. (1861), p. 55; Koch, dendrol., I, p. 257.

Hab. — *Japon.*

113. R. microphylla Roxb., in Lindley, l. c., p. 9, p. 146; de Pronv., l. c., p. 104; Seringe, in DC., prod., II, p. 602; Desportes, l. c., p. 91, n° 2029; Hardy, journ. des jard. (1828), p. 47; *R. Roxburgii* Tratt., l. c., II, p. 255.

Icon. Bot. regist., tab. 919; Bot. mag., tab. 3490.

Hab. — *Chine* (Wallich, 1819, in herb. DC.).

114. R. macrophylla Lindley, l. c., p. 55; Tratt., l. c., II, p. 166; Seringe, in DC., prod., II, p. 612; Don, hort. Cant. (1825), p. 198; Desportes, l. c., p. 8; *R. velutina* Royle.

Icon. Lindley, l. c., tab. 6; Wallich, pl. Asiat., pl. 117.

Exs. Wallich, pl. ind., n° 690.

Hab. — *Indes.* Himalaya (Wallich, 1829, in herb. DC.), Kidrinath (Wallich, 1829, in herb. Delessert), Sikkim (Hooker).

Obs. Je rapporte le *R. velutina* Royle, qui était cultivé en 1868 au Muséum de Paris et dont j'ai des échantillons, au *R. macrophylla* Lindl.

115. R. sericea Lindley, l. c., p. 105; Seringe, in DC., prod., II, p. 615; de Pronv., l. c., p. 105; *R. Wallichii* Tratt., l. c., II, p. 193.

Icon. Lindley, l. c., tab. 12; Bot. mag., tab. 5200.

Exs. Wallich, pl. ind., n° 695.

Hab. — *Indes.* Kamaon (Wallich, 1826, in herb. DC.), Swinaghoi (Webb, 1852, in herb. DC.), Sikkim (Hooker).

116. R. dissimilis Déséglise, in the journ. of Botany, Juin 1874 et extr. p. 1; *R. cinnamomea* Karelin et Kiril., exs., n° 360 (non Lin.), 1840.

Hab. — Semipalantinsk (Kiriloff et Karelin, in herb. DC.).

117. R. Gmelini Bge, in Ledeb., fl. Alt., II, p. 128; Bunge et Mey., sup. fl. Alt., n° 109; Karelin et Kiriloff, enum. pl. Alt., n° 336; Ledeb., fl. ross., II, p. 75; *R. Alpina* Pallas, fl. ross., II, p. 61.

Exs. Bunge, soc. imp. nat. cur. mosqu., n° 559.

Hab. — *Sibérie.* Semipalantinsk (Karelin et Kiriloff, 1840, in herb. DC.); *Dahurie* (Bunge, in herb. Boissier).

118. R. Balearica Desfont., cat. Paris (1804), et exempl. authent. in herb. DC.; Pers., syn., II, p. 49 (1807); Dum.-Cours., bot. cul. (1811), V, p. 484; Déséglise, obs. sur les *R. Balearica* Desf. et *R. vosag.*, Desp., in the journ. of Botany for March, 1874, extr. p. 1; *R. Carolina* var. *laevis*, Seringe, in DC., prod., II, p. 605; *R. Virginiana* Tratt., l. c., II. p. 154.

Icon. Redouté, les Roses (1824), livrais. 7, A.

Hab. — Ile Majorque (Desfontaines ! in herb. DC.).

Espèces douteuses ou peu connues.

R. amblyotis C.-A. Meyer, flora, XXXII, 745; Walpers, ann. bot., II, p. 465.

Hab. — Kamtschatka.

R. Guilelmi-Waldemarii Klotzsch, Prinz Waldemar Reise, p. 153; Walpers, l. c., VII, p. 877.

Hab. — Himalaya.

R. Hofmeisterii Klotzsch, l. c., p. 165, tab. VII; Walp., l. c., 878.

Hab. — Himalaya.

R. Krockeri Tratt., l. c., p. 231; Seringe, l. c., p. 625; *R. pygmaea* Krocker, fl. Siles., II, p. 154.

Hab. — Silésie.

R. muricata Waitz, in Link, enum. hort. berol., II, p. 56; Tratt., l. c., p. 173; Seringe, l. c., p. 622.

Hab..... ?

R. platyacantha Schrenk, bull. Acad. St-Pétersb., p. 254; Ledebour, fl. ross., II, p. 75.

Hab. — Sibérie.

R. Gleberiana Schrenk, l. c., I, p. 80; Ledeb., l. c., p. 76; Walpers, repert. bot., V, p. 649.

Hab. — Sibérie.

R. Taurica Steven, in M.-Bieb., fl. taur.-cauc. (1808), I, p. 594; Lindley, l. c., p. 51; Tratt., l. c., II, p. 9; Seringe, l. c., p. 615.

Hab. — In dumetis Tauriae.

Sect. X. — Alpinae.

Déséglise, l. c., X, p. 51 et extr., p. 11, et obs. on the differ. meth. prop. for the classif. of the spec. of gen. ros., in the naturalist (1865), n° 20, p. 311; Crépin, primit. monog. ros., fasc. I (1869), p. 14; Cottet, l. c., p. 38; *Caninae* Seringe, l. c., p. 611, part; Duby, l. c., p. 177 part; *Pimpinellifoliae* Lindley, l. c., p. 36, part.; Koch, l, c., part; *Diastylae* trib. *leptacanthae* et trib. *homaeacanthae*, Godet, l. c.

$$\left. \begin{array}{l} \text{Rameaux munis de petits aiguillons} \dots \quad 2. \\ \text{Rameaux inermes.} \dots \quad 3. \end{array} \right\} 1.$$

1. { Rameaux munis de petits aiguillons . . . . . 2.
{ Rameaux inermes. . . . . 3.

2. { Aiguillons fins, sétacés, styles velus, fruit ovoïde
     allongé . . . . *intercalaris*.
   { Aiguillons plus robustes, styles laineux, fruit gros,
     ovoïde ou pyriforme . . . . *adjecta*.

3. { Styles hérissés. . . . . 4.
   { Styles velus . . . . 5.

4. { Pétioles inermes, feuilles vertes en dessus, fruit
     oblong ou subglobuleux . . . . *Alpina*.
   { Pétioles parsemés de petits aiguillons sétacés, feuil-
     les d'un vert sombre en dessus, fruit allongé en
     forme de fuseau. . . . . *lagenaria*.

5. { Folioles portant quelques glandes éparses en
     dessous . . . . *Pyrenaica*.
   { Folioles églanduleuses. . . . . 6.

6. { Folioles à dents profondes, irrégulières, pétales
     rouges, pâles en dehors, onglet jaunâtre, fruit
     ovoïde ou subglobuleux. . . . . *Monspeliaca*.
   { Folioles à dents régulières, la côte parsemée de
     poils et de glandes, corolle d'un rose vif . . . . *pendula*.

119. R. Alpina L., sp., 703; Jacq., fl. Austr., III,
p. 43; All., fl. Pedem., nº 1798 ; Roth, tent. fl. germ., II,
pars prior, p. 559; Villars, fl. Dauph., III, p. 552; Lam.,
fl. fr., III, p. 152; Krocker, fl. Siles., II, p. 158; Gilibert, pl. d'Europe, I, p. 584; DC., fl. fr., IV, p. 446
(excl. var. b.); Gmelin, fl. Bad.-Als., II, p. 429; Pers.,
syn., II, p. 49; Tratt., monog. ros., II, p. 198; Balbis,
fl. Lyon., I, p. 260; Rchb., fl. excurs., II, p. 613; Host,
fl. Austr., II, p. 24; Richter, codex, p. 496, nº 3743;
Boreau, fl. cent., éd. 2, nº 670, éd. 3, nº 386; Gonnet,
fl. élem. de Fr., p. 477; Gr. et Godr., fl. de Fr., I,
p. 556, part.; Kirschleg., fl. Als., I, p. 246; Godet, fl.
Jura, p. 206, part. ; Déséglise, essai monog., p. 53;
Fourreau, l. c., p. 73; Verlot, l. c., p. 114; Boissier,

l. c., p. 673; *R. Alpina* var. a *vulgaris* Desvaux, journ.
bot. (1813), II, p. 119; Seringe, in DC., prod., II,
p. 611; Duby, l. c., I, p. 177; *R. Alpina* var. a. Bl. et
Fing., l. c., p 641; Lois., fl. gall., I, p. 360; Mutel, fl.
fr., I, p. 347; Godr., fl. Lorr., I, p. 218; Koch, syn.,
p. 248; *R. rupestris* Crantz, stirp. Austr., p. 85;
R. inermis Miller, dict., n° 6, trad. franc., VI, p. 325;
R. cinnamomea Herm., dissert., p. 7; *Rosa non spinosa*
Haller, opusc., p. 218; *R. rubello flore simplici non*
spinosa J. Bauh., hist., vol 2, p. 39; *R. inermis, foliis*
septenis glabris, calycis segmentis indivisis Haller, helv.,
n° 1107.

ICON. Jacquin, l. c., tab. 279; Bot. regist., tab. 424;
Redouté, les roses (1824), livrais. 35, c. (médioc.).

EXS. Seringe, n° 6, n° 49, n° 50; Fries, herb. norm.,
fasc. 9, n° 48; Déséglise, herb. ros., n° 10; Bourgeau,
Alp. de la Savoie (1848), n° 79.

HAB. Juin, juillet. — Montes Europae mediae et australis.

Var. **setosa** Seringe, in DC., prod., II, p. 612; *R. Alpina hircina*
Desvaux, journ. bot. (1815), II, p. 119? Pédoncules et tube du calice couverts de petites soies fines.

HAB. Juillet. Région des montagnes. — *France.* Pyrénées-orientales
(Coder, 1814, in herb. DC.); — Isère : Chamechaude, mont Rachet
(Verlot); — Savoie : Col du Frêne au-dessous d'Apremont (Songeon). —
Suisse. Berne (Seringe, 1817, in herb. DC.).

Var. **globosa** Desvaux, l. c.; Seringe, l. c. (excl. syn. *canina ambigua*
Desv.); *R. Alpina* var. *pedunculo valde hispido, ovario glabro pendulo*
globoso DC., fl. fr., V, 536; *R. oreinosa* Ripart, in litt. ! Pédoncules
lisses ou glanduleux, tube du calice globuleux ou subglobuleux, glabre.

HAB. Juillet. Région des montagnes. — *France.* Doubs : Morteau (herb.

Grenier); — Vosges : ballon Saint-Maurice (1) (Pierrat); — Lozère : Mende (Prost, 1815, in herb. DC); — Pyrénées orient. : Montlouis, *pédoncules solitaires, glabres, tube du calice glabre* (Ripart); — Alpes-maritimes : Forêt de Clans, *pédoncules solitaires, glanduleux ainsi que le fruit* (Bornet); — Isère : Chamechaude, *pédoncules solitaires, glanduleux, fruit glabre, divisions calicinales glabres* (Verlot), Villard-de-Lans à la Fauge, *pédoncules glanduleux, solitaires ou réunis par deux, tube du calice et sépales glabres* (Boullu); — Haute-Savoie : Habère-Lullin, *pédoncules 1-2-4, glanduleux, sépales glabres, tube du calice glabre ou glanduleux ;* Allonzier (Puget), Saint-Gervais sous le glacier de Trê-la-Tet, *pédoncules très-longs, peu glanduleux, fruit glabre, sépales parsemés de glandes sur le dos* (Boullu), Foge, *sépales, fruit, pédoncules glanduleux* (Puget), mont Salève ! *pédoncules et fruit glabres, sépales parsemés de glandes. — Suisse.* Cant. de Vaud. : Creux-dessus près de Montbovon, *pédoncules réunis par deux, glabres, fruit et sépales glabres. — Autriche.* Schwargan, *même forme que celle de la Suisse* (Kerner). — *Piémont* : Val Pesio, *pédoncules, fruit et sépales glabres* (Bornet).

Var. **pyriformis** Seringe, in DC., prod., II, p. 612. Fruit court, pyriforme, glabre.

Hab. — *France.* Vosges : Le Hohneck ! — *Suisse.* Belpberg près de Berne (Seringe, 1815, in herb. DC.).

Var. **helleborina** Seringe, l. c.

Les trois échantillons de l'herbier DC. viennent du Jardin botanique de Moscou et ont été donné en 1821 par Goldbach. Forme très-curieuse qui, mieux étudiée, formera un type spécial; mais il est difficile de se prononcer sur des échantillons incomplets.

Obs. *R. Alpina sorbinella* Seringe, l. c., p. 611. L'échantillon qui existe dans l'herbier DC. provient du Jardin botanique de Berne (1825, Seringe), et je ne vois pas de caractère pour le séparer du type. — *R. Alpina hispidella* Seringe, l. c., plante cultivée et qui me paraît étrangère à cette section

---

(1) Pédoncules solitaires ou réunis par deux, hispides-glanduleux, fruit glanduleux ainsi que les divisions calicinales. — Il est probable qu'une étude plus approfondie de ces différentes formes fera séparer ce que je crois devoir réunir pour le moment au type de Seringe.

(herb. DC. sans loc.). — *R. Alpina turbinata* Seringe, l. c., p. 612 ; *R. turbinata* Vill., fl. Dauph., III, p. 550, ex Seringe ; *R. mixta* Tratt., l. c., I, p. 156 ex Seringe. Plante cultivée à fleur double (herb. DC.).

120. R. intercalaris Déséglise, descript. de qq. esp. nouv. du genre rosa, in mém. soc. Acad. de M.-et-Loire, XXVIII (1873), p. 104, extr., p. 8 ; *R. alpestris* Déségl., ess. monog. obs., p. 55 (non Rapin) ; *R. editorum* Ripart, in litt.!

Exs. Déséglise, herb. ros., n° 59.

Hab. Juillet. Région des montagnes. — *France.* Vosges : escarpements du Hohneck (Ozanon), ballon de Saint-Maurice, petit Rotabac (Pierrat) ; — Pyrénées orient. : Montlouis (Ripart) ; Alpes-Maritimes : Colmiane près de Saint-Martin-de-Lantosque (Bornet) ; — Isère : Charminelle près de Voreppe, Saint-Christophe-en-Oisans (Boullu), mont Saint-Eynard près de Grenoble (Verlot) ; — Hautes-Alpes : vallon de Puy-Vacher, cant. de la Grave (Ozanon) ; — Haute-Savoie : les Voirons (Puget) ; — Savoie : mont Nivolet, au-dessus de Monterminod (Songeon).

121. R. adjecta Déséglise, l. c., XXVIII (1873), p. 105, extr., p. 9 ; *R. intricata* Déségl., ad amic. (non Grenier) ; Cottet, l. c., p. 58 ; *R. Alpina* var. *aculeata* Seringe, in DC., prod., II, p. 611 excl. syn. ; Reuter, cat. Genève (1861), p. 64.

Hab. Juin-juillet. Région des montagnes. — *France.* Vosges : ballon de Saint-Maurice (Pierrat) ; — Doubs : mont Suchet ! ; — Jura (Seringe, 1823, in herb. DC.) ; — Alpes-Maritimes : Vallon d'Anduebis, près de Saint-Martin-de-Lantosque (Bornet) ; — Pyrénées orient. : Montlouis (Ripart) ; — Haute-Loire : mont Mezenc (Boullu) ; — Isère : Saint-Christophe-en-Oisans, Villard-de-Lans (Boullu) ; — Savoie : mont Nivolet (Paris) ; — Haute-Savoie : Habère-Lullin, Brenthonne, mont de Coux-sur-Cervens, Bourdignin (Puget), bois de Notre-Dame-de-la-Gorge près de Saint-Gervais (Boullu), Chantemerle au-dessus de Samoëns ! — *Suisse.* Cant. de Fribourg : pied de Lurqui près de la Cape au Moine ! — Cant. du Valais : Bovernier, Zermatt (Cottet), broussailles près la cantine de Proz, chemin de Saint-Bernard ! — *Autriche.* Tyrol : Val di Ledro (Kerner).

122. R. Monspeliaca Gouan, fl. Monsp., p. 255;
Déséglise, l. c., X, p. 96, extr., p. 56; *R. Alpina* var., DC.,
fl. fr., V, p. 536.

Hab. Juin-juillet. Région des montagnes. — *France*. Les Cévennes : bois
des Aubrets à l'Esperou (Roubieux, 1809, in herb. DC.) ; — Hautes-Alpes :
La Grave (Ozanon) ; — Savoie : mont Cormet (Puget). — *Suisse*. Cant. de
Fribourg : Grandvillars (Cottet) ; — cant. du Tessin : Valle Waggra (Christ).
— *Autriche*. Tyrol : mont Baldo (Kerner).

123. R. pendulina Ait., Kew. (1789), II, p. 208, ed. 2
(1811), III, p. 265; Leers, fl. herb., p. 118; Pers., l. c.,
p. 49; Tratt., l. c., II, p. 204; Déséglise, l. c., p. 97 et
extr., p. 57; *R. Alpina* var. *pendulina* Desvaux, l. c.,
(1813), II, p. 119; Bl. et Fing., l. c., I, p. 642; Lindley,
l. c., p. 57; *R. Alpina* var. *latifolia* Seringe, l. c.,
p. 612; *R. Andrewsii* Tratt., l. c., p. 205; Seringe, l. c.,
p. 625.

Icon. Redouté, les roses (1824), livrais. 7, D ? ; Miss
Lawrance, tab. 91 ex Lindley.

Exs. Seringe, ros. desséchées, n° 26 ?

Hab. Juin, juillet. Région des montagnes. — *France*. Hautes-Vosges
(Pierrat) ; — Pyrénées-orient. (Coder, 1814, in herb. DC.) ; — Isère : Saint-
Nizier près de Grenoble (Verlot) ; — Hautes-Alpes : La Grave, forêt des
Fraux (Ozanon) ; — Basses-Alpes : Colmars (Loret, in herb. Grenier) ; —
Haute-Savoie : dents de Lanfond près d'Annecy, la Caille (Puget) ; — Savoie :
montagne de Saint-Cassin près de Chambéry (Songeon).

124. R. lagenaria Villars, dauph., III, p. 553; Tratt.,
l. c., II, p. 202; Déséglise, l. c., X, p. 97 et extr., p. 57;
R. Alpina b. DC., fl. fr., IV, p. 446; *R. Alpina* var.
lagenaria Seringe, in DC., prod., II, p. 611; *R. pendulina*
Rchb., fl. excurs., II, p. 613.

Hab. Juin, juillet. Région des montagnes. — *France*. Jura (Gaudin, 1814,
in herb. DC.) ; — Lozère : Mende (Prost, 1815, in herb. DC.) ; — Hautes-

Alpes : Embrun (Villars, 1810, in herb. DC.) ; La Grave, forêt des Fraux (Ozanon) ; — Isère : Col de l'Arc, près de Grenoble (Verlot) ; — Haute-Savoie : Habère-Poche (Puget).

125. R. Pyrenaica Gouan, ill. et obs. bot. (1773), p. 31; DC., fl. fr., IV, p. 446; Pers., l. c., p. 49; Tratt., l. c., II, p. 199; Rchb., l. c., p. 613; Host, fl. Austr., II, p. 24; Boreau, fl. cent., éd. 3, n° 837 ?; Déséglise, l. c., X, p. 95 et extr. p. 55; Fourreau, l. c., p. 74; *R. Alpina* var. *hispida* Desv., l. c., p. 119 ?; *R. Alpina* δ DC., fl. fr., V, p. 536; *R. Alpina* var. *Pyrenaica* Seringe, in DC., prod., II, p. 611; Bl. et Fing., l. c., p. 641; Lois., l. c., p. 360; Duby, l. c., p. 177; Mutel, l. c., p. 347; Gonnet, l. c., p. 477; Godr.? fl. de Lorr., I, p. 218; *R. hispida* Krocker, fl. Siles. (1790), II, pars 1, p. 152 ex Tratt.; Bl. et Fing., l. c., p. 625.

Icon. Gouan, l. c., tab. 19.

Exs. Huet du Pavillon, plant. Napolitanae, n° 311 ; Bourgeau, Pyrén. Espagnoles, n° 156.

Obs. Depuis la publication de mon Essai monographique sur les rosiers, j'ai pu compléter mes premières notes données en 1861, ayant reçu de diverses localités cette rare espèce. Voici la description que j'ai établie sur les échantillons que j'ai pu me procurer.

Arbrisseau peu élevé (j'ai en herbier un échantillon complet avec racine qui mesure 30 cent. de haut, les autres ont été pris sur des arbrisseaux de 1 mètre à 1 mètre 50 cent.), inerme, *ou offrant sur les jeunes tiges quelques petits aiguillons* grêles, droits, sétacés, blanchâtres, rameaux grêles, à écorce rougeâtre ou verdâtre; pétioles plus ou moins *chargés de petites glandes fines, stipitées,* inermes; 5-7-9 folioles ordinairement petites, *ovales-ellip-*

tiques, ovales-obtuses ou arrondies, fermes, glabres, vertes en dessus, glauques en dessous, *un peu nerveuses, la côte blanchâtre portant des glandes fines, glandes qui se retrouvent aussi sur quelques nervures secondaires,* doublement dentées, à dents glanduleuses; stipules étroites ou larges, glabres en dessus, les *unes plus ou moins chargées en dessous de petites glandes fines, les autres glabres,* oreillettes obtuses ou un peu aiguës, dressées ou divergentes; pédoncules solitaires, glanduleux; tube du calice *petit, grêle,* glanduleux, ovoïde; divisions calicinales verdâtres ou rougeâtres, entières, lancéolées, spatulées au sommet, glanduleuses en dessus, atteignant presque la corolle; styles courts, velus; fleur rouge; fruit *ovoïde,* rouge, hispide ou glabre, penché ou dressé, couronné par les divisions calicinales persistantes.

Hab. Juin, juillet. Région des montagnes. — *France.* Doubs : Pontarlier (Grenier) ; — Rhône : Mont Pilat (Fourreau, catal.) ; — Hautes-Pyrénées : Gèdre (Bordère), vallée d'Eynes (Schmidt, 1817, in herb. DC.), Cirque de Gavarnie (Ozanon et Ripart), Cagire (Timbal-Lagrave). — *Italie.* Mont Corno (Huet du Pavillon, in herb. DC.). — *Espagne.* Pyrén. espagn. : Castanèze (Timbal-Lagrave), col de l'Hôpital de Viella (Bourgeau). — *Turquie d'Europe.* Bosnie (Sendtner).

Trattinnick indique aussi les Alpes de la Suisse; mais nous n'avons pas vu d'échantillons de ce rosier venant de ce pays.

126. **R. glandulosa** Bellardi, act. Taur. (1790), p. 230; DC., fl. fr., V, p. 559; Tratt. ? l. c., p. 111; Rchb., l. c., p. 617; Crépin, l. c., fasc. 2 (1872), p. 29; Herb. Willd., n° 9867.

Hab. — *Italie.*

Sect. XI. — **Montanae.**

Crépin, primit. monog. ros. (1869), fasc. I, p. 15; Cottet, énum. des ros. du Valais, in bull. Soc. Murith. (1874), fasc. III, p. 58.

1.	{	Folioles simplement dentées	2.
		Folioles doublement dentées.	11.
2.	{	Pédoncules lisses, sans glandes.	3.
		Pédoncules lisses, portant quelques soies glanduleuses	8.
3.	{	Aiguillons uniformes, ne dégénérant pas en soies sétacées.	4.
		Aiguillons mélangés au sommet des rameaux de soies sétacées	*Hibernica.*
4.	{	Tube du calice globuleux	5.
		Tube du calice ovoïde	6.
5.	{	Aiguillons peu nombreux, folioles ovales-elliptiques, souvent rougeâtres, styles velus, fleur rose, fruit globuleux	*ferruginea.*
		Aiguillons nombreux, folioles orbiculaires, vertes, styles hérissés, fleur rose pâle, fruit gros, ovoïde	*Schultzii.*
6.	{	Styles hérissés, pétioles glabres, inermes, fleur blanche ou rose clair, fruit gros, ellipsoïde . .	*falcata.*
		Styles velus	7.
7.	{	Folioles ovales ou ovales-obtuses, glauques, à nervures un peu rougeâtres, fleur d'un rose vif, fruit gros, rouge-orangé, subglobuleux ou ovoïde	*glauca.*
		Folioles ovales, fruit ovoïde, rouge-sanguin, couronné par les divisions calicinales persistantes .	*Crepiniana.*
8.	{	Divisions calicinales entières, folioles glauques, souvent rougeâtres, fruit petit, globuleux *ferruginea b. hispidula.*	
		Divisions calicinales extérieures pinnatifides . .	9.
9.	{	Pétioles inermes, folioles ovales, fleur d'un rose vif, fruit assez gros, globuleux	*intricata.*
		Folioles ovales-elliptiques, espacées sur le pétiole.	10.
10.	{	Tube du calice ovoïde-allongé, glabre, fleur d'un rose vif pourpré, fruit très-gros, ovoïde-allongé, couronné par les divisions calicinales persistantes.	*Salaevensis.*
		Tube du calice ovoïde, hispide à la base, fleur d'un rose foncé, fruit ovoïde, presque arrondi .	*Caballicensis.*
11.	{	Pédoncules glabres	12.
		Pédoncules glanduleux	14.

12.
{ Pétioles pubérulents-glanduleux, folioles ovales-
aiguës, fruit globuleux, rouge, couronné par les
divisions calicinales persistantes. . . . . *subcristata.*
Pétioles glabres, glanduleux. 13

13.
{ Folioles ovales, glauques, nerveuses, tube du
calice ovoïde, fruit gros, presque arrondi, rouge,
couronné par les divisions calicinales persistantes . . . . *venosa.*
Folioles ovales-aiguës, à côte portant quelques
glandes, fruit ovoïde, divisions calicinales persistant jusqu'à la coloration du fruit . . . *complicata.*

14.
{ Folioles portant quelques glandes éparses en
dessous, disparaissent en partie avec l'âge . *alpestris.*
Folioles églanduleuses en dessous . . . . . 15.

15.
{ Folioles arrondies, pédoncules hérissés de longues
soies glanduleuses, fleur d'un blanc rosé, fruit
gros, ovoïde, hérissé . . . . *montana.*
Folioles ovales . . . . 16.

16.
{ Rameaux floraux presques inermes, folioles ovales-
elliptiques, fruit très-gros, ovoïde-allongé, fleur
d'un pourpre vif, sépales glanduleux . . . *Perrieri.*
Rameaux floraux aiguillonnés, tube du calice
ovoïde ou obovoïde, sépales glabres, bordés de
quelques glandes, fruit globuleux . . . . . *fugax.*

127. R. Franzonii Christ, die rosen der Schweiz (1873), p. 174.

Hab. — *Suisse.* Cant. du Tessin : Mogno (Christ).

128. R. ferruginea Villars, prosp. (1779), p. 46 ; *R. glauca* Pourr., chlor. Narb. act. Acad. Toul. (1788), III, p. 326 ; Desfont., cat. (1804), p. 175 (non Villars) ; *R. rubrifolia* Villars, fl. Dauph. (1789), III, p. 549 ; Bellardi, act. Tur. (1790), p. 22 ; Jacquin, fragm., p. 70 ; DC.. fl. fr., IV, p. 445 ; Gmelin, fl. Bad.-Als., IV, p. 361 ; Pers., syn., II, p. 47 ; Lindley, monog. ros.,

p. 104 ; Tratt., monog. ros., II, p. 92 ; Bl. et Fing., comp., I, p. 626 ; Balbis, fl. lyon., I, p. 259 ; Du Mortier, fl. Belgica, p. 94 ; Lois., fl. gall., I, p. 538 (excl. var. b.); Desportes, ros. gall., p. 90 ; Rchb., fl. excurs., II, p. 621 ; Mutel, fl. fr., I, p. 352 ; Koch, syn., 249 ; Godr., fl. Lorr., I, p. 219 ; Gonnet, fl. élém. de France (1848), p. 480, excl. syn. Bell. ; Gr. et Godr., fl. de Fr., I, p. 557 ; Boreau, fl. cent., éd. 2, (1849), n° 672, éd. 3 (1857), n° 858 ; Kirschleger, fl. Als., I, p. 246 ; Godet, fl. Jura, p. 208 ; Reuter, cat. Genève (1861), p. 66 ; Déséglise, l. c., X, p. 99, extr., p. 59 ; Grenier, fl. jur., p. 257 ; Cariot, étud. des fleurs (1865), II, p. 175 ; J. Pardo, serie imperf. (1867), p. 130 ; Verlot, cat. pl. Dauph., p. 114 ; *R. rubrifolia* a *laevis* Seringe, mus. Helv. I, p. 9 et in DC., prod., II, p. 609 ; Duby, bot., I, p. 177 ; *R. rubicunda* Haller fils, in Römer, arch. (1799), II, p. 6 ; *R. glauca* Desfont., cat. Paris. (1804), p. 175, non Villars ; Dum.-Cours., bot. cult., éd. 2 (1811), V, p. 475 ; *R. lurida* Andr., ros., fasc. 22 (ex Lindley); Tratt., l. c., p. 91 ; *R. cinnamomea oblonga* Desv., journ. bot. (1815), II, p. 120.

Icon. Bellardi, l. c., tab. 9 et app. fl. Pedem., tab. 4 ; Roessig, die rosen, tab. 54 ; Redouté, les roses (1824), livrais. I, D.

Exs. Bourgeau, Alp. de la Savoie (1848), n° 81, distribué sans nom spécifique ; Bourgeau, pl. Pyrénées espagnoles (1847), n° 157 ; Seringe, ros. desséch., n° 8 ; Billot, exs., n° 1185.

Hab. Juin, juillet. Région des montagnes. — *France*. Vosges : Le Hohneck ! — Doubs : mont Suchet, mont d'Or ; — Cévennes : Esperou (Bouchet, 1807, in herb. DC.) ; Lozère : Mende (Prost, 1815, in herb. DC.) ; — Puy-de-Dôme : les monts Dômes ; — Cantal : Col Laurent entre Murat et

Aurillac (Bridel) ; — Pyrénées : Gavarnie (DC., 1807) ; — Hautes-Alpes : La Grave (Ozanon) ; — Haute-Savoie : Malatrais au Brezon (Bourgeau), le Salève. — *Suisse.* Valais : Val Ferret, Fins-Hauts (Cottet). — *Autriche.* Tyrol : Val di Ledro (Kerner).

Var. **hispidula** Seringe, mus. helv., p. 8 et p. 12, et in DC., prod., II, p. 609 ; *R. glaucescens* Wulf., in Roemer, arch. (1815), II, p. 376 (non Desvaux) ; Tratt., l. c., p. 93 ; *R. cinnamomea* var. *glauca* Desv., journ. bot. (1815), II, p. 120; *R. livida* Host, fl. Austr. (1831), II, p. 25; Willd., herb., n° 9821; *R. Gutensteinensis* catal. hort. univ. Vindob.; *R. coerulescens* Kerner ! in litt. *Foliolis ovatis, floribus rubris, fructibus corymbosis laevibus, pedunculis hispidulis* (Seringe).

Icon. Seringe, mus. helv., tab. 1 ; Jacquin, fragm., tab. 106 ; Lindley, bot. reg , vol. 5, tab. 450.

Exs. Déséglise, herb. ros., n° 11.

Hab. Juin, juillet. Région des montagnes. — *France.* Puy-de-Dôme : Le Puy-de-Dôme (Lamotte) ; — Ain : la Faucille (Michalet, in herb. Grenier) ; — Doubs : Morteau, ruisseau des Saules (Grenier) ; — Hautes-Alpes : au Grand-Pra-Bessé, aux Lauzières canton de la Grave (Ozanon) ; — Isère · Saint-Eynard sur le chemin du Sappey et coteaux de Sassenage en allant à Saint-Nizier (Verlot) ; — Haute-Savoie : Reyvroz, Annecy (Puget), Le Salève ! — *Autriche.* Tyrol : Muliboden vallée de Gschnitz, Schwargan (Kerner). — *Espagne.* Pyrénées d'Aragon : vallée de Lessera (Timbal-Lagrave).

Ons. « Lapeyrouse a dans son herbier, sous le nom de *R. collina* Murr., « deux plantes : l'une d'elles à sépales entiers, caducs, est le *R. rubrifolia* « Vill., et l'autre le *R. sphaerica* Gren.»Clos, révis. herb. Lapeyr., p. 261.

129. **R. montana** Chaix, in Villars, fl. Dauph., I, p. 346; III, p. 547; Gmelin?, fl. Bad.-Als., IV, p. 565; Pers., l. c., p. 50; Tratt.?, l. c., p. 50; Murith, bot. val., p. 91; Mutel?, l. c., p. 346; Gonnet, l. c., p. 477; Gr. et Godr., l c., p. 558; Godet, l. c., p. 208; Reuter, l. c., p. 65; Déséglise, l. c., p. 92, extr., p. 52; Grenier, fl. Jura, p. 236; Verlot, l. c., p. 115; Fauconnet, herb. au Salève, p. 164; *R. Reynieri* Haller fil., in Römer,

arch., I, fasc. 2, p. 7; *R. rubrifolia montana* Gaudin, fl.
helv., III, p. 248; *R. rubrifolia glandulosa* Seringe, mus.
Helv., I, p. 12 et in DC., prod., II, p. 610 (excl. syn.
Bell.); *R. glandulosa* Déséglise, l. c., p. 91, extr., p. 51
(non Bell.); *R. Salaevensis* Verlot, l. c., p. 115 (non
Rapin); *R. longepedunculata* de la Soie in Christ, rosen der
Schw. (1873), p. 180; Cottet, l. c., p. 39; *R. Salaevensis
forma longepedunculata* Christ, l. c., ex exempl. auth.!;
R. sanguisorbifolia de la Soie !, l. c., p. 181 ex exempl.
auth.!; Cottet, l. c. (non Don); *R. Salaevensis* forma *san-
guisorbella* Christ, l. c.

Icon. Seringe, mus. Helv., pl. 2, f. 5 et 4, mala.

Exs. Schleicher, n° 55; Billot, n° 1184; Bourgeau, Alp.
de la Savoie, n° 77.

Hab. Juin, juillet. Région des montagnes. — *France* Hautes-Alpes.
Charrance, Rabou (Blanc), bois Mondet (Maillard), La Grave aux Lauzières
(Ozanon), Malacharre-sous-Aurouse près de Gap (Gariod); — Basses-Alpes :
Barcelonnette, au-dessus du col de Fours (Ozanon) ; — Isère : les Etages
près de Saint-Christophe-en-Oisans (Boullu) ; — Alpes-Maritimes : Amen
près de Puget et vallon de Libaré (Bornet) ; — Haute-Savoie : mont Salève
à la grande gorge ! — Savoie : Longefoy (Puget). — *Suisse.* Valais : Vercoring
(Christ), Crettaz-Gabioud (Puget), mont Clou à Bouvernier ! graviers de la
Drance près de Sembrancher ! Finshauts ! — *Italie* Saint-Rémi, vallée
d'Aoste !

Obs. I. Reichenbach indique ce rosier dans le Frioul ; il manquerait aux
Vosges (M. Godron ne cite pas le *R. montana* dans sa flore), au Jura, à
l'Auvergne, aux Pyrénées; Lapeyrouse l'indique dans cette dernière localité, mais M. Clos, dans la révision de l'herbier de Lapeyrouse, ne parle pas
de ce rosier; il manque aussi à l'Espagne.

Obs. II. C'est la phrase rapportée par Mutel, dans sa flore française, qui
m'avait fait admettre pour la même espèce deux noms différents : une
étude plus approfondie du *R. montana* m'a fait reconnaître mon erreur.
M. Verlot, dans son catalogue des plantes du Dauphiné, dit : « Quant à la

« plante décrite par Mutel sous le nom de *R. montana*, elle est très-diffé-
« rente de celle de Chaix ; si l'on en juge d'après l'échantillon de son
« herbier, c'est un Rosier pompon (*R. Remensis* DC., fl. fr., n° 5708)
« d'origine cultivée (car les fleurs sont doubles), qu'il a décrit, en ajoutant
« la phrase latine copiée sur l'étiquette du véritable *R. montana* donné
« par Chaix à Villars et conservé dans son herbier. Cette malencontreuse
« description, formée d'éléments divers, doit être considérée comme
« n'étant d'aucune valeur. Verlot, l. c., p. 115. »

Obs. III. Herbier de Willdenow, n° 9842. *R. montana* ; n° 9845.
R. Reynieri. « Dans ces numéros, les deux échantillons appartiennent
« identiquement à la même forme ! (*R. montana*) et cependant les deux
« diagnoses de Willdenow sont différentes. » (Crépin, l. c., fasc. 2, p. 75).

Obs. IV. J'ai reçu de M. l'abbé Boullu un rosier qui me semble différent
du *R. montana* Vill., mais n'ayant vu qu'un échantillon incomplet, je ne
puis rien affirmer. *R. Ravaudi* Boullu in litt. ! Arbrisseau de 2 à 5 mètres,
à rameaux grêles et inclinés, aiguillons faibles dilatés droits ; pétioles
inermes ou presque inermes, glabres ; 5-7 folioles ovales-aiguës, vertes en
dessus, glaucescentes en dessous, doublement dentées ; pédoncule et tube du
calice chargés de petites soies fines, blanchâtres, terminées par une glande ;
sépales couverts de glandes en des-ous ; fruit non parvenu à la maturité,
ovoïde, les sépales sont redressés et paraissent persistants ; styles peu
velus.

Hab. — Isère : Corençon près de Villard-de-Lans (Boullu).

150. **R. Salaevensis** Rapin, bull. de la Soc. Haller.
(1856), p. 178 et guide du cant. de Vaud (1862), p. 191 ;
Reuter, l. c., p. 64 ; Fourreau, l. c., p. 74.

Exs. Billot (suites), n° 5583.

Hab. Juin, juillet. Région des montagnes. — *France.* Haute-Savoie :
Mont Salève ! — Savoie : Mont Nivolet (Paris, Songeon).

Obs. La plante de La Grase aux Lauzières (Ozanon), appartient au
R. montana Vill. et non au *R. Salaevensis.* Quant aux indications de Le
Devez, Rabou, Briançon, localités citées par M. Verlot, cat., p. 115 et 394,
je n'ai pas vu d'échantillons et je doute jusqu'à présent que le *R. Salaevensis* existe dans le Dauphiné.

131. **R. Perrieri** Songeon, in Verlot, l. c., p. 115, sine descript.

Description établie sur les notes et échantillons communiqués par M. Songeon.

Arbrisseau élevé de 2 mètres à 2 mèt. 50 cent., *quelquefois fortement* aiguillonné à la base ou inerme, aiguillons presque droits, subulés, brusquement élargis à la base (Songeon, lettre du 9 décembre 1862); rameaux à écorce d'un pourpre vineux, les uns inermes, d'autres munis d'aiguillons droits, dilatés à la base en forme de disque; pétioles glabres, parsemés de glandes, aiguillonnés en dessous ou inermes; folioles 5-7, glabres, souvent lavées d'un rouge vineux en dessus, glauques en dessous, à nervure médiane portant à la base quelques glandes, *ordinairement doublement dentées* ou simplement dentées et quelques dents surchargées de dents accessoires; stipules larges, glabres, bordées de glandes, à oreillettes aiguës, divergentes; pédoncules solitaires ou réunis par 2-3, *plus ou moins chargés de soies fortes terminées par une glande*, bractées ovales, cuspidées, glabres, plus courtes que les pédoncules; tube du calice violacé, ovoïde, hispide-glanduleux à la base; divisions calicinales ovales, spatulées au sommet, *glanduleuses en dessous*, 2 entières à bord tomenteux, 3 pinnatifides à appendices étroits, saillantes sur le bouton, n'atteignant pas la corolle; styles velus, disque peu saillant; fleur d'un pourpre clair; fruit *rouge sanguin*, mûrissant de bonne heure dans la région subalpine, gros, *souvent penché par son propre poids*, ellipsoïde, couronné par les divisions calicinales persistantes.

Exs. Billot (suites), n° 5584.

H<small>AB</small>. Juin, juillet. Région des montagnes. — *France*. Savoie : forêt d'Apremont près de Chambéry, mont Nivolet (Songeon), mont Margeriaz (Paris). — *Italie*. Saint-Rémi, vallée d'Aoste !

152. R. Caballicensis Puget in Déséglise, Billotia (1865), p. 33 ; l. c., p. 394 ; Cottet, l. c., p. 39.

Exs. Déséglise, herb. ros., nᵒˢ 16 et 16bis; Billot (suites), nᵒ 3582.

H<small>AB</small>. Juin, juillet. Région des montagnes. — *France*. Haute-Savoie : Habère-Lullin, Habère-Poche, Reyvroz, les Voirons (Puget) ; — Savoie : Saint-Marcel près de Moutiers, mont Cenis (Puget) ; — Hautes-Alpes : Chaudun près de Gap (Verlot, catal.). — *Suisse*. Valais : Grüben près de Zermatt (Lagger).

153. R. Gorenkensis Besser ; Desportes, l. c., p. 10.
Voici la description que j'ai établie sur les deux échantillons conservés dans l'herbier DC.

Arbrisseau.......; ramuscules inermes, à écorce verdâtre sur le spécimen en fleur, purpurine sur celui en fruit ; pétioles inermes, tomenteux, portant quelques rares glandes fines ; folioles 5-7, grandes, elliptiques, glabres (d'un vert glaucescent sur le sec) en dessus, velues en dessous, à nervures très-saillantes, irrégulièrement dentées, à dents grandes et quelques-unes accompagnées d'une dent accessoire, ciliées aux bords dans le ramuscule florifère et dépourvues de cils dans celui en fruit ; stipules larges, glabres, oreillettes aiguës, dressées, un peu denticulées au sommet ; pédoncules glabres ou faiblement hispides ; bractées larges, glabres, égalant les pédoncules ; tube du calice glabre, globuleux ; divisions calicinales longues, spatulées au sommet, hispides, glanduleuses en dessous, entières, ou des extérieures portant 1-2 petits appendices courts, filiformes ; styles libres, velus ; disque plan ; fleur......; fruit à la maturité rouge, globuleux, les divisions calicinales existent sur un fruit, l'autre trop avancé est écrasé.

H_{AB}. — Circa Gorinki (Besser, 1824, in herb. DC.).

154. R. oplisthes Boissier, fl. Orient., vol. II, p. 674.

H_{AB}. — Caucase oriental ; Daghestan et le mont Borbalo (Ruprecht, in herb. Boissier).

155. R. falcata Puget, in Déséglise, descript. de qq. esp. nouv. du gen. rosa, mém. soc. Acad. de M.-et-Loire, XXVIII (1873), p. 106, extr., p. 10; Fourreau, l. c., p. 74; *R. imponens* Ripart !; Cottet, l. c., p. 39, sine descript.

H_{AB}. Juin. Région des montagnes. — *France*. Rhône : Chaponost (Boullu); — Haute-Savoie : Habère-Lullin, haies près les chalets de la Clappaz (Puget); — Hautes-Alpes : Saint-Laurent-du-Cros près de Gap (Burle). — *Suisse*. Valais : Bovernier (de la Soie) ; — Cant. de Fribourg : Montbovon ! Paribaz !

O_{BS}. M. Ripart, dans sa lettre du 28 février 1873, me dit relativement à son *R. imponens :* « C'est un *R. Reuteri* à fruit ovale, allongé-elliptique, très « gros et à sépales persistant jusqu'à la maturité du fruit; vous m'avez « donné un exemplaire de M. l'abbé Puget, n° 1079, que vous pouvez regar- « der comme un typo de cette espèce. » Ce numéro de mon herbier dont parle M. Ripart est justement le type du *R. falcata* Puget! que j'ai reçu de M. Puget et que j'ai distribué autrefois sous le nom de *R. Reuteri forma ?*, d'où je conclus que *R. imponens* Rip. est la même chose que le *R. falcata* Puget. Le *R. imponens* Rip., ayant toujours été cité sans une description, c'est le nom de M. Puget qui a la priorité. Dans ma description de 1873, il faut exclure Déségl., herb. ros.. n° 60.

156. R. Ilseana Crépin, primit. monog. ros. (1866), fasc. 1, p. 113.

H_{AB}. — *Hongrie*. Hradek dans la vallée du Waag.

157. R. glauca Villars ap Lois., not. pl. ajout. fl. Fr., in Desv., journ. bot. (1809), II, p. 336 et ap. Lois., l. c.

extr. (1810), p. 80 (non Desf. cujus planta ad *R. rubri-foliam* spectat); Poiret, dict. encycl., sup. IV (1816), p. 716; Tratt., l. c., II (1823), p. 223; *R. Vosagiaca* (*Vosegiaca*) Desportes, ros. gall., (1828), p. 88 ; Déséglise, in the journ. of botany for March, 1874, extr. p. 3; *R. canina* var. *glauca* Desvaux, l. c. (1813), II, p. 116; *R. rubrifolia* var. *pinnatifida* Seringe, mus. helv. (1818), fasc. 1, p. 11 et in DC., prod., II (1825), p. 610; Duby, l. c., p. 177; *R. rubrifolia* var. *Reuteri* Godet!, fl. Jura (1855), p. 218; *R. Reuteri* Godet ! in Reuter, cat. Genève (1861), p. 68 ; Déséglise, essai monog. in mém. soc. Acad. de M.-et-Loire (1861), X, p. 99, extr., p. 59; Grenier, fl. jur. (1864), p. 238 *part.;* Cariot, étud. des fleurs (1865), II, p. 175 ; Fourreau, cat. pl. du cours du Rhône (1869), p. 74; Verlot, l. c. (1872), p. 115; *R. monticola* a *Reuteri* Rapin, guide cant. de Vaud (1862), p. 194 ; *R. alpiphila* Arvet-Touvet!, ess. sur les pl. du Dauphiné (1871), p. 27 ex exempl. auth.!; *R. montana germinibus glabris* Schleicher, cat. (1815), p. 46.

Icon. Seringe, l. c., pl. 2, f. 2.

Exs. Déséglise, herb. ros., n° 60; Billot (suites), n° 3581, et 3581bis; ce n° bis est un très-mauvais échantillon distribué sous le nom de var. *foliis biserratis;* ce que nous avons reçu a les feuilles simplement dentées.

Hab. Juin, juillet. Région des montagnes. — *Angleterre.* Lancashire : Sephton (Webb). — *Belgique.* Indiqué dans les montagnes boisées du Limbourg par Lejeune (revue de la flore de Spa) ; nous n'avons pas vu la plante belge. — *France.* Vosges : Champ du feu (Mougeot, 1814, in herb. DC. ! sub. nom. *R. glaucae* Villars), ballon de Saint-Maurice, Vagney (Pierrat), Gérardmer ! — Puy-de-Dôme : Mont d'or, Saint-Nectaire (Lamy),

Fontanat près de Clermont ! — Jura : Salins, mont Poupet ! — Doubs : Pontarlier à la Cluse ! — Isère : Chamechaude (Verlot), la Salette (Ozanon); — Lozère : Mende (Prost, 1815, in herb. DC.) ; — Pyrénées-Orientales (Coder, 1814, in herb. DC) ; — Rhône : Francheville (Boullu) ; — Basses-Alpes : Saint-Paul-de-Vars (Arvet-Touvet) ; — Hautes-Alpes : La Grave (Ozanon), mont Bayard (Gariod); — Savoie : montagne des Chaires (Perrier), mont Joigny, mont Nivolet (Songeon) ; — Haute-Savoie : Reyvroz, Habère-Lullin (Puget), mont Salève (Rapin). — *Suisse*. Cant. de Fribourg: la Tine près de Montbovon ! — Valais : Bovernier ! Salvan ! la Forclaz ! — cant. de Berne : Adelboden au fond du Simenthal (Seringe, 1815, in herb. DC.) ; — indiqué par M. Christ, *die rosen der Schweiz*, dans les cantons de Vaud, Neuchâtel, Schaffhouse. — *Autriche*. Tyrol : Saint-Martin près de Hall, Mieders vallée de Stubai, Schwarzan (Kerner). — *Prusse*. Harz (Wallroth, 1854, in herb. DC.), Schlosswald (Garke, in herb. de Königsberg), Kupyker Wald (Sanio, herb. de Königsberg). — *Espagne*. Pyrénées d'Aragon : vallée de Lessera (Timbal-Lagrave).

Obs. Je crois devoir donner ici la copie des observations que j'ai publiées en mars 1874 dans le Journal botanique de Londres sur le *R. Vogesiaca* Desportes.

1809. — Il est parlé pour la première fois du *R. glauca* Villars, par Loiseleur-Deslonchamps, en 1809, dans sa *notice sur les plantes à ajouter à la flore de France*, éditée par Desvaux dans son journal botanique et dont le tirage à part a paru en 1810. « *R. glauca* Villars, inédit. « R. germinibus ovatis pedunculisque glabris, calycinis laciniis pinna- « tifidis, foliolis ovatis glaucis, aculeis sparsis. Ce rosier croît dans les « montagnes des Vosges ; il m'a été communiqué par M. Mougeot. »

1815. — Desvaux, l. c., série 2, II, p. 116, *disposition méthodique des espèces de rosiers naturels au sol de la France*, croit devoir réunir cette plante au *R. canina* et en fait sa variété « *glauca* », R. glauca Vill. (non Desfont.) ; le *R. glauca* Desfont. est de 1808 et correspond au *R. rubrifolia* Villars.

1815. — De Candolle, *flore française*, V, p. 558, dit : « Sous le nom de « *R. canina*, je comprends tous les rosiers à fruit ovoïde, glabre ainsi que « le pédoncule ; à folioles glabres, simplement dentées en scie ; à tiges et « pétioles munis d'aiguillons crochus, à styles libres, à fleurs variant du « rose vif au rose le plus pâle ; quoique ce caractère exclue plusieurs des « variétés réunies à cette espèce par divers auteurs, il en reste encore un « nombre très-considérable, et parmi lesquelles il se trouvera probable-

« ment quelques espèces dignes d'être admises : le *R. glauca* Vill.,in Lois.,
« not., p. 80, remarquable par son feuillage glauque et le rose vif de ses
« fleurs, paraît être de ce nombre. »

1820. — Lindley, *monograph of roses*, admet en synonyme avec un point de doute le *R. glauca* Vill., à son *R. canina*.

1823. — Trattinnick, *monographia rosacearum*, place le *R. glauca* Vill., dans sa série des species minus cognitae.

1825. — Seringe, in DC., *prod.*, admet au *R. rubrifolia*, une variété *pinnatifida* qui est le *R. glauca* Vill. !

Seringe, en décrivant le genre *rosa* pour le prodromus, ne fait aucune mention du *R. glauca* Vill., pas même comme synonyme ! Il y a lieu de s'étonner d'un tel oubli de sa part, puisque la plante a été décrite en 1809, et que l'herbier DC. possédait le type depuis 1814 ! Le volume du prodromus date de 1825. Libre à Seringe de ne pas admettre le *R. glauca* Vill. comme espèce distincte, mais il était juste de le mentionner en synonyme, surtout dans un livre qui passe pour enregistrer tous les faits connus !

1828. — Duby, *bot. gall.*, copie Seringe.

1828. — Desportes, *rosetum gallicum*, voyant que le *R. glauca* Villars, n'était pas celui décrit en 1808 par Desfontaines, lui donne le nom de *R. Vosagiaca* Desp. (1), *R. glauca* Vill., in Lois., not., p. 80.

1834. — Mutel, *flore française*, ne fait aucune mention du *R. glauca* Vill., dont il semble ignorer l'existence.

1843. — M. Godron, *flore de Lorraine*, dans la seconde édition, ne parle nullement de ce rosier ; cependant l'herbier de Mougeot était à sa portée. Il y a lieu de s'étonner d'un tel oubli, l'espèce de Villars ayant pris naissance dans les Vosges !

1847. — Gonnet, *flore élémentaire de la France*, ne fait aucune mention de ce rosier.

1848. — MM. Grenier et Godron, *flore de France*, ne connaissaient sans doute pas ce rosier ?

1852. — Kirschleger, *flore d'Alsace*, ne dit rien du *R. glauca* Vill.; il semble ignorer ce qui a été publié 40 ans avant lui !

1853. — Apparaît, dans la *flore du Jura* de M. Godet, un *R. rubrifolia* β *Reuteri*, qui n'est pas autre chose que la variété *pinnatifida* Seringe.

---

(1) Il y a certainement une faute de typographie, car c'est Vogesiaca qu'il faut écrire.

1861. — Reuter, *catologue de Genève*; la variété établie par M. Godet, dans sa flore du Jura, p. 218, se change en espèce distincte dans le catalogue de Reuter et prend le nom de *R. Reuteri* Godet.

1861. — Nous même, dans notre *essai sur les Rosiers*, nous avons admis le *R. Reuteri*; mais nous gardions un doute sur cette espèce de nouvelle création, qui nous semblait devoir être décrite depuis longtemps, à cause de son abondance dans la région montagnarde où elle végète ; il nous paraissait assez étrange que cette forme marquante n'eût pas attiré l'attention des anciens monographes. En 1855, herborisant dans les Vosges avec feu Billot, nous récoltâmes ce rosier qui fut placé dans notre herbier sous le nom de *R. Vogesiaca* Desp., détermination que notre savant maître, M. Boreau, avait bien voulu nous communiquer en 1854.

1864. — M. Grenier, qui dans sa *flore de France* n'admet que 25 espèces de rosiers, donne dans sa flore jurassique, pour le Jura seulement, l'énumération de 46 types dont six sont de sa création. Il admet sans rien consulter du passé le *R. Reuteri* comme une nouveauté pour la flore française, mais, hélas ! qui avait été décrite 52 ans avant lui !

1871. — M. Arvet-Touvet, *essai sur les pl. du Dauphiné*, décrit comme espèce nouvelle, sous le nom de *R. alpiphila*, le *R. Vogesiaca* Desp., réédité en 1861 sous le nom de *R. Reuteri*.

R. glauca Desf. . . 1808 = *R. rubrifolia* Vill., 1789.
     »   Vill. . . 1809 = *R. Vosagiaca* Desp., 1828.
     »   Dierb . . 1818 = *R. repens* Scop., 1772.
     »   Schott. . 1822 = *R. Schottiana* Ser., 1825 (sub. *R. canina* var.).
R. Reuteri God. . 1861 = *R. Vosagiaca* Desp., 1828.
R. alpiphila Ar.-T. 1871 =   id.

Le 5 avril 1874, M. Grenier me fit parvenir les notes suivantes sur le *R. glauca* Vill.

« Lorsqu'en 1809, Villars donna à cette plante le nom spécifique de
« *glauca*, ce nom avait déjà été appliqué à d'autres espèces, mais à des
« espèces antérieurement dénommées. Ce nom était donc par le fait disponible, et Villars a pu l'employer légitimement pour désigner une espèce
« nouvelle. Ainsi Pourret, en 1788, Desfontaines, en 1804, et après eux
« Jaume-Saint-Hilaire ont imposé ce nom au *R. ferruginea* Villars (1779),
« lequel ne diffère pas du *R. rubrifolia* Villars (1789). — Postérieurement
« à 1809, Dierbach, dans son fl. heidelb., II, p. 140 (1819), a substitué le nom
« de *R. glauca* à celui de *R. arvensis* L.; Schot, d'après Besser, enum. Pod.
« et Volh., p. 64 (1822), a donné ce nom à une forme du *R. canina*, etc. On

« voit d'après cela que le nom créé par Villars a réellement la priorité, et
« qu'il doit être conservé, à la condition toutefois qu'on reprendra, pour
« le *R. rubrifolia* Vill., le nom plus ancien de *R. ferruginea* Vill. (1779). »

« Veuillez remarquer que le *R. glauca* n'est pas de Desfontaines, et de
« plus que le catalogue dans lequel cette dénomination a paru est de 1804
« et non de 1808. Le *R. glauca*, invoqué par Desfontaines pour remplacer le
« *R. rubrifolia* Vill., est de Pourret, et ce nom de Pourret est antérieur à
« celui de *R. rubrifolia* Vill.; jusque là Desfontaines avait raison, mais il
« nous faut aller jusqu'au bout. Or voici la synonymie du *R. rubrifolia*
« Villars. »

« *R. ferrugiana* Villars, prosp. (1779), p. 46; *R. glauca* Pourret, chlor.
« Narb., in act. Acad. Toul. (1788), III, p. 526 et herb. ; Desfont., catal.
« (1804), p. 175 (non Villars); *R. rubrifolia* Villars, fl. Dauph. (1789), III,
« p. 549. »

« OBS. En 1779, dans son prospectus, Villars donne à cette plante le nom
« de *R. ferruginea*, faisant ainsi allusion à la teinte rembrunie qu'elle
« prend souvent. Neuf ans plus tard, Pourret, qui n'avait sans doute pas
« connu la publication de Villars, imposait à cette même plante le nom de
« *R. glauca* (1788). L'année suivante (1789), Villars à qui la publication de
« Pourret était probablement restée inconnue, trouvant que le nom de
« *R. rubrifolia* rappelait mieux la couleur de ce rosier, crut pouvoir
« substituer ce dernier nom à celui de *ferruginea* qu'il avait proposé
« d'abord. Mais alors Villars n'était plus maître de son espèce; il ne pouvait
« pas plus en changer le nom que Pourret, qui, l'année auparavant, lui
« avait à tort donné le nom de *R. glauca*, car si Villars avait du renoncer
« à son nom princeps, il aurait été condamné à adopter celui de Pourret
« et très certainement telle n'était pas son intention. »

« On comprend ainsi comment Desfontaines, en ne tenant pas compte du
« premier nom créé par Villars, a été conduit à remplacer le *R. rubrifolia*
« Vill. (1789), par le *R. glauca* Pourr. (1788). Seulement Desfontaines, en
« ne signalant pas Pourret comme auteur de ce dernier nom, a pu laisser
« involontairement croire qu'il était l'auteur du *R. glauca*. »

Grenier, lettre du 3 avril 1874.

138. R. complicata Grenier, fl. jur. (1864), p. 239;
Cottet, énum. des roses du Valais, in bull. de la Soc.
Murith. (1874), fasc. 3, p. 39; *R. Reuteri* var. *intermedia*
Grenier, l. c.; *R. inclinata* Kerner, oest. bot. Zeitschrift,

n° 11 (1869), extr. p. 2; Crépin, primit. monog. ros. fasc. I (1869), p. 111; *R. Reuteri* var. b. Reuter, cat. de Genève (1861), p. 68; *R. pennina* de la Soie, in Cottet, l. c.

Exs. Déséglise, herb. ros., n° 64.

H_{AB}. Juin, juillet. Région des montagnes. — *Suède.* Carlshaum (Scheutz). — *Angleterre.* Yorkshire : près de Ried Swaledale ; — Northumberland : haies près de Seaton Delaval (Baker). — *France.* Puy-de-Dôme : mont Dore (Lamy) ; — Doubs : route du fort de Joux à Pontarlier (Grenier); — Haute-Loire : Ceyssac près le Puy (Boullu) ; — Haute-Savoie : Reyvroz, Habère-Poche, Habère-Lullin (Puget). — *Suisse.* Cant. de Fribourg : la Cernaz près de Monthovon ! — Valais : Mont Clou à Bovernier ! — *Autriche.* Tyrol : Mieders, vallée de Stubai ; Steinach, in valle fluvii Sill ; mont Schlern près de Alzwang ; Kranabitten près d'Onipontem ; Ziel (Kerner). — *Allemagne.* Bade : Kaisersthal (Christ).

139. **R. intricata** Grenier, fl. jur. (1864), p. 239; *R. transiens* Kerner ! oestr. bot. Zeitschreift (1870), n° 1; *R. Reuteri* var. *transiens* Gren., l. c.; Christ, die rosen der Schw., p. 170; *R. Rhoetica* Kerner ! in litt.

Caractères généraux du *R. glauca* Vill., dont il diffère par ses pétioles peu ou pas glanduleux, ses pédoncules munis de quelques soies glanduleuses ainsi que le fruit ; les folioles sont aussi simplement dentées.

H_{AB}. Juin, juillet. Région des montagnes. — *Suède.* Halland : Getinge (Scheutz). — *France.* Cantal : Murat (Clisson); — Doubs : Pontarlier (Grenier); — Saône-et-Loire : Châlon-sur-Saône (Ozanon); — Ardèche : la Louvese (Boullu); — Isère : La Ferrière d'Allevard (Boullu) ; — Haute-Loire : Ceyssac près le Puy-en-Velay (Boullu); — Haute-Savoie : Habère-Poche (Puget). — *Autriche.* Tyrol : Calvarienberg vallée de Gschnitz, Mulihoden près de Trins, Saint-Leonhard vallée de Hernberg près de Brenner, Mieders Vallée de Stubai (Kerner).

140. **R. fugax** Grenier, fl. jura. (1864), p. 239; *R. Delasoiei* Lag. et Pug., in Cottet, l. c., *sine descript.;*

R. discreta Ripart, in Crépin, l. c., p. 16, sine descript.; Cottet, l. c.; *R. Sambrancheriana* de la Soie, in Cottet, l. c., sine descript.; *R. Reuteri* var. *adenophora* Grenier, l. c.

Exs. Déséglise, herb. ros., n° 15 et 15bis.

Il diffère du *R. glauca* Vill. par ses pétioles glanduleux, ses folioles doublement dentées, ses pédoncules et fruits munis de quelques soies glanduleuses. — Il diffère du *R. complicata* par ses pédoncules et le fruit portant quelques soies. — Il diffère du *R. intricata* par ses folioles doublement dentées.

Hᴀʙ. Juin, juillet. Région des montagnes. — *Angleterre.* Carnarvonshire près le pont de Menai (Webb).—*France.* Doubs : Pontarlier (Grenier); — Hautes-Pyrénées : Cirque de Gavarnie (Ripart); — Pyrénées-Orient. : Montlouis (Ripart); — Hautes-Alpes : Villard d'Arène (Ozamon); — Haute-Savoie : Habère-Lullin, Habère-Poche (Puget). — *Suisse.* Vallais : Crettaz vallée d'Entremont, Bovermer (de la Soie), Mont Clou ! — Cant. de Fribourg : les Cases d'Allières près de Montbovon ! — *Autriche.* Tyrol : Brenner, Roveredo ; Boomgarten, vallée du Danube (Kerner).

141. R. venosa Swartz, in Spreng., syst., II, p. 554; Besser, enum. Volh. et Pod., p. 64; Seringe, in DC., prod., II, p. 625; *R. celsicola* Arvet-Touvet, essai sur les pl. Dauph. (1871), p. 27.

« Germinibus ovatis pedunculisque glabris, laciniis caly-
« cibus elongatis subincisis margine tomentosis, aculeis
« ramorum sparsis validis recurvis, petiolis inermibus
« foliolisque duplicato-serratis venosis, subtus glaberrimis
« glaucescentibus. Succia » (Sprengel).

La plante que nous avons en vue diffère de cette diagnose par les pétioles, dont les uns sont inermes (le plus grand nombre), d'autres sont faiblement aiguillonnés ; les divisions calicinales sont aussi plus que *subincisis ;* le caractère des folioles convient parfaitement.

Hᴀʙ. Juin, juillet. Broussailles des montagnes. — *France*. Vosges : Saulxures, Cornimont (Pierrat), Liezey, sur le chemin entre la forêt et le presbytère *ubi eam legi* 17 sept. 1853 ! — Rhône : Tassin ? (Boullu) ; — Isèse : forêt de Porte, derrière Chamechaude (Verlot), Villard-de-Lans (Boullu) ; — Hautes-Alpes : Lautaret (Arvet-Touvet) ; — Savoie : mont Joigny près de Chambéry (Songeon). — *Suisse*. Jura de Bâle (Christ). — *Prusse*. Harz (Wallroth, 1834, in herb. DC.). — *Italie*. Sicile : Madonie (Todaro, reçu sous le faux nom de *R. montana*).

142. R. Crepiniana Déséglise, in Baker, rev. brit. ros. (1864), p. 28; Du Mort., monog. des ros. de la fl. Belge (1867), p. 62; *R. nuda* Woods? l. c., p. 205; Tratt.? l. c., II, p. 23 ; *R. forme étrange* Crépin, not. 2, p. 57.

Exs. Baker, n° 15?, n° 21, n° 22.

Hᴀʙ. Juin. Haies. — *Angleterre*, Yorkshire : Kilvington, Thirsk, Sowerby, Maunby, Earsden ? (Baker). — *Belgique*. Province de Namur : Haw-sur-Lesse (Crépin).

143. R. subcristata Baker, review of the British roses (1864), p. 29; *R. tomentosa* var γ. Woods, l. c., p. 197 et herb., n° 41; *R. canina* var. *subcristata* Baker, monog. of Brit. ros. (1870), in Linn. Society's journ., XI, p. 234, excl. syn. Gren. et Déségl.; *R. Caledoniae* Borrer ex Baker.

Exs. Baker, herb. ros. brit., n° 23.

Hᴀʙ. Juin. Haies. — *Angleterre*. Yorkshire : Thirsk, Westerdale, (Baker) ; — Sussex : Dumbarton (Hailstone) ; — Cheshire : Kirby. — *Écosse*. Argyleshire : Glencroe (Hailstone); — Perthshire : Earn (Hailstone).

144. R. alpestris Rapin, in Reuter, cat. Genève (1861), p. 68; Grenier, fl. jur., p. 235; *R. monticola* b. *alpestris* Rapin, guide cant. Vaud (1862), p. 194.

Hᴀʙ. Juillet. Région des montagnes. — *France*. Haute-Savoie : le Salève. — *Suisse*. Valais : Barberine (Boullu) ; — cant. de Fribourg : Bonnondon (Rapin).

145. R. Hibernica Smith, engl. fl., II, p. 393; Woods, l. c., p. 222 et herb. n° 107; Lindley, l. c., p. 82; Tratt., l. c., I, p. 128; Seringe, in DC., prod., II, p. 617; de Pronv., l. c., p. 85; Desportes, l. c., p. 79; Rchb., l. c., II, p. 614; Hooker, brit. fl., p. 228; Baker, rev. of Brit. ros., p. 9 et monog. of Brit. ros., p. 209.

Iᴄᴏɴ. Engl. Bot., tab. 2196 et third ed., tab. 463.

Hᴀʙ. Juin. Haies. — *Angleterre*. Cheshire : Great Meots (Webb). — *Irlande* (Smith).

Var. **glabra** Baker, herb. ros. brit., n° 4.

Yorkshire : près de Newton dans le Cleveland (Baker); — Cheshire : Great Meols (Webb).

« Discovered in the counties of Derry and Down, particularly near « Belfast harbour, by M. Templeton, who, in consequence of its being « judged a new irish plant, received from a society at Dublin, « exemplo « raro et inaudito, » a premium of 50 pounds sterling. This gentleman « has many more claims to botanical distinction. » Smith, engl. flora, vol. 2, p. 393.

146. R. Schultzii Ripart, in Schultz, arch. de la flore de Fr. et d'Allem. (1852), p. 254; Boreau, fl. cent., éd. 3, n° 845; Déséglise, l. c., p. 105 et extr, p. 65.

Exs. Schultz, herb. norm., n° 43; Déséglise, herb. ros., n° 47.

Hᴀʙ. Mai, juin. Haies. — *France*. Cher : les vallées à la Chapelle-saint-Urlin (Tourangin), Bourges, haies des Vignes d'Auron (Ripart), Bourges près de Saint-Lazare! Vignes d'Asnières où j'ai récolté ce rosier en magnifique état de fructification le 30 juin 1858. — *Suisse*. Cant. de Fribourg : la Tine près de Montbovon!

Sect. XII. — **Caninae**.

DC., in Seringe, mus. Helv. (1818), I, p. 3; Lindley, monog. ros. (1820), p. 97, *part.*; Besser, enum. Podol. et Volh. (1822), p. 60, excl. *R. venosa* Sw., *R. terebenthina- cea* Besser; de Pronv., monog. genre ros. (1824), p. 97, *part.*; Seringe, in DC., prod. (1825), II, p. 611, *part.*; Duby, bot. gall. (1828), I, p. 177, *part.*; Rchb., fl. excurs. (1830-32), II, p. 629, excl. *R. rubrifolia*; Lorey et Duret, fl. Côte-d'Or (1831), I, p. 307, *part.*; Koch, syn. (1843), p. 250, *part.*; Déséglise, ess. monog., in mèm. de la Soc. Acad. de M.-et-Loire, X (1861), p. 52, extr., p. 12, et in the Naturalist (1865), n° 20, p. 311; Grenier, fl. jur. (1864), p. 257, *part.*; Reuter, cat. de Genève (1861), p. 69, excl. *R. stylosa*; Cariot, étud. des fleurs (1865), II, p. 176; Fourreau, catal. pl. du cours du Rhône (1869), p. 74; Crépin, primit. monog. ros. (1869), fasc. I, p. 17, *excl. subd.* G) *tomentellae*, H) *scabratae*; *Diastylae* trib. *campylacanthae* Godet, fl. Jura (1853), a) *pubescenti-tomentosae*, c) *nudae aut subnudae*, p. 204.

Clef dichotomique des subdivisions de la section Caninae.

1.	Feuilles glabres sur les deux faces	2.
	Feuilles plus ou moins pubescentes sur les deux faces ou seulement velues sur les nervures . .	4.
2.	Pétioles glabres ou à peu près, pédoncule et tube du calice hispides-glanduleux, feuilles simple- ment ou doublement dentées	*Hispidae.*
	Pétioles glabres, pédoncule et tube du calice lisses.	3.
3.	Folioles simplement dentées	*Nudae.*
	Folioles doublement dentées.	*Biserratae.*
4.	Pédoncule et tube du calice glabres.	*Pubescentae.*
	Pédoncule et tube du calice hispides-glanduleux .	*Collinae.*

A) **Nudae** Déséglise, different met. proposed for the class. of the spec. of the genus *Rosa*, in the naturalist (1864), n° 20, p. 311, *part.;* A) *lutetianae* et B) *transitoriae* Crépin, l. c.; Cottet, énum. des ros. du Valais (1874), in bull. de la Soc. Murith., fasc. III, p. 39 et p. 40.

Pétioles glabres ou à peu près, folioles simplement dentées, glabres, dépourvues de glandes et de villosité sur les nervures, pédoncule et fruit glabres.

1.	Styles glabres.	2.
	Styles hérissés ou velus	5.
2.	Petit arbrisseau à rameaux très-allongés . .	3.
	Arbrisseau à rameaux flexueux, folioles petites, mucronées, fleur rose.	*mucronulata.*
3.	Aiguillons droits, folioles ovales, vertes, fleur rose.	*macroacantha.*
	Aiguillons inclinés ou courbés en faulx . .	4.
4.	Folioles d'un vert sombre, assez espacées sur le pétiole, fleur blanche, assez grande . .	*flexibilis.*
	Arbrisseau à rameaux très-florifères, folioles d'un vert jaunâtre, fleur d'un blanc pur, onglet jaunâtre.	*albo-lutescens* obs.
5.	Styles hérissés, fleur rose ou blanche . . .	6.
	Styles assez longs, velus, fleur blanche, onglet jaunâtre	*syntrichostyla.*
6.	Tube du calice et fruit globuleux	7.
	Tube du calice et fruit ovoïde ou oblong . .	11.
7.	Folioles petites	8.
	Folioles assez larges	9.
8.	Folioles ovales-arrondies, fleur petite, blanche	*Amansii.*
	Folioles-ovales cuspidées, fleur petite, d'un blanc lavé de rose.	*aciphylla.*
9.	Arbrisseau bas et touffu, folioles ovales un peu acuminées, styles légèrement hérissés . .	*globularis.*
	Arbrisseau droit, non touffu.	10.

<table>
<tr><td>10.</td><td>Rameaux purpurins, folioles ovales-oblongues ou arrondies, d'un vert sombre, la nervure médiane souvent rougeâtre, styles hérissés.</td><td>montivaga.</td></tr>
<tr><td></td><td>Rameaux verts, folioles ovales-aiguës, d'un vert clair, styles hérissés en faisceau court.</td><td>sphaerica.</td></tr>
<tr><td>11.</td><td>Folioles ovales, fruit ovoïde . . . . . .</td><td>12.</td></tr>
<tr><td></td><td>Folioles orbiculaires, fruit gros, oblong-allongé</td><td>Touranginiana.</td></tr>
<tr><td>12.</td><td>Folioles petites . . . .</td><td>13.</td></tr>
<tr><td></td><td>Folioles assez larges . . . .</td><td>16.</td></tr>
<tr><td>13.</td><td>Rameaux courts, terminés par une touffe de folioles qui semblent sortir du même point, folioles ovales cuspidées, fleur rose carné .</td><td>senticosa.</td></tr>
<tr><td></td><td>Rameaux non terminés par une touffe de folioles . . . .</td><td>14.</td></tr>
<tr><td>14.</td><td>Rameaux floraux courts, presque inermes, folioles ovales-arrondies, fleur rose pâle. .</td><td>ramosissima.</td></tr>
<tr><td></td><td>Rameaux floraux plus ou moins allongés, aiguillonnés . . . .</td><td>15.</td></tr>
<tr><td>15.</td><td>Tiges florales et stériles chargées de nombreux aiguillons, folioles ovales, fruit petit, ovoïde</td><td>horridula obs.</td></tr>
<tr><td></td><td>Tiges florales et stériles non chargées de nombreux aiguillons, folioles rétrécies aux deux extrémités . . . .</td><td>oxyphylla obs.</td></tr>
<tr><td>16.</td><td>Pétioles parsemés de quelques poils . . .</td><td>17.</td></tr>
<tr><td></td><td>Pétioles glabres . . . .</td><td>19.</td></tr>
<tr><td>17.</td><td>Rameaux purpurins, folioles ovales-aiguës, fleur grande, d'un rose clair, styles faiblement hérissés . . . .</td><td>spuria,</td></tr>
<tr><td></td><td>Rameaux non purpurins . . . . . .</td><td>18.</td></tr>
<tr><td>18.</td><td>Folioles vertes . . . .</td><td>fallens.</td></tr>
<tr><td></td><td>Folioles glauques . . . .</td><td>glaucescens.</td></tr>
<tr><td>19.</td><td>Folioles très-luisantes . . . .</td><td>nitens.</td></tr>
<tr><td></td><td>Folioles d'un vert mat . . . .</td><td>canina.</td></tr>
</table>

147. **R. canina** L., sp., 704; *R. sepium* Lam., fl. fr., (1795), III, p. 129 (non Thuill.); *R. Lutetiana* Leman, bull. Philom. (1818), extr., p. 9, n° 3; *R. Swartziana* Fries, nov., 34? Seringe, in DC., prod?, II, p. 615;

R. fallax Puget, in Déségl., herb. ros., n° 60, *sine descript.; R. finitima* Déséglise, *ad amic.;* Cottet, l. c., p. 39, sine descript.

Icon. Roessig, die rosen, tab. 21 et tab. 29; Redouté, les roses (1824), livrais. 28, A.; Flora Danica, IV, tab. 555; X, tab. 1695; Swensk, bot., I, tab. 29, VIII, tab. 541; Engl. bot., tab. 2611 et third edit., pl. 474.

Exs. Seringe, ros. desséch., n° 9; Fries, herb. norm., fasc. VI, n° 41?, fasc. VIII, n° 45 part.; Billot, n° 2259; Déséglise, herb. ros., n° 12 et n° 60; Baker, herb. ros. brit., n° 12; Wirtgen, plant. critiq., n° 74, n° 466; Aucher-Eloy, n° 1431bis; Kotschy, n° 257, n° 727? Ce dernier n° présente un caractère singulier dans l'incurvation du sommet des rameaux florifères, probablement un état anormal?; de Heldreich, n° 2616? n° 2680?; Orphanides, n° 2711? tige et rameaux florifères inermes! probablement une espèce distincte du *R. canina*, mais il est difficile de se prononcer sur un échantillon incomplet.

Hab. Mai, juin. Haies, broussailles, bois. — Espèce vulgaire en Europe. Je possède en herbier des échantillons de la Suède de la Belgique, d'Angleterre, de France, de la Suisse, de l'Autriche, de l'Allemagne, de l'Espagne, de la Turquie d'Europe. J'ai aussi ce rosier d'*Afrique.* — Algérie : Tlemcen (Munby). — Trattinnick dit : *in omni Europa* et in Asia boreali.

Obs. I. D'après Loiseleur-Deslonchamps, le rosier doit son nom spécifique à la prétendue propriété que les anciens attribuaient à sa racine. Pline en parle comme d'un spécifique contre la rage ; cette vertu miraculeuse fut, selon lui, révélée en songe à une mère dont le fils avait été mordu par un chien et l'emploi de ce remède guérit le malade.

Obs. II. Fries, herb. norm., fasc. VIII, n° 45; *R. canina* var. *opaca* Fries, nov. — Sous ce numéro, représenté par deux échantillons en fleurs, *il y a certainement* une confusion et je doute que ces deux échantillons aient été pris sur le même buisson ? Celui du bas a les feuilles simplement dentées, ovales-elliptiques ou ovales, les pétioles glabres, inermes, les styles hérissés : c'est tout simplement le *R. canina* Lin. L'échantillon supérieur a les folioles, les unes ovales-aiguës, les autres arrondies, DOUBLEMENT dentées, les pétioles pubérulents, aiguillonnés, les styles très-velus : *R. dumalis* Bechst ?

Ces mélanges sont regrettables, surtout quand ils viennent de la part d'un botaniste aussi éminent que M. E. Fries. J'ai vu la même confusion dans trois exemplaires de l'herbier normal de Fries !

Obs. III. J'ai distribué un rosier sous le nom de *R. fallax* Puget, in Déségl., herb. ros., n° 60, que je ne crois pas distinct du *R. canina*. — Haute-Savoie : Pringy (Puget); — Savoie : mont Nivolet (Songeon); — Cher : forêt de Nierzon !

148. R. glaucescens Desvaux, in Mérat, fl. Paris. (1812), p. 192 (non Wulf.); Boreau, catal. rais. du départ. de Maine-et-Loire (1859), p. 79; *R. canina* var. *glaucescens* Desvaux, journ. bot. (1813), II, p. 114; Seringe, in DC., prod., II, p. 615.

Hab. Mai, juin. Bois, haies. — *France.* Maine-et-Loire : Angers (Bastard, 1815, in herb. DC.); — Cher : Marmagne, la Chapelle-saint-Ursin, bois de Soye, bois de Rouet près de Mehun ; — Saône-et-Loire : Autun (Carion); — Isère : forêt de Portes, mont Rachet (Verlot) ; — Haute-Savoie : Habère-Poche (Puget); — *Alsace.* Gros Wald près de Reichoffen ! — *Autriche.* Tyrol : Innsbruck (Kerner).

149. R. nitens Desvaux, in Mérat, fl. Par. (1812), p. 192; Boreau, l. c.; *R. canina* var. *nitens* Desvaux, journ. bot. (1813), II, p. 114; Seringe, in DC., prod., p. 613.

Hab. Mai, juin. Haies. — *France.* Vosges : Planois (Pierrat); — Cher : Givrai (Ripart), haies des vignes de la Chapelle-saint-Ursin, vignes de Couët près de Mehun, le Corpouay, commune de Berry; — Rhône : mont Genèvre près de Lyon (DC., 1809); — Isère : le Sappey (Verlot); — Haute-Savoie : Pringy (Puget).

150. R. syntrichostyla Ripart., mss.

Arbrisseau peu élevé, à rameaux flexueux, écorce verte,

aiguillons des tiges forts, dilatés à la base, crochus, ceux des rameaux florifères plus petits, minces, allongés, dilatés à la base en forme de disque, courbés, les plus petits droits ; pétioles glabres, *très-légèrement velus en dessus à la base,* parsemés de quelques glandes fines, sillonnés en dessus, aiguillonnés en dessous ; 5-7 folioles toutes pétiolées, la terminale arrondie ou un peu rétrécie à la base, glabres, *d'un vert foncé en dessus* plus pâles en dessous, ovales-aiguës, ovales-elliptiques, quelques-unes obtuses, simplement dentées, les folioles inférieures portent quelques rares dents accessoires, on observe quelquefois sur la nervure médiane de la foliole terminale 1-3 petits acicules ; stipules plus ou moins larges, glabres, bordées de.glandes, oreillettes aiguës, divergentes ; pédoncules lisses, solitaires ou en corymbe, portant à leur base des bractées glabres, lancéolées ou ovales, cuspidées au sommet, égalant ou plus longues que les pédoncules ; tube du calice ovoïde, glabre ; divisions calicinales appendiculées au sommet, glabres, 2 entières à bords tomenteux, 3 pinnatifides à appendices étroits, saillantes sur le bouton, égalant la corolle, réfléchies après l'anthèse, non persistantes sur le fruit ; styles libres, *très-velus, simulant une colonne plus ou moins saillante,* disque conique ; fleur *blanche, à onglet jaunâtre ;* fruit *petit,* ovoïde, rouge à la maturité.

Ce rosier n'appartient pas au groupe du *R. systyla,* comme me l'écrit (25 févr. 1872) mon ami M. Ripart ; les styles sont libres ! et non soudés sur les échantillons reçus de M. Ripart.

Hab. Mai, juin. Bois, haies. — *Angleterre.* Devonshire : Ycoem vale between Lee Mill Bridge et Yeo (Briggs); — Cornwall (Briggs). — *Belgique.* Prov. de Namur : Rochefort (Crépin). — *France.* Vosges : Rambervillers (Boulay); — Cher : vignes de Couët et bois de Rouet près de Mehun ! —

Isère : Saint-Christophe-en-Oisans (Boullu); — Rhône : Ronzière (Chabert); — Lot-et-Garonne : Agen (Ripart); — Haute-Savoie : Habère-Poche, la Caille (Puget). — *Autriche.* Krems, Schwargan (Kerner). — *Italie.* Sicile : Madonie (Todaro).

151, R. macroacantha Ripart, mss.

Petit arbrisseau à rameaux très-allongés, grêles, étalés, dans le genre de ceux du *R. repens*, à écorce vineuse, aiguillons longs, dilatés à la base, droits ; pétioles glabres, portant quelques rares petites glandes, sillonnés en dessus, aiguillonnés en dessous ; 5-7 folioles toutes pétiolées, d'un vert clair, ovales ou ovales-elliptiques, glabres, simplement dentées ; stipules allongées, glabres, à oreillettes aiguës, droites ou divergentes, bordées de quelques petites glandes ; pédoncules solitaires ou réunis par 2-3, glabres, longs, ayant deux petites bractées opposées, ovales, acuminées, glabres, bordées de glandes, égalant ou dépassant les pédoncules ; tube du calice ovoïde, glabre ; divisions calicinales appendiculées au sommet, glabres, 2 entières à bords tomenteux, 5 pinnatifides à appendices étroits, saillantes sur le bouton, plus courtes que la corolle, réfléchies à l'anthèse, non persistantes ; styles glabres, disque presque plan ; fleur rose, fruit ovoïde, rouge.

Très-remarquable par ses longs aiguillons droits, horizontaux, ni courbés, ni crochus ; son port est différent aussi de celui du *R. canina ;* il a besoin de se soutenir sur les autres arbrisseaux qui sont à sa portée ; ses styles sont glabres.

Hab. Mai, juin. Haies, bois.— *France.* Cher : Garenne de Turly près de Bourges (Ripart), bois de Givray près de Trouy !

152. R. mucronulata Déséglise, in Godet, fl. Jura, suppl. (1869), p. 71; *R. hololeia* Ripart, in Cottet, l. c. (1874), p. 38, sine descript.; *R. firmula* Godet, l. c. ?

Arbrisseau peu élevé, à rameaux flexueux, aiguillons dilatés à la base, *droits et d'autres un peu arqués*, assez robustes, ceux des rameaux florifères plus petits ; pétioles glabres, *parsemés de poils* principalement à la base et sillonnés en dessus, aiguillonnés ou inermes en dessous ; 5-7 folioles toutes pétiolées, *petites, ovales-elliptiques*, aiguës, mucronées, vertes, un peu luisantes, glabres, simplement dentées, à dents aiguës, les supérieures conniventes ; stipules glabres, bordées de glandes, oreillettes aiguës, les unes droites et d'autres divergentes ; pédoncules ordinairement solitaires ou réunis deux ensemble, glabres, ayant à leur base deux bractées ovales-cuspidées, glabres, bordées de glandes, *plus longues* que les pédoncules ; tube du calice ovoïde, glabre ; divisions calicinales appendiculées au sommet, glabres, les intérieures entières, à bords tomenteux, les extérieures pinnatifides, à appendices étroits, saillantes sur le bouton, plus courtes que la corolle, réfléchies à l'anthèse, caduques ; styles *glabres*, s'élevant au-dessus d'un disque un peu conique ; fleur rose ; fruit ovoïde, rouge.

M. Godet attribue à mon *R. mucronulata* des feuilles « *ordinairement doublement dentées ;* » ce qui n'est pas, car mon type est à feuilles simplement dentées. M. Godet a décrit ce rosier, d'après l'avis de M. Grenier, sur un échantillon que j'avais communiqué sous ce nom provisoire à l'auteur de la flore de France.

HAB. Juin. Bois. — *Angleterre.* Yorkshire : Thirsk (Baker). — *France.* Cher : haies de Turly près de Bourges (Ripart), bois de Gérissé près de Mehun ! — Haute-Savoie : Habère-Lullin à l'Arpettaz (Puget). — *Alsace.* Forêt de Vordersberg, côté des prairies de Niederbronn ! — *Suisse.* Jura de Bâle (Christ) ; — Valais : Bovernier (Cottet).

OBS. Le *R. oxyphylla* Ripart, in litt., ne me semble différer du *R. mucro-*

nulata que par ses folioles rétrécies aux deux extrémités et ses styles hérissés. — Cher : bois de Marmagne, Achères près de la forêt de Saint-Palais. — *Alsace*. Berges de l'étang de Niederbronn !

153. R. senticosa Acharius, in act. Holm. (1813), p. 91; *R. canina vulgaris* b. Mutel, fl. fr., I, p. 352; *R. canina* b. *senticosa* Rchb., l. c., p. 620, excl. syn. Rau; Godet, fl. Jura, p. 215; Reuter, cat. de Genève (1861), p. 70; *R. orthacantha* Kerner! in Christ, l. c., p. 168.

Icon. Acharius, l. c., tab. 3; Swensk bot., VII, tab. 473.

Port du *R. canina*, à rameaux courts, *terminés par une touffe de 4-6 feuilles, paraissant sortir d'un point commun,* aiguillons des tiges robustes, dilatés à la base, *droits ou courbés,* ceux des rameaux plus petits, épars, souvent geminés au-dessous des pétioles; pétioles canaliculés, parsemés de poils à la base, glabres, du reste, aiguillonnés ou inermes; 5-7 folioles toutes pétiolées, *petites, d'un vert gai,* glabres, fermes, *ovales-cuspidées* ou *ovales-elliptiques,* simplement dentées, à *dents fines, aiguës;* stipules lancéolées, glabres, bordées de glandes fines, oreillettes aiguës, divergentes; pédoncules courts, ordin. solitaires, glabres, portant à leur base une ou deux bractées ovales-cuspidées, glabres, plus longues qu'eux; tube du calice *petit,* ovoïde, glabre; divisions calicinales appendiculées au sommet, glabres, 2 entières à bords tomenteux, 3 pinnatifides à appendices étroits, linéaires, saillantes sur le bouton, plus courtes que la corolle, réfléchies à l'anthèse, caduques à la coloration du fruit; styles courts, hérissés; disque plan; fleur d'un blanc carné; *fruit ovoïde presque arrondi,* rouge.

Hab. Mai, juin. Haies, bois — *France*. Cher : petit bois des Vignes de la Chapelle-saint-Ursin ! — Rhône : Lyon au grand camp (Ozanon); — Haute-Savoie : Arenthon (Puget), le mont Salève, dans le chemin de la

Croisette, d'après Reuter. — *Suisse*. Cant. de Neufchâtel : d'après M. Godet, il serait assez commun aux environs de Neuchâtel. — *Autriche.* Tyrol : Mieders, vallée de Stubai (Kerner).

154. **R. flexibilis** Nob.

Arbrisseau de 1 mètre à 1 mètre 30 cent. de hauteur, à rameaux flexueux retombants et cherchant un appui sur les arbrisseaux voisins ; aiguillons des tiges nombreux, robustes, dilatés à la base, *inclinés ou courbés en faulx au sommet,* égaux, ceux des rameaux florifères *rares, espacés,* plus petits et de même forme ; écorce verdâtre, celle des jeunes pousses d'une couleur pruineuse ; pétioles glabres, sillonnés, parsemés de poils blanchâtres dans le sillon, aiguillonnés en dessous ; 7 folioles d'un *vert sombre* en dessus, non luisantes, toutes pétiolulées, assez espacées sur le pétiole, *ovales, ovales-elliptiques* ou *arrondies au sommet, rétrécies à la base,* les inférieures plus petites, quelquefois obtuses, glabres, simplement dentées ; stipules plus ou moins larges, glabres, bordées de glandes, oreillettes aiguës, droites ou divergentes ; pédoncules glabres, *en corymbe de 4-8-12-20 ou réunis en cyme bifide ou trifide,* le corymbe porte à sa base des bractées ovales-cuspidées, glabres, à bords glanduleux, les cymes trifides ont à leur base deux bractées opposées, les pédoncules extérieurs portent deux petites bractées, le pédoncule intérieur en est dépourvu ; les cymes bifides ont les mêmes bractées, mais un seul pédoncule porte deux bractées, l'autre en est privé ; tube du calice ovoïde, glabre ; divisions calicinales ovales, glabres, spatulées au sommet, deux entières, trois pinnatifides à appendices larges, ciliés, saillantes sur le bouton, plus courtes que la corolle, réfléchies à l'anthèse, non persistantes ; styles *courts, glabres ;* disque conique ; fleur *assez grande, blanche ;* étamines blanchâtres, à anthères jaunes ; fruit rouge, ovoïde, ceux des corymbes ou des cymes trifides, le fruit du centre est obovoïde.

Hab. Mai, juin. Haies, bois. — *Angleterre.* Yorkshire : les haies à Sowerby ? (Baker). — *France.* Cher : Clairières du bois de Rouet, commune de Mehun près des vignes.

155. R. fallens Déséglise, in Fourreau, l. c. (1869), p. 75, *sine descript.;* Cottet, l. c., p. 40, sine descript.

Exs. Déséglise, herb. ros., nº 13.

Arbrisseau élevé, à rameaux flexueux, aiguillons des tiges robustes, dilatés et comprimés à la base, *inclinés au sommet ou presque droits,* ceux des rameaux florifères peu abondants, espacés et plus petits ; pétioles sillonnés et parsemés de poils en dessus, portant sur le bord du sillon quelques rares petites glandes, aiguillonnés en dessous ; 5-7 folioles toutes pétiolulées, vertes, glabres, *ovales arrondies à la base, terminées en pointe courte, ovales-elliptiques, arrondies et parfois rétuses,* simplement dentées, à dents plus ou moins régulières ; stipules glabres, bordées de glandes, oreillettes aiguës, peu divergentes, les supérieures dilatées ; pédoncules solitaires ou réunis en bouquet, glabres, ayant à leur base des bractées ovales-cuspidées, glabres, bordées de glandes, égalant ou dépassant les pédoncules ; tube du calice ovoïde, glabre ; divisions calicinales ovales, spatulées au sommet, glabres, 2 entières, 3 pinnatifides à appendices étroits, saillantes sur le bouton, plus courtes que la corolle, réfléchies à l'anthèse, caduques avant la maturité du fruit ; styles courts, hérissés ; disque peu saillant ; fleur grande, d'un rose pâle, à pétales émarginés au sommet ; fruit ovoïde, rouge.

Hab. Mai, juin. Haies, bois. — *France.* Cher : bois d'Yèvre près de Vierzon, bois de Marmagne ; — Rhône : Craponne (Boullu) ; — Haute-Savoie : Thonon, Arenthon, Habère-Lullin (Puget.)

Obs. *R. albo-lutescens* Ripart, in litt., nous paraît bien voisin de l'espèce précédente. M. Ripart, dans sa lettre du 23 févr. 1873, dit : « Les fleurs « sont d'un blanc pur avec l'onglet jaune, les filets des étamines sont d'un « jaune prononcé, les styles libres et glabres, tout le feuillage est d'un « vert un peu jaunâtre ; c'est un arbrisseau élevé, à long rameaux très-« florifères. » — Hab. Mai, juin. — Cher : les Aix-d'Angillon (Ripart) ; — Rhône : Lyon (Ozanon) ; — Haute-Savoie : Thonon ? (Puget).

156. R. addita Déséglise, notes extr. de l'énum. des rosiers, in the journal of Botany, for June 1874, et extr., p. 2 ; *R. coriacea* Crépin (non Opiz) ; *R. canina* var. b. *coriacea* Boissier, fl. orient., II, p. 685.

Exs. Kotschy, n° 263, n° 656.

Hab. Juin. Région des montagnes. — *Perse.* mont Elbrus à Passgala (Kotschy), entre Nischapur et Mechhed (Bunge, in herb. Boissier).

Obs. Il y a une faute de typographie dans le journal anglais : *R. coricea*, c'est *R. coriacea* qu'il faut lire.

157. R. calycina M.-Bieb., fl. Taur.-Cauc., III, p. 349 ; Tratt., monog. ros., II, p. 8.

Hab. Juin. — *Russie d'Europe.* Odessa.

Ce rosier manque aux herbiers de MM. De Candolle et Boissier. — Seringe ne fait aucune mention du *R. calycina*, pas même dans ses *species non satis notae.* — Rchb , fl. excurs., admet le *R. calycina* en synonyme au *R. coriifolia*, à tort selon nous, puisque ce dernier a les feuilles pubescentes et que le *R. calycina* les a *utrinque glaberrimis.*

158. R. armata Steven ; Besser, enum. Pod. et Volh., p. 62 ; Tratt., l. c., p. 224.

Ce rosier ne se trouve pas dans les herbiers de MM. De Candolle et Boissier, quoique dans le premier surtout les types de Besser soient si richement représentés.

159. R. Transilvanica Schur, enum. pl. trans., p. 202 ; Walpers, ann. bot., VII, p. 879.

Hᴀʙ. — Hangestein près de Kronstadt.

Cette espèce n'est pas représentée dans les herbiers de MM. De Candolle et Boissier.

160. R. Touranginiana Déségl. et Ripart, l. c., X, p. 162 et extr., p. 62 ; Cariot., l. c., II, p. 176 ; Fourreau, l. c., p. 74.

Hᴀʙ. Juin. Haies. — *France*. Cher : haies du chemin de Bourges à Givrai (Ripart), haies des vignes du château à Bourges, la Servanterie près de Mehun ; — Rhône : Lyon (Chabert) ; — Haute-Savoie : Arenthon (Puget). — *Italie*. Sicile : Palerme (Todaro).

161. R. ramosissima Rau, enum. ros., p. 74, sub. *R. canina var.* ; Déséglise, l. c., p. 103 et extr., p. 63 ; Cariot, l. c., II, p. 177 ; Fourreau, l. c., p. 74 ; *R. canina* var. *ramosissima* Bl. et Fing., comp., I, p. 627.

Hᴀʙ. Juin. Haies, bois. — *France*. Cher : haies des vignes des Macheriots près de Bourges, pacage de Bouy commune de Berry, Mehun, forêt du Rhin-du-Bois, Trouy, Vierzon, au bois d'Yèvre ; — Marne : Reims (de Belley) ; — Saône-et-Loire : Saint-Forgent près d'Autun (Carion) ; — Rhône : Lyon, au-dessus de Couzon (Boreau) ; Doubs : Montmahoux (Paillot).

162. R. Amansii Déséglise et Ripart, in the journal of Botany for June 1874, extr., p. 3 ; *R. Aginensis* Ripart (non Desp.).

Hᴀʙ. Juin. Haies. — *France*. Lot-et-Garonne : haies autour du château d'Arasse près d'Agen (Garroute, Ripart).

Oʙs. J'ai reçu d'Angleterre, du comté Nord d'York, de M. Baker, un rosier qui se rapproche beaucoup du *R. Amansii* par ses fruits et ses styles, mais l'échantillon étant dépourvu de feuilles, je ne puis pas me prononcer définitivement.

163. R. globularis Franchet, in Boreau, fl. cent. de la Fr., éd. 3, nᵒ 839 ; Déséglise, ess. monog., p. 104, extr., p. 64 ; Cariot, l. c., II. p. 177 ; Grenier, fl. jura ? p. 242.

Hᴀʙ. Juin. Haies. — *France*. Loir-et-Cher : Carrières de Beaumont (Franchet) ; — Rhône : Francheville (Chabert) ; — Doubs : Besançon ! — *Alsace*. Forêt de Vordersberg près de Niederbronn !

164. R. montivaga Déséglise, descript. de qq. esp. nouv. du genre rosa (1875), in mém. Soc. Acad. de M.-et-L., XXVIII, p. 107 et extr., p. 11 ; Fourreau, l. c., p. 74 ; Verlot, l. c., p. 114, obs. ; Cottet, l. c., p. 40 ; *R. monticola* Déséglise, olim.

Exs. Déséglise, herb. ros., n° 61 ; Billot (suites), n° 3580.

Hᴀʙ. Juin, juillet. Broussailles des montagnes. — *France*. Hautes-Alpes : Gap (Burle) ; — Isère : mont Rachet (Verlot) ; — Savoie : mont Nivolet (Songeon) ; — Haute-Savoie : mont Sion, Habère-Lullin, Habère-Poche, Saint-Germain-sur-Talloires, Pringy (Puget). — *Suisse*. Valais : Fins-Hauts (de la Soie), vallée de Binn (Cottet), mont Clou ! — Cant. de Fribourg : Paribaz, contrefort de la Cape au Moine ! — *Autriche*. Tyrol : Mieders, vallée de Stubai (Kerner).

165. R. spuria Puget, in Déséglise, l. c., XXVIII, p. 109, extr., p. 13 ; Fourreau, l. c., p. 74 ; Cottet, l. c., p. 40.

Exs. Déséglise, herb. ros., n° 49 ; Billot (suites), n° 3579.

Hᴀʙ. Juin, juillet. Broussailles des montagnes. — *France*. Vosges : Labresse (Pierrat) ; — Isère : forêt de Porte (Verlot) ; — Haute-Savoie : Pringy, Epagny, Saint-Martin, Annecy-le-Vieux, montagne de l'Olfiège (Puget). — *Suisse*. Cant. de Fribourg : Lurqui base de la Cape au Moine ! — *Autriche*. Tyrol : Madona del monte ad Roveredo (Kerner) ; — Autriche infér. : Krems (Kerner).

166. R. sphaerica Grenier, in Billot, archiv. de la fl. de Fr. et d'Allem., p. 333 ; Boreau, l. c., éd. 3, n° 841 ; Déséglise, ess. monog., in mém. Soc. Acad. de M.-et-Loire, X, p. 104, et extr., p. 64 ; Reuter, l. c., p. 70 ;

Cariot., l. c., II, p. 177; Fourreau, l. c., p. 74; Verlot,
l. c., p. 114; *R. canina* var. *globosa* Desv., journ. bot.
(1813), II, p. 114; *R. canina* var. *sphaerica* Godet, fl.
Jura, suppl., p. 75.

Exs. Billot, n° 1479.

Hab. Juin. Haies, bois. — *Angleterre.* Cheshire : Hoylake (Webb) ; —
Cornwall : haies près de Kingsmill (Briggs). — *Belgique.* Prov. de Namur :
Rochefort, Han-sur-Lesse, Wavreille (Crépin). — *France.* Vosges : Saul-
xures (Pierrat) ; — Loiret : Orléans (Jullien) ; — Cher : C., Trouy, Bour-
ges, Mehun, Allogny, Vierzon, etc. ; — Puy-de-Dôme : Clermont ; —
Doubs : Pontarlier (Grenier) ; — Jura : Saint-Loup (Puget) ; — Rhône :
Lyon à Charbonnière (Chabert), Villeurbanne (Ozanon) ; — Isère : forêt
de Porte (Verlot) ; — Hautes-Alpes : Charrance près de Gap (Burle) ; —
Haute-Savoie : Habère-Lullin, Argonnex (Puget), mont Salève à Monne-
tier ! — *Suisse.* Cant. de Vaud : Chescières (Rapin) ; — Valais : Sion,
Sembrancher (Cottet). — *Autriche.* Autr.-infér. : Krems (Kerner) ; —
Tyrol : Trins, vallée de Gschnitz (Kerner).

167. R. exilis Crépin, in bull. de la Soc. roy. de
Botan. de Belgique (1868). VII, n° 2, extr., p. 1.

Hab. — *Prusse rhénane.* Vallée de la Nahe.

168. R. aciphylla Rau, enum. ros., p. 69; Tratt.,
l. c., II, p. 22; Bl. et Fing., comp., I, p. 624; Rchb.,
fl. excurs., II, p. 619; Bor., fl. cent., éd. 3, n° 844;
Déséglise, l. c., p. 106, et extr., p. 66; Cariot, l. c.,
p. 177; *R. canina* var. *aciphylla* Lindl., monog. ros.,
p. 99; Seringe, in DC., prod., II, p. 614; *R. sphaerica*
var. *aciphylla* Grenier, fl. jur., p. 242.

Icon. Rau, l. c., pl. 1; Redouté, les roses (1824),
livrais. 59, B.

Hab. Mai, juin. Lieux secs et pierreux. — *France.* Cher : forêt de Fontmoreau ! petit bois aux Loups dans les vignes de la Chappelle-saint-Ursin!
bois de Rouet près de Mehun ! la Chapelle-saint-Ursin et Brécy (Ripart),

Bourges (Tourangin) ; — Doubs : Brégille à Besançon (Paillot) ; — Rhône : indiqué à Beaumont par M. Cariot, mais nous n'avons pas vu la plante de cette localité. — *Suisse*. Cant. de Fribourg : Montbovon ! — *Bavière*. Wurzbourg (Rau, 1817, in herb. DC.). — *Belgique*. Prov. de Namur : Jemelle (Crépin).

Obs. *R. horridula* Déségl., in herb. ; *R. ferox* Chabert (non Ait.). — J'ai reçu de feu Chabert un rosier sous le nom de *R. ferox* Chabert ! qui est très-remarquable, mais sur lequel je ne puis pas me prononcer, ne le connaissant que par deux échantillons en fruit. — Il a le port du *R. aciphylla*, dont il diffère par les tiges *chargées* d'aiguillons inégaux, dilatés à la base, inclinés ou droits, ceux des rameaux florifères beaucoup moins nombreux, espacés, petits, droits ; le fruit est petit, rouge, ovoïde ; les folioles un peu plus grandes que dans le *R. acipylla ;* les folioles sont irrégulièrement dentées.

Hab. — Rhône : Francheville, derrière le château (Chabert) ; — Cher : haies de Saint-Éloy-de-Gy, près du village.

b). *Biserratae.*

Crépin, primit. monog. ros., fasc. I (1869), p. 17 ; Cottet, ros. du Valais, in bull. Soc. Murith. (1874), n° 5, p. 40 ; *Nudae* Déséglise, obs. on the differ. meth. prop. for the class. of the spec. gen. rosa , in the Naturalist (1865), n° 20, p. 311, *part.*

Pétioles glabres ou à peu près, folioles doublement dentées, glabres, dépourvues de glandes et de villosité sur les nervures ; pédoncule et tube du calice lisses.

1.	Styles glabres ou presque glabres.	2.
	Styles velus ou hérissés	10.
2.	Pétioles velus ou légèrement velus	5.
	Pétioles glabres, parsemés de glandes ou églanduleux	4.
3.	Folioles orbiculaires, d'un vert glauque, fleur assez grande, d'un beau rose, fruit ovoïde .	*medioxima.*
	Folioles ovales, vertes, fleur d'un rose clair, fruit arrondi	*villosiuscula.*

4. { Rameaux floraux inermes ou portant de rares aiguillons . . . . 5.
   { Rameaux floraux aiguillonnés. . . . . . 7.

5. { Tiges faibles, retombantes, rameaux courts, inermes ou munis de rares petits aiguillons, folioles ovales-aiguës, tube du calice petit, ellipsoïde, fleur rose, fruit grêle, ellipsoïde, rouge-orangé. *stenocarpa.*
   { Rameaux florifères inermes . . . . . . 6.

6. { Folioles d'un vert sombre en dessus, fleur rose clair, styles très-obscurément hérissés, fruit ovoïde. . . . . *cladoleia.*
   { Folioles d'un vert clair, fleur blanche, fruit ovoïde presque arrondi . . . . *glaberrima.*

7. { Rameaux floraux courts, étalés, folioles assez petites, ovales-aiguës, fruit petit, ovoïde . . *curticola.*
   { Rameaux floraux plus ou moins allongés. . . 8.

8. { Tube du calice ovoïde, styles entièrement glabres 9.
   { Tube du calice ovoïde-allongé, fleur rose, styles obscurément hérissés . . . . *oblonga.*

9. { Folioles ovales-arrondies, fleur blanche . . . *Carioti.*
   { Folioles ovales, à dents aiguës, fleur rose. . . *Chaboisaei.*

10. { Styles velus . . . . 11.
    { Styles hérissés . . . . 12.

11. { Styles très-velus, simulant une colonne courte, folioles ovales, les inférieures subobtuses, fleur rose clair, fruit globuleux . . . . . . *eriostyla.*
    { Styles velus, petit arbrisseau, folioles ovales, d'un vert glaucescent, pédoncule très-court, fruit gros, obovoïde, couronné par les sépales persistants . . . . *stephanocarpa.*

12. { Fruit ovoïde ou ovoïde allongé. . . . . . 13.
    { Fruit globuleux. . . . . 20.

13. { Folioles petites . . . . 14.
    { Folioles assez larges . . . . 16.

14. { Tige couverte de nombreux aiguillons inégaux, horizontaux, fleur grande, d'un rose pâle, fruit gros, ellipsoïde, rouge-orangé . . . . . *armatissima.*
    { Tige non couverte de nombreux aiguillons, mais aiguillonnée . . . . 15.

15.	Aiguillons rapprochés sur les rameaux florifères, fleur rose, fruit ovoïde	*squarrosa.*
	Aiguillons épars, fleur blanche, fruit ovoïde-allongé.	*adscita.*
16.	Pédoncule court.	17.
	Pédoncule plus ou moins allongé	18.
17.	Pédoncule long de 3-4 millim., fleur rose, fruit obovoïde, affectant une forme pyriforme . .	*brachypoda.*
	Pédoncule court, ayant plus de 4 millim., fleur rose clair, fruit obovoïde-allongé	*insignis.*
18.	Fleur rose ou blanche	*dumalis.*
	Fleur d'un rose vif	19.
19.	Folioles latérales presque sessiles, ovales-elliptiques, d'un vert non luisant en dessus . .	*rubelliflora.*
	Folioles latérales pétiolées, ovales-aiguës, d'un vert luisant en dessus	*rubescens.*
20.	Jeunes pousses d'un rouge vineux où les stipules, les pétioles, les bractées, les nervures lavés d'un rouge vineux	21.
	Jeunes pousses peu ou point d'un rouge vineux.	22.
21	Jeunes pousses fortement lavées d'un rouge vineux, fruit gros, presque arrondi. . .	*Malmundariensis.*
	Pétioles, stipules, bractées, nervures des folioles lavés d'un rouge vineux, fruit subglobuleux, folioles-elliptiques	*vinacea.*
22.	Petit sous-arbrisseau, fruit petit, globuleux . .	*sylvularum.*
	Arbrisseau élevé, fruit gros	23.
23.	Feuilles luisantes en dessus	*sphaeroidea.*
	Feuilles non luisantes en dessus	24.
24.	Folioles ovales-aiguës, fleur rose pâle, fruit très-gros, de la grosseur d'une petite noix . . .	*macrocarpa.*
	Folioles ovales, d'un vert sombre, fleur rose. .	*biserrata.*

169. R. Carioti Chabert, in Cariot, étud. des fleurs (1865), II, p. 677; Fourreau, l. c., p. 74 (sine descript.); Crépin, primit. monog. ros. (1869), fasc. I, p. 44.

Description établie sur les notes et échantillons reçus de feu Chabert.

Racine non traçante ; arbrisseau de 2 à 3 mètres, touffu, robuste, aiguillons très-nombreux sur les tiges qui partent de la souche, crochus, ceux des rameaux moins nombreux, courbés en faux, rougeâtres ; pétioles glabres, canaliculés, parsemés de glandes, munis de quelques poils à l'insertion des folioles, aiguillonnés en dessous, à acicules se prolongeant jusque sur la nervure médiane, une partie des nervures médianes ont ce caractère, mais pas toutes ; stipules lancéolées, longues, glabres, bordées de glandes, à oreillettes aiguës, divergentes ; 5-7 folioles toutes pétiolées, glabres, ovales-arrondies ou obtuses, vertes en dessus, plus pâles en dessous, doublement dentées, à dents ouvertes, les principales mucronées, les secondaires glanduleuses ; pédoncules lisses, solitaires ou groupés par 3-4, munis de bractées acuminées, dont une souvent terminée par un appendice foliaire, glabres, plus longues que les pédoncules extérieurs, égalant celui du centre ; tube du calice glabre, ovoïde, arrondi à la base, contracté au sommet ; divisions calicinales spatulées au sommet, glabres en dessous, 2 entières à bords tomenteux, 3 pinnatifides, saillantes sur le bouton, plus courtes que la corolle, réfléchies à l'anthèse, caduques ; styles courts ; disque conique ; fleur de grandeur moyenne, blanche, à pétales obcordés ; fruit ovoïde, arrondi à la base, un peu atténué au sommet, rouge en septembre, pulpeux en octobre.

Hab. Juin. Haies. — *France.* Cher : haies des vallées à la Chapelle-saint-Ursin près de Bourges (Tourangin) ; — Rhône : Lyon au Gau au-dessus du pont d'Alay (Chabert) ; — Aude : montagne Noire, le Mas-Cabardès (Ozanon).

170. **R. medioxima** Déségl., descript. de qq. esp. nouv. du genre Rosa, in mém. soc. Acad. de M.-et-Loire, XXVIII (1875), p. 110 et extr., p. 16 ; Crépin, l. c., p. 17 ; Verlot, cat. pl. du Dauph., p. 594.

Hᴀʙ. Juin. Haies, buissons. — *France.* Cher : haies de Roulon, commune de Berry ! — Isère : forêt de Porte derrière Chamechaude (Verlot) ; — Haute-Savoie : la Malveria sur Annecy-le-Vieux, Thonon (Puget). — *Alsace.* Niederbronn ! — *Autriche.* Tyrol : Lienz (Kerner).

171. R. Malmundariensis Lejeune, fl. de Spa (1811), I, p. 231 ; Desportes, ros. gall., n° 1986 ; Boreau, l. c., éd. 2, II, p. 178, éd. 3, n° 842 ; Déséglise, ess. monog., in mém. soc. Acad. de M.-et-Loire, X, p. 107 et extr., p. 67 ; de Martr.-Don., fl. du Tarn, p. 229 ; Cariot, l. c., p. 177 ; Fourreau, l. c., p. 74 ; Pérard, cat. de Montluç., p. 83 ; *R. canina* var. *Malmundariensis* Chevalier, fl. génér. de Paris. II, p. 694 ; *R. canina* var. *ambigua* Seringe, in DC., prod., II, p. 614.

Iᴄᴏɴ. Redouté, les roses (1824), livr. 26, B. *mala.*

Exs. Déséglise, herb. ros., n° 48 ; Billot (suites), n° 3720 sub. *R. affinis* Rau. Il peut se faire que ce soit le *R. affinis* de M. Grenier, mais non celui de Rau. Rau dit : « foliolis « supra pubescentibus, subtus glaucescentibus glabris. » Les échantillons distribués ont les feuilles littéralement glabres sur les deux faces. Orphanides, fl. graec., n° 3330 ? n° 2735 ?

Hᴀʙ. Juin. Haies, bois. — *Angleterre.* Yorkshire : wood by the canal side Wood Newton (Hailstone) ; — Devonshire : Leigham Egg Buckland (Briggs). — *Prusse.* Malmedy (Lejeune). — *France.* Indre : Mers, bois du Magner (Boreau) ; — Cher : A. C., Contremoret, Bourges, bois de Marmagne, Mehun, etc. ; — Puy-de-Dôme : entre les Gazeriers et Sussat, les Vergnes près de Riom, Saint-Pardoux (Lamotte), Clermont ! — Allier : Montluçon (Pérard, catal) ; — Doubs : mont Brégille (Grenier) ; — Jura : Salins (herb. Grenier) ; — Saône-et-Loire : Châlon-sur-Saône, Chagny, Tessey (Ozanon) ; — Ain : Ambronay ; — Gard : le Vigan (Diomède, in herb. Grenier) ; — Aude : Montagne-Noire, le Mascaburdès (Ozamon) ; — Tarn : Saint-Urcisse (Martrin-Donos) ; - Rhône : Tassin, Ecully ; — Isère :

vallon J.-J. Rousseau à Pariset (Verlot); — Var : le Luc (Hanry); — Haute-Savoie : Thonon, Pringy, Reyvroz (Puget).

Obs. Les folioles de ce rosier sont doublement dentées, contrairement à l'assertion de M. Du Mortier (monog. des roses de la fl. belge) ; Lejeune, l. c., ne parle pas de ce caractère dans sa flore de Spa, mais dans la revue de la flore de Spa, il les dit doublement dentées (duplicato-serratis). Nul doute ne peut s'élever à cet égard.

172. R. Mandonii Déséglise, descript. de qq. esp. nouv. du genre rosa, in mém. soc. Acad. de M.-et-Loire, XXVIII (1875), p. 111 et extr., p. 15; *R. canina* Mandon, pl. Maderenses (1865-1866), exs. n° 98 (non Linn.).

Hab. — Madère, in dumetosis, *jardin da serra*, 1000 à 1500 mèt. d'alt. (Mandon).

173. R. squarrosa Rau, enum. ros., p. 77 sub *R. canina var.*; Bor., fl. cent., éd. 5, n° 845; Déséglise, ess. monog., extr., p. 68; de Mart.-Donos, l. c., p. 230; Cariot, l. c., II, p. 178; Fourreau, l. c., p. 74; Verlot, l. c., p. 114, obs.; *R. canina* var. *squarrosa* Seringe, in DC., prod., II, p. 614; Bl. et Fing., l. c., p. 627; *R. canina* b. M.-Bieb., fl. Taur.-Cauc., I, p. 400, ex Rau.

Exs. Billot (suites), n° 3719.

Hab. Juin. Bois. — *France.* Vosges : forêt de Rambervillers (Boulay) ; — Cher : forêt du Rhin-du-bois, bois de Rouet près de Mehun ; — Saône-et-Loire : Châlons-sur-Saône (Ozanon) ; — Ain : avant le pont de la Cadette près de Lyon (Chabert) ; — Tarn : la Sauzière (de Martrin-Donos) ; — Basses-Alpes : Barcelonnette (Ozanon) ; — Rhône : Francheville (Boullu), pont d'Alay (Ozanon) ; — Haute-Savoie : Pringy, Habère-Lullin, la Margeriaz (Puget). — *Suisse.* Cant. de Fribourg : la Cernaz près de Mont-bovon (Cottet). — *Autriche.* Tyrol : Aichholz près de Kapaun (Kerner).

Obs. J'ai reçu de feu Chabert un rosier sous le nom de *R. serrulata* Chab. qui est bien voisin du *R. squarrosa ;* il en a les caractères généraux et n'en diffère que par ses styles glabres et sa fleur blanche. Voici la description que je tiens de Chabert : « *R. serrulata* Chabert. Arbrisseau élevé, à rameaux droits, touffus, aiguillons robustes, nombreux sur les tiges, courbés au sommet, ceux des rameaux moins nombreux, plus petits, presque droits ; pétioles parsemés de quelques poils à l'insertion des folioles, portant des glandes fines, aiguillonnés ; 5-7 folioles les unes obtuses d'autres ovales, glabres, vertes en dessus, plus pâles en dessous, nervure médiane portant quelques glandes surtout à la base, doublement dentées, à dents aiguës ; pédoncules glabres, solitaires ou réunis par 2-5 ; tube du calice ovoïde, glabre ; divisions calicinales glabres en dessous, 2 entières, 3 pinnatifides, plus courtes que la corolle ; styles glabres, disque conique ; fleur blanche ; fruit rouge, ovoïde. »

Hᴀʙ — Rhône : haies près de la ferme de la Glande sur le mont Verdin, au Gau (Chabert).

174. R. rubelliflora Ripart, in Déséglise, l. c., p. 109 et extr. p. 69 ; Fourreau, l. c., p. 74.

Hᴀʙ. Juin. Haies. — *France*. Cher : Saint-Éloy-de-Gy (Ripart), Marçay près de la Servanterie ? — Puy-de-Dôme : Saint-Pardoux (Lamotte) ; — Rhône : Lyon à Dardilly (Ozanon).

175. R. rubescens Ripart, in Déséglise, l. c., p. 110 et extr., p. 70 ; Cottet, l. c., p. 40.

Hᴀʙ. Juin. Haies. — *France*. — Cher : la Chapelle-Saint-Urbin (Ripart), le Corponay, près de Saint-Éloy-de-Gy. — *Suisse*. valais : vallée de Binn (Cottet).

176. R. vinacea Baker, review of the British roses (1864), p. 32.

Exs. Baker, herb. ros. brit., n° 28.

Hᴀʙ. Mai, juin. Haies. — *Angleterre*. Yorkshire : Sowerby (Baker).

177. R. dumalis Bechstein, forstb., p. 241 ; Tratt., l. c., II, p. 24 ; Boreau, l. c., éd. 3, n° 847 ; Déséglise, l. c., p. 111 et extr., p. 71 ; de Martr.-Don., l. c., p. 230 ; Grenier, fl. jura., p. 244, excl. var. b. ; Cariot, l. c., p. 178 ; Baker, l. c., p. 25 ; Pérard, l. c., p. 83 ; Fourreau, l. c., p. 74 ; Verlot, l. c., p. 144 ; *R. canina* Leman, bull.

phil. (1818), extr., p. 9, et plurim auct. ; *R. canina* var. *glandulosa* Rau, l. c., p. 75; Bl. et Fing., l. c., p. 627; *R. canina* var. *stipularis* Chevalier, l. c., p. 693; *R. canina* var. *sarmentosa* Godet, l. c., p. 215; Reuter, l. c., p. 70; *R. canina* var. *dumalis* Baker, monog. of brit. ros. in Linn. society's journ., XI, p. 227; *R. stipularis* Mérat, fl. Par. (1812), p. 192; Seringe, in DC., prod., II, p. 623; *R. sarmentacea* Woods, linn. trans., XII, p. 213 et herb. n° 79 à 84; Smith, engl. fl., II, p. 390; Tratt., l. c., p. 39; *R. glaucophylla* Winch, geogr. distrib. (1829), p. 45; *R. sepium* var. *stipularis* Desvaux, journ. bot. (1815), II, p. 116; *R. fissispina* Wierzbicki; *R. ramulosa* Godron, fl. Lorr., éd. 2, I, p. 251.

Icon. Engl. bot., tab. 2595.

Exs. Seringe, ros. desséch., n° 9; Reichenbach, n° 1751 (sub. *R. tortuosa* non Wierzb.), n° 1936 (sub. *R. fissispina* Wierzb.); Billot, n° 2260, n° 2062; Wirtgen, pl. crit., n°s 75, 76, 255, 465, 467, 581; Déséglise, herb. ros., n°s 14 et 14 bis; Baker, herb. ros. brit., n°s 13 et 14; Bourgeau, pl. d'Espagne (1865), n° 2454.

Hab. Mai, juin. Buissons de la plaine et des montagnes. — Très-répandu en Europe.

Obs. I. Le n° 1751, publié par Reichenbach, est-il bien le *R. tortuosa* Wierzb. ? Je ne connais pas la description de ce rosier, mais je possède un type de Wierzbicki qui est complètement différent de la plante publiée par Reichenbach. Ce *R. tortuosa* Wierzb., est tout simplement le *R. Andegavensis* Bast.! Celui de Reichenbach, que j'ai été à même de voir dans l'herb. de M. Boissier, est le *R. dumalis*.

Obs. II. *R. erythrella* Ripart est un *R. dumalis* « à fleur très-grande, d'un « rose vif rappelant la couleur des gallicanes » (Ripart, in litt. 25 fév. 1873). Je ne connais ce rosier que par deux échantillons en fleur ; je n'ai pas vu le fruit ; je ne vois pas trop en quoi il peut être différent du *R. dumalis* ;

une étude plus approfondie de ce rosier fera probablement reconnaître d'autres caractères que celui tiré de la fleur.

Obs. III. *R. rhynchocarpa* Ripart, mss. — M. Ripart, dans sa lettre du 6 décemb. 1873, me dit : « Ce rosier a les feuilles irrégulièrement dentées, « non glanduleuses, glabres ; styles glabres, à peine munis de quelques « poils ; c'est son fruit surtout qui le caractérise, il est obovoïde, mais la « partie supérieure est amincie, de telle sorte qu'elle est plus étroite que « le disque auquel elle sert de support. »

Hab. — *France.* Cher : bois de la Grange-saint-Jean (Ripart). — *Belgique.* Prov. de Namur : Han-sur-Lesse (Crépin).

178. **R. glaberrima** Du Mort., fl. belgica (1827), p. 94 et monog. des ros. de la fl. belge (1867), p. 63.

Hab. Juillet. — *Belgique.* Tournay (Du Mortier), — *France.* Cher : forêt du Rhin-du-bois ? — Haute-Savoie : broussailles du petit Salève près le château de Monnetier ! — *Autriche.* Tyrol : Ponale ad lacum Benacum (Kerner). — *Italie.* Les haies à Sta-Margherita a Montici près de Florence (Levier).

179. **R. oblonga** Déségl. et Ripart.

Arbrisseau de 1 mètre à 1 mèt. 50 cent. de hauteur, à rameaux flexueux, munis d'aiguillons dilatés à la base, arqués, plus faibles et presque droits sur les jeunes tiges ; pétioles glabres, parsemés de quelques rares glandes, aiguillonnés en dessous ; acicules se prolongeant sur la nervure médiane de quelques folioles ; 5-7 folioles ovales-aiguës ou ovales-elliptiques, d'un vert clair luisant en dessus, glabres, fermes, doublement dentées, à dents secondaires glanduleuses ; stipules glabres, étroites, bordées de glandes, oreillettes ordin. droites ; pédoncules solitaires ou réunis par trois, glabres ; tube du calice obovoïde ou ovoïde-allongé, glabre ; divisions calicinales spatulées au sommet, glabres, 2 entières, 3 pinnatifides à appendices étroits, saillantes sur le bouton, plus courtes que la corolle, réfléchies à l'anthèse, caduques ; styles obscuré-

ment hérissés, presque glabres ; disque un peu conique ;
fleur assez grande, rose ; fruit rouge, ellipsoïde.

Hab. Mai, juin. Bois, haies.— *France.* Cher : bois de Marmagne (Ripart),
la Servanterie et Marçay près de Mehun, Fontiley près de Bourges, forêt
de Fontmoreau, forêt d'Allogny, Allouis ; — Haute-Savoie : Epagny
(Puget). — *Suisse.* Cant. de Fribourg : Montbovon.

180. R. cladoleia Ripart, in Crépin, l. c., fasc. I, p. 44
(sine descript.); Verlot, l. c., p. 594 ; Cottet, l. c., p. 40
(sine descript.).

Port du *R. dumalis*, remarquable par *ses rameaux florifères inermes et ses tiges sarmenteuses n'ayant pas ou très-
peu d'aiguillons ;* pétioles glabres, sillonnés en dessus,
parsemés de quelques poils et de rares glandes fines,
inermes, quelques pétioles très-faiblement aciculés ; 5-7
folioles, la terminale ovale ou obovale ou elliptique, rétrécie
aux deux extrémités, les latérales *ovales, ovales-elliptiques,*
les inférieures quelques-unes *obtuses*, d'un vert sombre en
dessus, glabres, doublement dentées ; stipules glabres, à
oreillettes aiguës, droites, à bords glanduleux et un peu
serrulées au sommet ; pédoncules solitaires ou réunis par
2-3, glabres, ayant à leur base une ou deux bractées assez
grandes souvent terminées par un appendice trifolié,
glabres, plus longues que les pédoncules ; tube du calice
ovoïde, glabre ; divisions calicinales spatulées au sommet,
2 entières à bords tomenteux en dessous, 3 pinnatifides
à appendices assez longs, saillantes sur le bouton, réfléchies à l'anthèse, caduques ; styles *glabres ou très-obscurément hérissés ;* disque conique ; fleur d'un rose clair ; fruit
rouge, ovoïde.

Hab. Mai, juin. Haies, bois. — *Belgique.* Prov. de Namur : Rochefort
(Crépin). — *France.* Cher : Bourges, haies des vignes d'Auron (Ripart),
Pierre-Lai, près de Bourges ! communal du Nuente près de Brécy ! Bouy

commune de Berry ! forêt du Rhin-du-bois ! la Servanterie et les vignes de Couët près de Mehun ! — *Autriche.* Autr.-infér. : Schwargan (Kerner); — Tyrol : entre Ziel et Fragenstein (Kerner).

181. **R. sylvularum** Ripart, Mss.

Petit sous-arbrisseau à rameaux vineux ou verdâtres, *grêles*, avec des aiguillons droits, dilatés à la base en forme de disque ou un peu inclinés, ceux des tiges plus robustes, comprimés à la base; pétioles glabres, parsemés de glandes fines peu abondantes, aiguillonnés en dessous, quelques pétioles sont aussi inermes; 5-7 folioles *petites, ovales, ovales-obtuses*, glabres, d'un vert sombre en dessus, plus pâles en dessous, doublement dentées; stipules glabres, à oreillettes droites; pédoncules solitaires ou groupés par 2-3, glabres, courts, ayant à leur base des bractées ovales cuspidées, glabres, plus longues qu'eux; tube du calice ovoïde, glabre; divisions calicinales glabres en dessous, 2 entières, 3 pinnatifides à appendices étroits, saillantes sur le bouton, plus courtes que la corolle, réfléchies à l'anthèse, caduques; styles *faiblement hérissés*; disque conique; fleur rose; fruit *petit*, rouge, *globuleux*.

Hab. Juin. Haies, buissons. — *Belgique.* Prov. de Namur : Rochefort, au Mont Rival (Crépin). — *France.* Cher : Saint-Germain-des-bois (Ripart); — Saône-et-Loire : Châlons-sur-Saône au péage (Ozanon) ; — Isère : vallon J.-J. Rousseau près de Grenoble (Verlot); — Haute-Savoie : Pringy, Thonon (Puget). — *Suisse.* Cant. de Fribourg : Montbovon ! — Cant. de Bâle : Jura de Bâle (Christ). — *Autriche.* Autriche-inférieure : Krems (Kerner).

182. **R. insignis** Déségl. et Ripart, in Déségl., descript. de qq. esp. nouv. du genre Rosa, in mém. soc. Acad. de M.-et-Loire, XXVIII (1873), p. 112 et extr., p. 16; *R. canina* var. *insignis* Grenier, fl. jur., p. 243.

Hab. Juin. Haies. — *Belgique.* Prov. de Namur : Rochefort (Crépin). —

France. Cher : Bourgneuf (Ripart), la Servanterie ! Bourges près le moulin Bâtard ! — Loir-et-Cher : la Buissonnière commune de Maray ! — Allier : les Gazeriers (Lamotte); — Rhône : Francheville à Chaponost (Chabert); — Isère : mont Rachet (Verlot); — Savoie : Méry (Puget); — Haute-Savoie : Annecy-le-Vieux (Puget).

183. R. Chaboissaei Grenier, fl. jura., p. 241, obs.; Fourreau, l. c., p. 74.

Exs. Déséglise, herb. ros., n°s 62 et 62 bis.

Hab. Juin. Haies, buissons. — *Angleterre.* Yorkshire : haies près de Thirsk (Baker). — *France.* Vosges : Rambervillers (Boulay), Rémiremont ! — Meurthe : Nancy (Godron, in herb. Grenier); — Seine-inférieure : Yvetot (Lebel); — Vienne : le Poirat, commune de Pindray (Chaboisseau, in herb. Grenier); — Cher : Quincy ! Graire ! Berry ! Trouy ! entre la forêt de Saint-Palais et Achères ! — Allier : Vichy (Blanc, in herb. Grenier); — Jura : Salins ! — Haute-Garonne : Toulouse (Timbal-Lagrave); — Gard : le Vigan (Grenier); — Rhône : Lyon à la Tête d'or, Saint-Genis-des-Ollières (Boullu); — Haute-Savoie : Pringy (Puget). — *Suisse.* Cant. de Bâle : Bâle (Christ). — *Vénétie.* Garda ad lacum Benacum (Kerner).

184. R. eriostyla Ripart et Déséglise.

Arbrisseau peu élevé, aiguillons plus ou moins nombreux, inclinés ou droits, dilatés à la base; pétioles presque inermes, parsemés de poils et de glandes; 5-7 folioles ovales, ovales-elliptiques, les inférieures assez généralement sub-obtuses, glabres, doublement dentées, à dents secondaires ordin. terminées par une glande; stipules glabres, oreillettes dressées ou peu divergentes, bordées de glandes; pédoncules glabres, solitaires ou réunis par 2-4 en bouquet, portant à leur base des bractées ovales-cuspidées, glabres, plus longues qu'eux; tube du calice ovoïde, glabre; divisions calicinales 2 entières à bords tomenteux, 3 pinnatifides à appendices linéaires bordés de

glandes, saillantes sur le bouton, égalant la corolle, réfléchies à l'anthèse, non persistantes ; styles libres, très-velus,
simulant une colonne courte ; disque un peu conique ;
fleur d'un rose clair ; fruit globuleux, dans ceux réunis en
bouquet, le fruit central est souvent obovoïde.

Hab. Juin. Haies, bois — *Angleterre*. Carnarvonshire (Webb). —
France. Haute-Savoie : Brenthonne, Habère-Lullin, Saint-Martin (Puget) ;
— Haute-Garonne : Boussens (Timbal-Lagrave). — *Autriche*. Autriche-
infér. : Scharwgan (Kerner).

185. R. curticola Puget, in Déségl., descript. de qq.
esp. nouv. du genre Rosa, in mém. soc. Acad. de M.-et-
Loire, XXVIII (1875), p. 114 et extr., p. 18.

Hab. Juin. Haies. — *France*. Haute-Savoie : Pringy (Puget).

186. R. stenocarpa Déséglise, l. c., p. 113 et extr.,
p. 17.

Hab. Juin. Haies. — *France*. Haute-Savoie : Annecy-le-Vieux, buissons
aux Barattes (Puget). — *Suisse*. Cant. de Fribourg : Cernaz près de
Montbovon !

187. R. villosiuscula Ripart, in Crépin, primit. monog.
ros. (1869), fasc. I, p. 45, *sine descript.;* Cottet, l. c.,
p. 40, *sine descript.*

Arbrisseau peu élevé, à tiges munies d'aiguillons assez
nombreux, dilatés, comprimés à la base, crochus ou
inclinés au sommet, souvent géminés sous les pétioles ;
pétioles velus, à villosité courte et peu fournie, parsemés de
glandes, aiguillonnés ou inermes ; 5-7 folioles, la terminale
souvent terminée en pointe courte, ovales-arrondies, ou
ovales-elliptiques, glabres, fermes, nerveuses, la nervure
médiane porte aussi quelques petits acicules, vertes en
dessus, glauques en dessous, doublement dentées ; stipules
étroites, glabres, oreillettes aiguës, droites ou divergentes ;

pédoncules solitaires ou réunis par 2-4, glabres, ayant à leur base des bractées ovales-cuspidées, glabres, plus longues qu'eux ; tube du calice glabre, ovoïde ; divisions calicinales 2 entières à bords tomenteux, 5 pinnatifides à appendices portant aux bords quelques glandes, réfléchies à l'anthèse, saillantes sur le bouton, plus courtes que la corolle, caduques ; styles glabres ; disque conique ; fleur rose clair ; fruit arrondi dans les fruits en bouquet, le central affecte une forme obovoïde.

HAB. Juin. Haies. — *Belgique.* Prov. de Namur : Han-sur-Lesse (Crépin). — *France.* Cher : Saint-Germain-des-bois, vignes de Givrai près de Bourges (Ripart). — *Suisse.* Cant. de Fribourg : les cases d'Allières ; — Valais : vallée de Binn (Cottet). — *Autriche.* Tyrol : Leopoldsruh (Kerner).

188. R. armatissima Déségl. et Ripart, l. c., XXVIII (1873), p. 114 et extr. p. 18.

HAB. Juin. Haies. — *France.* Cher : carrières de la Chapelle-saint-Ursin.

189. R. stephanocarpa Déséglise et Ripart, l. c., p. 115 et extr., p. 19.

HAB. Buissons et haies des coteaux calcaires. — *France.* Cher : coteaux de l'Yèvre, rive gauche à Therrleux près de Savigny-en-Septaine.

190. R. adscita Déséglise, descript. de qq. esp. nouv. du genre Rosa, in Billotia (1866), p. 54; Verlot, l. c., p. 594.

Exs. Déséglise, herb. ros., n° 50.

HAB. Mai, juin. Haies, buissons. — *France.* Cher : carrières de la Chapelle-saint-Ursin. — M. Verlot indique ce rosier à Gap.

191. R. megalocarpa Déségl., descript. de qq. esp. nouv. du genre Rosa, in mém. soc. Acad. de M.-et-Loire, XXVIII (1873), p. 117 et extr., p. 21; *R. macrocarpa* Boissier, fl. Orient., II, p. 684 (non Mérat, nec Rochel).

Hᴀʙ. — *Perse.* Vallée de Djimil (Lazistan), alt. 2,000 mèt. (Balansa, in herb. Boissier).

192. **R. macrocarpa** Mérat, fl. Par. (1812), p. 190; Seringe, in DC., prod., II, p. 625; *R. canina* var. *macrocarpa* Cheval., fl. génér. des env. de Paris, II, p. 695.

Arbrisseau élevé, à rameaux flexueux, à écorce vineuse ou verdâtre, aiguillons des tiges robustes, dilatés à la base, courbés au sommet, ceux des rameaux moins forts, épars, presque droits ou inclinés ; pétioles glabres, portant quelques rares petites glandes fines, sillonnés en dessus, aiguillonnés en dessous ; 5-7 folioles toutes pétiolées, la terminale arrondie ou un peu rétrécie à la base, fermes, glabres, *ovales-aiguës* ou *ovales-arrondies,* à nervures secondaires plus ou moins saillantes, la médiane porte aussi quelques petits acicules, doublement dentées ; stipules larges, glabres, à oreillettes aiguës, divergentes ; pédoncules courts, glabres, solitaires ou réunis par 2-3, portant à leur base des bractées ovales-acuminées, glabres, plus longues que le pédoncule ; tube du calice ovoïde, glabre ; divisions calicinales appendiculées au sommet, glabres en dessous, 2 entières à bords tomenteux, 3 pinnatifides à appendices bordés de quelques glandes, non persistantes ; styles courts, hérissés ; disque presque plan ; fleur d'un rose pâle ; fruit *très-gros,* rouge, glabre, *globuleux, de la grosseur d'une petite noix !*

Hᴀʙ. Juin. Haies. — *France.* Environs de Paris (Mérat, fl.) ; — Cher : haies des vignes de Montifaut près de Bourges ! haies de Marçay près de Quincy ! — *Suisse.* Cant. de Schaffhouse : Siblingen (Gremli).

Oʙs. J'ai vainement cherché le type de Mérat dans l'herbier Delessert et dans ceux de MM. De Candolle et Boissier ; la plante que j'ai eu vue semble se rapporter à la description incomplète donnée par Mérat, qui ne dit pas si les folioles sont simplement ou doublement dentées, et ne fait aucune mention des styles ni des divisions calicinales. Voici la description donnée en 1812 par Mérat.

« R. *macrocarpa*, N. tige de 5 à 6 pieds, à aiguillons peu courbés ;
« folioles ovales, pointues, dentées, non glanduleuses ; pétiole presque
« aiguillonné, un peu glanduleux ; pédoncule et fruit glabres, ce dernier
« globuleux, du volume d'une petite noix ; 2-3 fleurs ensemble, de couleur
« rose pâle. » Mérat.

Lindley rapporte à tort le *R. macrocarpa* Mérat en synonyme au
R. sepium Thuill., car Mérat, dit « *folioles non glanduleuses.* »

193. R. biserrata Mérat, fl. Par. (1812), p. 190;
Leman, bull. philom. (1818), extr. p. 12; Thory, prod.
du genre ros., p. 101; Tratt., l. c., II, p. 53; Boreau, fl.
cent., éd. 3, n° 848 ; Reuter, l. c., p. 70 ; Déséglise,
ros. monog., in mém. soc. Acad. de M.-et-Loire, X,
p. 112 et extr., p. 72; de Mart.-Donos, l. c., p. 230;
Cariot, l. c., p. 178; Fourreau, l. c., p. 74; *R. sepium*
var. *nitens* Desvaux, journ. bot. (1813), II, p. 117 ;
R. canina var. *Meratiana* Seringe, in DC., prod., II,
p. 614; *R. canina* var. *biserrata* Cheval., l. c., p. 693 ;
Mutel, fl. fr., I, p. 552; Gonnet, fl. élém. de Fr., p. 480.

Icon. Redouté, les roses (1824), livrais. 27, C. *mala.*

Hab. Juin. Haies, buissons. — *France.* Loiret : Saint-Gabriel près
d'Orléans (Jullien), la Chapelle, Cercottes (Boreau, in litt.) ; — Cher :
route de Bourges à Soye ! Berry ! Villalin près de Quincy ! vignes de
Couët près de Mehun ! — Haute-Savoie : Habère-Lullin (Puget). —
Autriche. Autr.-infér. : Krems (Kerner).

194. R. sphaeroidea Ripart, mss.

Arbrisseau ayant le port du *R. dumalis ;* aiguillons
robustes, dilatés, comprimés à la base, crochus ou inclinés
au sommet, souvent nuls sur les tiges florifères ; pétioles
glabres, sillonnés en dessus, parsemés de glandes fines,
aiguillonnés en dessous ; 5-7-folioles ovales-aiguës ou

elliptiques, glabres, d'un vert luisant en dessus, glaucescentes en dessous, la nervure médiane d'un grand nombre
de folioles porte quelques petits acicules, doublement
dentées ; stipules assez larges, glabres, bordées de glandes, oreillettes aiguës, droites ou divergentes ; pédoncules
glabres, réunis ordin. en corymbe, cachés par de larges
bractées ovales-acuminées, glabres, bordées de glandes ;
tube du calice ovoïde, glabre ; divisions calicinales appendiculées au sommet, glabres en dessous, 2 entières à bords
tomenteux, 3 pinnatifides à appendices bordés de glandes,
saillantes sur le bouton, plus courtes que la corolle, non
persistantes ; styles hérissés ; disque presque plan ; fleur
d'un rose clair ; fruit assez gros, arrondi, rouge.

Hᴀʙ. Mai, juin. Haies, bois. — *Belgique.* Prov. de Namur : Rochefort
(Crépin). — *France.* Cher : La Chapelle-saint-Ursin (Ripart), Marçay près
de Mehun, Berry, Savigny-en-Septaine, vignes d'Auron près de Bourges,
bois de Roeset, route de Bourges à Saint-Amand ; — Haute-Savoie :
Thonon (Puget). — *Autriche.* Autr.-infér. : Alaunthal près de Krems
(Kerner).

195. R. brachypoda Déséglise et Ripart.

Arbrisseau élevé ; aiguillons dilatés, comprimés à la base,
inclinés ou droits, ceux des rameaux florifères plus petits,
rameaux à écorce vineuse, les jeunes pousses souvent
lavées d'un rouge vineux ; pétioles glabres, sillonnés en
dessus, parsemés de rares glandes, inermes ou quelques-
uns faiblement aiguillonnés ; 5-7 folioles ovales, ovales-
elliptiques ou obtuses, glabres, d'un vert clair en dessus,
plus pâles en dessous, à nervure médiane ayant principalement à la base quelques petits acicules, doublement dentées ; stipules glabres, bordées de glandes, oreillettes
aiguës, droites : pédoncules très-courts (3-4 millim.), glabres, réunis en bouquet, ayant à leur base des bractées

ovales, appendiculées au sommet, glabres, bordées de
glandes, plus longues que les pédoncules ; tube du calice
ovoïde-allongé, glabre ; divisions calicinales glabres, spatulées au sommet, 2 entières, 3 pinnatifides à appendices courts, filiformes, plus courtes que la corolle,
réfléchies à l'anthèse, puis se relevant et caduques avant
la coloration du fruit ; styles hérissés ; disque un peu
conique ; fleur rose ou d'un rose pâle ; fruit gros, rouge,
obovoïde affectant une forme pyriforme.

HAB. Mai, juin. Bois, haies. — *France*. Cher : bois de Soye (Ripart),
vignes de la Chapelle-saint-Ursin, vignes de Couët près de Mehun, forêt
d'Allogny.

196. R. Armidae Webb ; Bourgeau, exs., plantae
canarienses, n° 352.

HAB. — Ile Palma, cumbre de Garafia (Bourgeau). — *Afrique*. Madère
(Masson, in herb. Boissier).

c). *Hispidae.*

Déséglise, obs. on the differ. meth. propos. for the
classif. of the spec. of the gen. rosa, in the Naturalist,
n° 20, p. 312 (1865), part.; Crépin, primit. monog. ros.,
fasc. I (1869), p. 18; Cottet, l. c., p. 40.

Pétioles glabres ou à peu près, plus ou moins parsemés
de glandes, feuilles glabres, à nervures secondaires dépourvues de glandes, simplement ou doublement dentées,
pédoncule et tube du calice plus ou moins hispides-glanduleux.

1. { Aiguillons dégénérant au sommet des rameaux
    florifères en soies sétacées . . . . **2.**
    Aiguillons ne dégénérant pas en soies. . . . **4.**

	Folioles doublement dentées	3.
2.	Folioles irrégulièrement dentées, styles glabres ou très-obscurément hérissés	*interveniens.*
3.	Folioles suborbiculaires, divisions calicinales glabres sur le dos, fleur grande, d'un beau rose.	*Chaberti.*
	Folioles ovales, d'un vert sombre, divisions calicinales parsemées de glandes, fleur moyenne, rose	*latebrosa.*
4.	Folioles simplement ou irrégulièrement dentées	5.
	Folioles doublement dentées	12.
5.	Folioles ovales-arrondies, irrégulièrement dentées, la majeure partie à dents simples, d'autres folioles doublement dentées, styles velus, fleur rose	*Kosinsciana.*
	Folioles toutes doublement dentées	6.
6.	Styles glabres, fleur blanche, folioles ovales, tube du calice ovoïde, fruit subglobuleux . .	*edita,* obs.
	Styles velus ou hérissés	7.
7.	Styles velus	*Aunieri.*
	Styles hérissés ou faiblement hérissés. . . .	8.
8.	Styles hérissés	9.
	Styles faiblement hérissés, presque glabres, folioles médiocres, ovales-arrondies, tube du calice glanduleux, divisions calicinales glanduleuses, fleur rose clair, fruit obovoïde . .	*Rousselii.*
9.	Tube du calice globuleux, folioles elliptiques, fruit petit, presque arrondi.	*surculosa.*
	Tube du calice ovoïde	10.
10.	Folioles larges, ovales-arrondies, fleur grande, d'un beau rose	*transmota.*
	Folioles médiocres, ovales	11.
11.	Pédoncules parsemés de soies glanduleuses, tube du calice glabre, fleur grande, d'un beau rose, fruit gros, ovoïde-allongé, affectant une forme ellipsoïde	*vinealis.*
	Pédoncules glanduleux, tube du calice glanduleux, fleur rose clair, fruit ovoïde	*Andegavensis.*

12.	{	Folioles petites, styles glabres, fleur petite, rose.	*Pouzini.*
		Folioles plus ou moins grandes	13.
13.	{	Styles velus	14.
		Styles hérissés ou faiblement hérissés. . . .	15.
14.	{	Folioles ovales, tube du calice globuleux, fruit globuleux	*Martini.*
		Folioles assez larges, suborbiculaires, tube du calice ovoïde, fleur grande, rose, fruit gros, ellipsoïde	*Acharii.*
15.	{	Folioles ovales-arrondies, tube du calice ovoïde, glabre, fleur grande, d'un beau rose, fruit ovoïde	*psilophylla*.
		Folioles ovales, ovales-aiguës ou elliptiques . .	16.
16.	{	Pédoncule et tube du calice chargés de petites soies glanduleuses, folioles ovales	*aspernata.*
		Pédoncule et tube du calice non chargés de soies	17.
17.	{	Tube du calice arrondi	18.
		Tube du calice ovoïde	19.
18.	{	Folioles ovales aiguës, styles faiblement hérissés, fleur rose, fruit subglobuleux	*firma.*
		Folioles ovales-elliptiques, styles très-hérissés, fleur grande, d'un beau rose, fruit obovoïde .	*Haberiana.*
19.	{	Folioles ovales-aiguës	20.
		Folioles ovales, fleur grande, d'un rose carné, fruit gros, ovoïde.	*Chavini.*
20.	{	Tube du calice ovoïde-allongé, glabre, fleur rose clair, aiguillons épars.	*Suberti.*
		Tube du calice ovoïde, glabre ou glanduleux, fleur rose, aiguillons en spirale ou formant presque un verticille	*inconspicua.*

197. **R. Pouzini** Tratt., l. c., II, p. 112; Desportes,
l. c., n° 1933; Déséglise, essai monog., in mém. soc. Acad.
de M.-et-Loire (1861), X. p. 115, et extr., p. 73; Cariot,
II, p. 676; Verlot, l. c., p. 115; *R. micrantha* DC., fl.
fr., V, p. 539 (non Smith); Poiret, dict. encycl., IV,
p. 714; *R. graveolens* Gren. et Godr., l. c., p. 561, *pr. part.*
(non Grenier, fl. jura.); *R. Diomedis* Grenier! in Billot, exs,

Exs. Billot (suites), nᵒˢ 3721 ! 3712 bis ! 3850 !

Hab. Juin. — *France*. Hérault : Saint-Loup près de Montpellier (DC. !) ; — Bouches-du-Rhône : Marseille (Roux, in herb. Grenier) ; — Gard : Anduze (Miergue), Vigan (Tuczkiewicz) ; — Var : bois des Maures aux Escarcets, colline des Melen au Cannet (Hanry); — Aude : montagne Noire, le Mas-Cabardès (Ozanon) ; — Isère : château de Verna près de Crémieu (Boullu), vallon J.-J. Rousseau à Pariset, la bastille de Grenoble, Comboires (Verlot) ; — Rhône : Couzon (Boullu).

Obs. I. M. Grenier, dans le *Billotia*, p. 121, attribue au *R. Pouzini* des styles hispidules. M. Grenier ne fait donc pas attention aux exemplaires qu'il possède ? Le nᵒ 3850 de Billot (*R. Diomedis* Gren.), qui a dû lui passer sous les yeux, a les styles *très-glabres !* comme les numéros de la même collection, 3721 et 3721 bis. Je ne vois aucune différence entre ces numéros pour les séparer.

Seringe, dans le *Prodromus*, ne s'est nullement préoccupé du type de l'herbier DC., ni du texte de la flore française ; DC. dit : « *les feuilles sont « très-glabres, ovales, petites.* » Seringe : « *foliolis minimis rubiginoso-* « *glandulosis glabris ;* » erreur acceptée sans contrôle pas MM. Grenier et Godron, dans leur flore de France.

Quant aẍ nᵒ 3851, publié par les continuateurs de Billot sous le nom de *R. Pouzini* var. *subintrans*, *R. subintrans* Gren., c'est un rosier de la section *Rubiginosae* et non une *Caninae ;* nous reparlerons de ce nᵒ en son lieu et place. Cette forme avait été signalée en 1852 par MM. Boissier et Reuter.

Obs. II. J'ai reçu de France, d'Espagne et d'Algérie, un rosier bien voisin du *R. Pouzini* Tratt., dont il diffère par ses styles obscurément hérissés, ses feuilles plus larges, ses fruits plus gros. Serait-ce le *R. Pouzini* a. *nuda* Grenier, in Billotia, p. 121, non Tratt. ? M. Grenier dit : « *folioles lancéolées :* » mes échantillons ont, dans la plante d'Espagne, les folioles ovales, les inférieures orbiculaires ; dans l'échantillon de France, elles sont grandes, ovales, arrondies à la base ou elliptiques ; dans ceux d'Algérie, les folioles sont ovales, les inférieures elliptiques ou subobtuses.

Je connais seulement cette forme par des échantillons trop incomplets pour pouvoir porter un jugement quelconque. — *France*. Aude : le Mas-Cabardès (Ozanon). — *Espagne*. Rochers au-dessus de la ville de Venasque en Aragon (Timbal-Lagrave). — *Algérie*. Oasis de Mnechounès près de

Biskra (Balansa) : plante distribuée par M. Balansa en 1857, sous le nom de *R. canina* L. var. *collina,* sans numéro d'ordre.

OBS. III. Une autre forme que je possède a tous les caractères du *R. Pouzini,* mais en diffère par ses styles très-hérissés presque velus, le pédoncule peu ou pas glanduleux. — *France.* Hérault : Roquehaute près de Béziers (Ozanon) ; — Aude : le Mas-Cabardès (Ozanon); — Isère : entre le Sappey et la forêt de Porte (Verlot), le Sappey près de Grenoble (Boullu).

198. R. inconsiderata Déséglise, descript. de qq. esp. nouv. de Ros., in mém. Soc. Acad. de M.-et-Loire (1873), XXVIII, p. 117 et extr., p. 21 ; *R. Hispanica* Boiss. et Reuter, pugil., p. 44 (non Miller); *R. rubiginosa* Cosson, in Bourgeau, pl. exs. (non Lin.).

Exs. Bourgeau, pl. d'Espagne (1849), n° 195 ; année 1851, n° 1161, ce dernier n° *pro part.,* représenté par deux échantillons en fruits ; l'un est *R. rubiginosa* Auct., l'autre *R. Hispanica* Boiss. et Reut. ! plante qui ne ressemble pas beaucoup à une rubigineuse. — En 1854, M. Bourgeau, toujours sous le visa de M. Cosson, a distribué encore le *R. Hispanica* sous le nom fautif de *R. rubiginosa* L. ; l'étiquette ne porte pas un numéro d'ordre, mais seulement l'année 1854.

HAB. Juillet. Région des montagnes. *Espagne.* Sierra d'Antequerra (Reuter), Sierra de las Nieves (Bourgeau, n° 195), Sierra Nevada (Bourgeau, n° 1161, pr. part.), Alcala de Henares près de Madrid (Bourgeau, n° 1154), Escurial (Reuter).

OBS. *R. Hispanica* var. *Nevadensis* Boiss. et Reut., l. c., ayant les folioles glanduleuses en dessous, est étranger à cette section ; ses styles sont très-velus d'après l'échantillon authentique que je possède.

R. Hispanica var. *Escurialensis* Boiss. et Reut., l. c.; d'après les échantillons que j'ai été à même d'examiner dans l'herbier de M. Boissier et qui sont les mêmes que celui que je possède, je ne vois aucune différence avec le type pour en faire une sous-variété d'après le style du jour.

199. **R. Chavini** Rapin, in Reuter, cat. de Genève (1861), p. 69; Rapin, guide Vaud., éd. 2, p. 195; Gregnier, fl. jur., p. 256; Godet, fl. Jura, sup. (1869), p. 75; Fourreau, l. c., p. 74 ?; Verlot, l. c , p. 115 ?; Cottet, l. c., p. 41.

Hᴀʙ. Juin, juillet. Broussailles de la région subalpine. — *France.* Haute-Savoie : le mont Salève à la base de la grande gorge (Rapin), la Croisette. — *Suisse.* Valais : mont Clou au-dessous de Bovernier ! — Cant. de Fribourg : la Cernaz près de Montbovon (Cottet).

200. **R. Wolfii** De la Soie, mss., in Cottet, l. c., *sine descript.*

Arbrisseau de 1 mètre à 1 mètre 50 cent. de hauteur ; aiguillons des tiges *longs, droits,* dilatés à la base, souvent géminés sous les pétioles, rameaux droits ; les jeunes pousses ont les feuilles souvent d'une teinte vineuse ; pétioles glabres, parsemés de glandes, aiguillonnés en dessous ; 5-7 folioles espacées sur le pétiole, la terminale *aiguë aux deux extrémités* ou *rétrécie à la base, arrondie au sommet, terminée en pointe courte,* les latérales *obovales, cunéiformes à la base* ou *ovales,* d'autres principalement dans les inférieures *ovales-elliptiques,* d'un vert sombre, glabres sur les deux faces, la côte porte quelques petits acicules, doublement dentées, à dents principales aigues, ouvertes, terminées par un petit mucron ; stipules glabres, bordées de glandes, oreillettes aiguës, droites ou peu divergentes ; pédoncules solitaires ou réunis en bouquet peu fourni, *chargés* de petits acicules fins, terminés par une glande noirâtre ; bractées ovales-cuspidées, glabres, bordées de glandes, un peu serrulées au sommet, égalant ou plus courtes que les pédoncules ; tube du calice ovoïde, *couvert* comme les pédoncules de petits acicules ; divisions calicinales longues, spatulées au sommet, glanduleuses en dessous, 2 entières, 3 pinnatifides à appendices étroits, filiformes, non persistantes sur le fruit; styles courts, *obscurément hérissés;* disque plan; fleur rose lavée de blanc; fruit ovoïde.

Hab. Juin. Broussailles de la région subalpine. — *Suisse.* Valais : Bovernier (De la Soie).

201. **R. Martini** Grenier, fl. jur. (1864), p. 242; Verlot, l. c., p. 594.

Hab. — *France.* Lozère : Bagnols-les-Bains (Grenier) ; — Gard : Auriat, près d'Aumessas (Martin, in herb. Grenier) ; — Isère : la Fauge au Villard-de-Lans (Boullu).

202. **R. surculosa** Woods, trans. of the Linn. societ. (1816), XII, p. 228 et herb. n° 117 et n° 121; Tratt., l. c., II, p. 40; *R. canina* var. *surculosa* Smith, engl. fl., II, p. 594; Hooker, brit. fl., p. 539 excl. syn. Swartz; Babington, man., ed. 6, p. 125? ; Baker, monog. of brit. ros., in journ. soc. linn., XI, p. 226.

Je connais ce rosier par un échantillon de Borrer que je tiens de la libéralité de M. J.-G. Baker; voici la description qu'en donne Woods.

« Frutex octo-pedalis, laxus, habitu *Rosam caninam* vel potius *R. Borreri* inter et *R. arvensem* referens.

« Rami diffusi, atro-purpurei vel intense fusci, juniores glaucescentes, « nunc copiose aculeati nunc fere inermes ; aculei fortissimi, uncinati, « nunc bino-stipulares, nunc solitarii, sparsi. Petioli supra tantum sparse « pilosi, alioquin glabri, aculeis fortibus uncinatis muniti. Stipulae spathu- « latae vel lineares, nunc serratæ, nunc basi glanduloso-ciliatæ, nunc nisi « apicem versus integerrimae, glabrae, interdum margine pilosae, ex flori- « bus propriores latiores et demum foliis deficientibus in bracteas ellipti- « cas, acuminatas, immutatae. Foliola 7, par superius et foliolum impar « ceteris majora, acie supraque nervo tantum pilis raris instructa, elliptica

« vel subrotunda, acuminata, impar basi cordatum vel ovatum, serrata,
« subtus glabra, obscura, juniora purpurascentia. Pedunculi 1-24, hic
« illic setis sparsis, tenerrimis, pilisve muniti. Receptaculum ovatum,
« fuscum, glabrum, disco convexo. Calycis foliola triangulari-elliptica,
« acuta fere usque ad basin divisa, pinnis lanceolatis vel lineari-lanceola-
« tis, nervosis, integerrimis. Flores rubescentes. Styli subporrecti, villosi ;
« stigmata in globulum congesta. Fructus late ellipticus, ruber. »

About Albourne, Henfield, West Grimstead, and elsewhere in Sussex.
Borrer (Woods). L'échantillon que je possède vient de West Grimstead
(Borrer).

Obs. J'ai récolté dans le département du Cher un rosier qui se rapproche
beaucoup du *R. surculosa* Woods; il en diffère par ses styles glabres
et sa fleur blanche.

R. edita Déséglise, herb. — Arbrisseau élevé ; rameaux flexueux, les
uns inermes, d'autres aiguillonnés, à aiguillons dilatés à la base, inclinés
au sommet, écorce verdâtre ou vineuse ; pédoncules réunis par 4-5-7-10 en
corymbe, glabres, quelques-uns portent de rares glandes (*comme dans
l'échantillon de Borrer*) ; styles glabres ; disque plan (dans l'échantillon
anglais, les styles sont entourés de poils à la base et glabres au sommet
dans le spécimen en fruit, obscurément hérissés dans l'échantillon en
fleur) ; divisions calicinales plus courtes que la corolle (exactement confor-
mées comme dans le type anglais) ; étamines d'un beau jaune ; fleur
blanche (Woods dit : flores rubescentes) ; tube du calice ovoïde, glabre ;
fruit petit, subglobuleux, atténué au sommet (de même forme que dans
le spécimen de Borrer ! mais Woods dit : *late ellipticus*) ; feuilles glabres,
simplement dentées.

Hab. Juin. Bois. — *France.* Cher : bois de la Brosse près de la Celle-
Bruère, dans le sentier qui passe sous le viaduc du chemin de fer.

203. **R. abstenta** Nob.; *R. canina* var. *collina* Boissier,
fl. Orient., II, p. 685 (non Jacq., et excl. syn.).

Exs. Kotschy, n° 547 !
Description établie sur un magnifique échantillon de la
collection Kotschy, que je possède.
Arbrisseau....; d'après l'échantillon, les rameaux paraissent tortueux, peu aiguillonnés, à aiguillons petits, dilatés

comprimés à la base, crochus ou inclinés au sommet; pétioles glabres, parsemés de rares glandes, munis de quelques poils blancs surtout à l'insertion des folioles et qui me semblent caducs à l'âge adulte, aiguillonnés; 5-7 folioles toutes pétiolées, ovales, ovales-elliptiques, d'autres obovales, glabres sur les deux faces, épaisses, fermes (me paraissant d'un vert glaucescent), nervures secondaires apparentes, quelques folioles ont la nervure médiane munie de quelques petits acicules, d'autres l'ont parsemée de poils et enfin il y a des folioles à nervure médiane parfaitement lisses, simplement dentées, à dents aiguës; stipules glabres, bordées de glandes, à oreillettes aiguës, droites; pédoncules solitaires ou biflores, parsemés de glandes, ayant à leur base deux bractées opposées, assez larges, ovales-cuspidées, lavées d'une couleur vineuse, glabres, bordées de glandes, plus longues que les pédoncules; tube du calice.......; divisions calicinales longuement cuspidées au sommet, 2 entières glabres en dessous, 3 pinnatifides glanduleuses en dessous à appendices étroits, filiformes; styles glabres; disque conique; fleur......; fruit pas encore arrivé à la maturité, hispide, globuleux.

Hab. Juin. — *Perse australe.* Mont Kuh-Delu, prop. Schiras (Kotschy).

Obs. M. Boissier cite aussi un nº 257 de Kotschy (1) à l'appui de son *R. canina* var. *collina*; le numéro est étranger aux Caninae hispidae.

204. R. Andegavensis Bastard, essai fl. de M.-et-Loire (1809), p. 189 et suppl. (1812), p. 29; Loisel., notice (1810), p. 81; DC., fl. fr., V (1815), p. 539; Leman,

---

(1) Il y a certainement une erreur de typographie dans sa flore d'Orient? ce n'est pas nº 257, mais bien 237 qu'il faut lire.

bull. philom. (1818), extr. p. 9; Thory, l. c., p. 107;
Tratt., l. c., II, p. 56; Rchb., fl. excurs., n° 4003;
Boreau, l. c., éd. 2, n° 676, éd. 5, n° 856 et catal. de
M.-et-Loire, p. 79; Arrondeau, fl. Toulous., p. 126;
Reuter, cat. Genève (1861), p. 70?; Déséglise, in Billot,
arch. de la fl. de Fr. et d'Allem., p. 334 et in mém. soc.
Acad. de M.-et-L., X, p. 115 et extr., p. 75; Baker, rev.
of the Brit. ros., p. 51; de Mart.-Don., l. c., p. 231;
Cariot, l. c., II, p. 178; Fourreau, l. c., p. 74; Verlot,
l. c., p. 115; *R. canina* var. *grandidentata* Desvaux, jour.
bot. (1813), II, p. 113; Saint-Am., fl. Agen., p. 205;
R. canina var. *glandulifera* Woods, l. c., p. 225 et herb.,
n° 112 et n° 114; *R. canina* var. *hispida* Desvaux, l. c.;
Seringe, in DC., prod., II, p. 614; Duby, bot. gall., I,
p. 178; Delastre, fl. de la Vienne, p. 159; Boreau, l. c.,
éd. 1, II, p. 138; Kirschleger, fl. Als., I, p. 248;
R. canina var. *Andegavensis* Desportes, l. c., p. 88;
Baker, monog. of Brit. ros., in Linn. Society's journ., XI,
p. 231; Dumort., l. c., p. 60; *R. canina* var. *hirtella*
Gren. et Godr.? l. c., p. 558; *R. canina* var. *glandulosa*
Grenier, fl. jur., p. 243; Godet, fl. Jura, sup., p. 75;
R. sepium var. *intermedia* Desvaux? l. c., p. 117;
R. dumetorum var. *hispida* Cheval., l. c., II, p. 694;
R. sempervirens Bastard, l. c., p. 188 non L.; Rau, enum.
ros., p. 120; *R. Raui* Tratt., l. c., p. 35; Bl. et Fing.,
l. c., p. 631 ; *R. tortuosa* Wierzbicki, ex exempl. auth.!;
R. dolosa Godet, l. c., suppl., p. 72 (non Wendl.) vu
exempl. auth. herb. Rapin!

Icon. Redouté, les roses (1824), livrais. 16, B.

Exs. Wirtgen, pl. crit., n° 545 ; Déséglise, herb. ros.,
n° 17.

Hᴀʙ. Mai, juin. Haies, bois. — *Belgique*. Prov. de Namur : Rochefort (Crépin). — *France*. Vosges : Labresse, Presle (Pierrat); — Maine-et-Loire: Angers (Boreau), Anjou (Bastard, 1815, in herb. DC.); — Loire-inférieure: Saint-Aignan près de Nantes (Lloyd); — Loiret : Orléans (Saint-Hilaire, 1812, in herb. DC.), Saint-Denis-en-Val (Jullien); — Cher : C. Bourges, Berry, Mehun, Vierzon, etc. ; — Allier : les Gazeriers (Lamotte); — Côte-d'Or: Meursault (Ozanon), Maxilly ! — Saône-et-Loire : Châlons-sur-Saône (Ozanon); — Aude : le Mas-Cabardès (Ozanon); — Haute-Garonne : Toulouse (Timbal-Lagrave); — Rhône : Lyon (Boreau) ; — Isère : le Sappey et la forêt de Porte, Paritet (Verlot); — Haute-Savoie : Habère-Poche (Puget). — *Prusse*. Coblence (Wirtgen). — *Autriche*. Csiklova in Banat (Wierzbicki). — *Suisse*. Cant. de Neuchâtel : abbaye de Bevaix (Godet, in herb. Rapin); Valais : Bovernier (de la Soie) ; — cant. de Fribourg : Montbovon (Cottet).

Oʙs. Le *R. Andegavensis* présente les formes suivantes. Nous ne leur consacrons pas de numéros spéciaux, mais sans vouloir pour cela diminuer en rien leur importance.

204/₁. R. agraria Ripart! *R. agrestina* Ripart olim.

Exs. Déséglise, herb. ros., n° 18? Billot (suites), nᵒˢ 3722, 1476.

Port du *R. Andegavensis*, aiguillons robustes, dilatés, comprimés à la base, inclinés ou droits, ceux des rameaux florifères plus grêles ; pétioles glabres, glanduleux, parsemés de poils dans le sillon, aiguillonnés ; 5-7 folioles ovales-aiguës, ovales-elliptiques, quelques-unes subobtuses, glabres, vertes en dessus, glaucescentes en dessous, simplement dentées ; stipules assez grandes, glabres, bordées de glandes, oreillettes aiguës, droites ou divergentes ; pédoncules solitaires ou en bouquet, *parsemés de quelques soies glanduleuses*, ayant à leur base de larges bractées ovales-cuspidées une souvent trifoliée, glabres, plus longues que les pédoncules; tube du calice ovoïde ou obovoïde, *glabre* ou *hispide à la base;* divisions calicinales *glabres* en dessous, 2 entières à bords tomenteux, 3 pinnatifides,

saillantes sur le bouton, plus courtes que la corolle, réfléchies à l'anthèse, caduques; styles *glabres ou très-obscurément hérissés;* disque un peu saillant; fleur d'un rose pâle;
fruit ovoïde, rouge.

Hᴀʙ. Mai, juin. Haies, bois. — *Belgique.* Prov. de Namur : Ave (Crépin).
— *France.* Vosges : Cornimont (Pierrat) ; — Loir-et-Cher : Menetou-sur-
Cher, Salbris : — Cher : la Rouhanne commune de Nesdun, Achères,
Bourges, la Servanterie, Mehun, Marmagne, Berry ; — Puy-de-Dome :
Clermont ; — Doubs : Besançon (Paillot) ; — Rhône : mont Verdun (Cha-
bert), Craponne (Boullu) ; — Hautes-Alpes : Gap (Burle) ; — Haute-Savoie :
Thonon (Puget).

204/₂. R. Lemaitrei Ripart, in Verlot, cat. pl. Dauph.,
p. 394.

Voisin du *R. Andegavensis* Bast., dont il diffère par ses
styles glabres, ses folioles plus petites, doublement dentées.
(Ripart, in litt.).

Hᴀʙ. Juin, juillet. Haies. — *Angleterre.* Cornwall : Saint-Johs et Irelay
(Briggs). — *France.* Cher : Fussy (Ripart) ; Hautes-Alpes : indiqué par
M. Verlot à Freissinouse près de Gap. — *Suisse.* Jura de Bâle (Christ).

204/₃. R. condensata Puget, in Billotia, p. 118.

Exs. Billot (suites), nᵒ 3846.

Voisin du *R. Andegavensis* Bast., dont il diffère par son
port touffu, ses folioles plus courtes et plus obtuses, ses
stipules plus grandes, ses pédoncules moins hispides, ses
styles velus, son fruit subarrondi.

Hᴀʙ. Juin, juillet. Broussailles de la région montagneuse. — Haute-
Savoie : Habère-Poche, Habère-Lullin (Puget).

204/₄. R. purpurascens Ripart, mss.

Voisin du *R. Andegavensis* Bast., dont il diffère, d'après
les notes de M. Puget, par ses rameaux et tiges rougeâtres,
aiguillons droits ou peu inclinés, ses stipules et bractées
rougeâtres, ses pédoncules lisses ou légèrement glandu-

leux, fleur grande, d'un beau rose, feuilles simplement dentées, styles velus.

Hᴀʙ. — Habère-Lullin (Ripart), environs de Moutiers, Bellevaux, montagne de Veyrier (Puget).

204/ₛ. R. obtusa Ripart, mss.

Voisin du *R. Andegavensis* Bast., dont il diffère par ses folioles doublement dentées, tube du calice petit, ovoïde, glabre ou hispide à la base, styles glabres, fruit petit, arrondi.

Hᴀʙ. Bois, haies. — Cher : Garenne de Turly près de Bourges (Ripart), le Colombier près de Vierzon.

205. R. vinealis Ripart, in Déségl., descript. de qq. esp. nouv., Billotia, p. 56 et extr., p. 4.

Exs. Déséglise, herb. ros., n° 19.

Hᴀʙ. Mai juin. Haies. — *France*. Cher : la Grange-Saint-Jean, Givrai, Quatre-Vents, Turly (Ripart) ; — Loir-et-Cher : route de Menetou-sur-Cher à Maray ! — Hautes-Alpes : village de Manse près de Gap (Burle). — *Suisse*. Cant. de Fribourg : la Tine près de Montbovon (Cottet).

206. R. Verloti Crépin, primit. monog. ros., fasc. I, p. 53, sine descript.; Verlot, l. c., p. 394.

Ce rosier nous étant connu par un échantillon en fruit seulement et manquant de notes, nous ne pouvons pas établir une description. M. Verlot, dans son catalogue, aurait dû au moins donner les caractères différentiels.

Hᴀʙ. — Isère : le Sappey (Verlot, Boullu).

207. R. Suberti Ripart, mss.; Verlot, l. c., p. 394, sine descript.

Description établie sur les notes et échantillons reçus de M. Ripart.

Port du *R. Andegavensis* Bast.; aiguillons des rameaux

dilatés comprimés à la bas e, crochus ou inclinés au sommet ; pétioles glabres, parsemés de glandes, les uns inermes, d'autres aiguillonnés en dessous ; 5-7 folioles ovales-aiguës ou obtuses, glabres, vertes en dessus, glaucescentes en dessous, la nervure médiane de plusieurs folioles porte quelques petits acicules, doublement dentées ; stipules étroites, glabres, bordées de glandes, oreillettes aiguës, droites ou divergentes, il y a quelques stipules portant sur le dos des glandes ; pédoncules solitaires ou réunis par 2-5, faiblement hispides, munis à leur base de bractées ovales-cuspidées, glabres, bordées de glandes, plus longues ou égalant les pédoncules ; tube du calice ovoïde-allongé, un peu contracté au sommet, glabre ; divisions calicinales parsemées de glandes peu abondantes en dessous, 2 entières à bords tomenteux, 5 pinnatifides à appendices bordés de glandes, saillantes sur le bouton, plus courtes que la corolle, non persistantes ; styles hérissés ; disque presque plan ; fleur d'un rose clair ; fruit ovoïde ou obovoïde, rouge.

Hab. Mai, juin. Bois, haies. — *Angleterre*. Devonshire : Woodlands (Briggs). — *Belgique*. Prov. de Namur : Rochefort (Crépin). — *France*. Cher : Gérissai, les Quatre-Vents (Ripart), forêt du Rhin-du-bois ; — Doubs : Pontarlier (Grenier) ; — Pyrén -Orient. : fond de Combes (Ripart) ; — Loire : Pelussin à la Madeleine (Boullu) ; — Rhône : Craponne (Boullu). — *Suisse*. Jura de Bâle (Christ).

208. **R. Rousselii** Ripart, mss.; *R. dubia* Bastard inéd. (1815), in herb. DC. (non Wib.).

Port du *R. Andegavensis* Bast.; pétioles parsemés de quelques rares glandes fines, faiblement aiguillonnés en dessous ou inermes ; 5 folioles *ovales-arrondies* ou *brièvement aiguës, subobtuses*, quelques folioles sont aussi *orbiculaires*, de moyenne grandeur, plus petites que celles du

R. Andegavensis, glabres, d'un vert clair en dessus, plus pâles en dessous, simplement dentées, à dents aiguës; stipules étroites, glabres, bordées de fines glandes, oreillettes aiguës, droites ou divergentes, les supérieures plus larges; pédoncules ordin. *solitaires, portant de fines glandes;* bractées ovales-cuspidées, bordées de glandes, ordin. plus longues que les pédoncules; tube du calice ovoïde, glanduleux; divisions calicinales spatulées au sommet, parsemées de glandes en dessous, 2 entières à bords tomenteux, 2 pinnatifides à appendices lancéolés, saillantes sur le bouton, plus courtes que la corolle, non persistantes; styles *glabres* ou *très-obscurément hérissés, quelques cils sont* à la base; disque un peu conique; fleur rose; fruit rouge, obovoïde ou ovoïde, presque arrondi.

Hab. Mai, juin. Haies, bois. — *France.* Anjou (Bastard! 1815, in herb. DC.); — Cher : Garenne de Turly près de Bourges (Ripart) ; — Gard : bords des routes à Aumessas (Grenier) ; — Isère : le Sappey (Verlot).

209. R. interveniens Nob.; *R. occulta* Crépin?, l. c., p. 52.

Port du *R. Andegavensis* Bast.; écorce des rameaux vineuse ou verdâtre, aiguillons des rameaux *longs, horizontaux, droits, dilatés à la base en forme de disque,* espacés, *dégénérant en aiguillons sétacés sur les rameaux* florifères; pétioles glabres, parsemés de fines glandes, aiguillonnés en dessous, folioles médiocres, *ovales-arrondies, ovales, brièvement aiguës* ou *subobtuses,* glabres, d'un vert clair en dessus, plus pâles en dessous, *irrégulièrement* dentées, il y a des folioles à dentelure simple, d'autres à dents surchargées de dents accessoires; stipules étroites, glabres, bordées de glandes, oreillettes aiguës, divergentes; pédoncules ordin. solitaires, hispides-glanduleux, portant des bractées ovales, cuspidées-glabres, plus courtes que les pédoncules ; tube du calice ovoïde, glabre ; divisions calicinales spatulées au sommet, *glabres* en dessous, 2 entières à bords tomenteux, 3 pinnatifides, saillantes sur le bouton, plus courtes que la corolle, réfléchies à l'anthèse, caduques ; styles *glabres ou très-obscurément hérissés ;* disque presque plan ; fleur rose ; fruit rouge, ovoïde, atténué au sommet, arrondi à la base.

Hab. Mai, juin. Bois. — *France.* Cher : bois de Givrai, commune de Trouy près de Bourges !

210. R. latebrosa Déséglise, notes extr. de l'énum. des rosiers, in the journ. of botany for June 1874 et extr., p. 4 ; *R. occulta* Crépin ?, l. c.

Hab. Juin. Haies, bois. — *Angleterre.* Devonshire : Boxhill, Pennycross, Jamerton, entre Saltash passage et Ernesettle, Hareston, Brixton, haies à Hemerdon, Plympton, Sainte Mary (Briggs). — *France.* Cher : bois de Marmagne !

211. R. ambigua Lejeune, revue fl. de Spa, p. 98 ; Seringe, in DC., prod., II, p. 625 ; *R. canina* var. *Lejeunii* Du Mort., fl. belgica, p. 94 ; *R. canina* var. *Andegavensis* Du Mort., monog. des ros. de la fl. Belge, p. 60.

« Germinibus oviformibus glabris, glandulis pedunculis
« raris, pedunculis raro glandulosis, foliolis utrinque
« glaberrimis duplicato-serratis acuminatis, bracteis pétio-
« lisque glanduloso-ciliatis. » (Lejeune).

Hab. —*Belgique.* Verviers et Ensival (Lejeune, fl.), Rochefort ? (Crépin). — *France.* Savoie : Chambéry ? (Paris).

Obs. Ce rosier est complètement passé sous silence dans la *flore générale de Belgique* (1853), par M. Mathieu ; il en est de même dans le *manuel de la flore de Belgique* (1860), et *primitiae monographiae rosarum* (1869) de M. Crépin.

En 1861, j'ai reçu de M. Crépin un échantillon étiqueté par lui *R. Andegavensis* Bast. ; *R. ambigua* Lejeune ! trop incomplet pour me faire une idée de cette espèce. Cet échantillon de M. Crépin est une sommité florale en fruit, sans aiguillons. Je remarque que les folioles sont simplement dentées (Lejeune dit : duplicato-serratis), les styles sont glabres, les pétioles lisses, églanduleux et inermes.

212. R. Kosinsciana Besser, enum. Pod. et Volh. (1822), p. 60, *ex exempl. auth. !;* Tratt., l. c., II, p. 48; Boreau, l. c., éd. 3, n° 857 et catal. de M.-et-Loire, p. 79; Déséglise, ess. monog., extr., p. 76; Fourreau, l. c., p. 74; *R. canina* var. *intermedia* Desvaux, obs. (1818), p. 157; *R. canina* var. *rotundifolia* Seringe, in DC., prod., II, p. 615; *R. stipulacantha* Bastard ! inéd. (1815), in herb. DC.

Exs. Unio itiner., 1859.

Hab. Juin. Haies, bois. — *Russie d'Europe*. Podolie (Besser, 1820, 1824, in herb. DC.), Volhynie (Hohenacker). — *France*. Maine-et-Loire : Anjou (Bastard, 1815, in herb. DC.), Angers, Chalonnes, Beaulieu (Boreau, catal.); — Loiret : Saint-Denis-en-Val près d'Orléans (Jullien) ; — Cher : Saint-Florent, Lazenay près de Bourges, Quincy ; — Puy-de-Dome : Saint-Pardoux (Lamotte) ; — Doubs : mont Rosemont à Besançon ! — Saône-et-Loire : Autun (Carion); — Isère : le Sappey (Verlot) ; — Rhône : Lyon au bois de l'Étoile (Ozanon); — Haute-Savoie : Bellevaux (Puget).

Obs. En 1861, dans notre *essai des rosiers de la France*, nous avons admis ce rosier d'après la grande autorité de M. Boreau, puis en comparant nos échantillons à un spécimen que nous possédons en herbier de l'*Unio itiner.*, ann. 1859, récolté en Volhynie par M. Hohenacker. Depuis nous avons pu étudier et voir un type authentique de Besser dans l'herbier de M. Alph De Candolle. Ce que nous avons publié sous le nom de *R. Kosinsciana* est identique à la plante de Besser.

Bastard, dont le coup d'œil était si juste quand il s'agissait de distinguer une espèce, avait distribué en 1815, sous le nom de *R. stipulacantha* Bast., un rosier qui est le *R. Kosinsciana ;* mais, Bastard n'ayant jamais donné une description de son espèce, Besser a la priorité.

213. R. firma Puget, in Billotia, p. 118; Crépin, l. c., p. 52.

Exs. Billot (suites), n° 3847.

Hᴀʙ. Juin. — *France*. Haute-Savoie : Bellevaux, Argonnex, Reyvroz (Puget) ; — Jura : Salins.

214. R. aspernata Déséglise, notes extr. de l'énum. des ros., in the journ. of botany for June 1874 et extr., p. 5; *R. saxatilis* Boreau ! fl. cent., éd. 2, n° 678, éd. 3, n° 859, non Steven ; *R. glandulosa* Bor., l. c., éd. 1, n° 408, *excl. syn.*; *R. verticillacantha* Baker, monog. of British ros., obs., p. 232; *R. aspratilis* Crépin ?

Hᴀʙ. Juin. Haies. — *Angleterre*. Devonshire : Warleigh Wood, Woodlands (Briggs) ; — indiqué par M. Baker dans Somersetshire, près de Bridge-Water et Weston-super-Mare. — *France*. Nièvre : coteaux de la Charité (Boreau) ; — Isère : le Sappey (Verlot).

215. R. verticillacantha Mérat, fl. Par. (1812), p. 190; Leman, bull. philom. (1818), extr., p. 9; Thory, l. c., p. 107; Seringe, in DC., prod., II, p. 622.

« Tige de 3-5 pieds, ayant des aiguillons petits, courbes, 4-5 ensemble, « presque semi-verticillés ; folioles ovales, à dents non glanduleuses, gla- « bres ; pétioles glabres, très-légèrement glanduleux ; pédoncule et fruit « hérissés de poils glanduleux ; folioles du calice presque simples, très- « glanduleuses ; fleurs solitaires, d'un rose pâle. Se trouve dans les buis- « sons au *Calvaire*. Si cette plante n'avait pas le fruit globuleux, ce serait « le *R. Pyrenaica* Gou. » (Mérat).

J'ai vainement cherché dans les herbiers de MM. Delessert, De Candolle et Boissier, le type de Mérat. Dans sa flore des environs de Paris, Mérat ne dit pas si les folioles sont simplement ou doublement dentées ; il dit seulement des « *folioles ovales à dents non glanduleuses* » ; Leman dit : *feuilles bidentées*.

216. R. inconspicua Nob.; *R. verticillacantha* plurim. auct., non Mérat.

Arbrisseau à aiguillons nombreux, dilatés à la base, recourbés au sommet ou presque droits, en spirale et forment presque un verticille autour de la tige; pétioles parsemés de poils à l'insertion des folioles, glanduleux, aiguillonnés ; 5-7 folioles ovales-aiguës, ovales-elliptiques, quelques-unes subobtuses, de médiocre grandeur, glabres, vertes en dessus, glauques ou glaucescentes en dessous, la nervure médiane porte quelques petites glandes, doublement dentées, à dents secondaires glanduleuses ; stipules glabres, à bords glanduleux, oreillettes aiguës, droites ou peu divergentes ; pédoncules solitaires ou réunis en bouquet peu fourni, hispides-glanduleux, bractées opposées, ovales-cuspidées, une souvent trifoliée, glabres, bordées de glandes, plus longues ou égalant les pédoncules ; tube du calice ovoïde, glabre ou hispide ; divisions calicinales glabres sur le dos, 2 entières à bords tomenteux, 3 pinnatifides à appendices bordés de glandes, saillantes sur le bouton, plus courtes que la corolle, non persistantes ; styles hérissés ; disque plus ou moins élevé ; fleur assez grande, rose ; fruit rouge, ovoïde.

Hab. Juin, juillet. Haies, bois. — *Angleterre*. Cheshire : Hoylake (Webb). — *France*. Indre : Sainte-Lizaigne ; — Loir-et-Cher : Beaumont (Franchet) ; — Creuse : Chamborand (de Cessac) ; — Cher : Mehun, Berry, vignes de la Chapelle-saint-Ursin ; — Saône-et-Loire : Chagny, Thésé (Ozanon). — *Autriche*. Autriche-supér. ; Vorderssorder (Kerner).

Obs. Une forme que j'ai récoltée en fleur seulement en 1855, dans le départ. du Cher, diffère du *R. inconspicua* par ses pétioles à partie interstipulaire glanduleuse sur le dos, ses styles glabres. — Pacage de Langenot, commune de Berry. — M. Lamotte m'a envoyé la même forme de l'Allier : haies à la Roubière près les Gazeriers (Lamotte).

217. R. OEnensis Kerner, Oesterr. bot. Zeitschrift, n° 11, 1869 et extr., p. 4.

Hab. — *Autriche*. Autr.-infér. : Schargan (Kerner) ; — Tyrol : Mühlau, Kranabitten, Sennenhofen, Lemenhof (Kerner).

218. R. Schottiana Seringe, in DC., prod., II, p. 613 (sub *R. canina* var. *Schottiana*); *R. glauca* Schott. ap. Besser, enum. Pod. et Volh., p. 64 non Villars ;

Crépin, l. c., p. 52 ; *R. virgata* Gremli ! ex exempl. auth. !

Voici la description minutieuse établie sur l'échantillon de Besser, conservé dans l'herbier DC. — Besser a ajouté en synonyme sur son étiquette *R. inermis* M.-Bieb.

Arbrisseau....; aiguillons....; rameaux florifères grêles, inermes ; pétioles glabres, parsemés de glandes fines, aiguillonnés ou inermes en dessous ; 5-7 folioles ovales-acuminées, ovales-elliptiques, glabres, vertes en dessus, glauques en dessous, la nervure médiane lisse ou portant quelques fines glandes, les nervures secondaires un peu saillantes, doublement dentées, à dents secondaires glanduleuses ; stipules étroites, allongées, glabres, bordées de glandes, oreillettes aiguës, divergentes, quelques stipules inférieures ont la partie interstipulaire parsemée de glandes peu abondantes ; pédoncules solitaires ou réunis par 2-4, légèrement glanduleux, les uns affectent une forme penchée, les autres sont droits, bractée lancéolée, la pointe prenant une forme foliacée, glabre, bordée de glandes, plus longue que les pédoncules ; tube du calice ovoïde, contracté au sommet, glabre ou légèrement glanduleux à la base ; divisions calicinales longues, lancéolées, spatulées au sommet, glanduleuses sur le dos, 2 entières à bords tomenteux, 3 pinnatifides, longuement saillantes sur le bouton, dépassant la corolle, réfléchies à l'anthèse ; styles courts, velus ; disque peu apparent ; fleur...... (difficile de reconnaître la couleur sur un ancien échantillon).

Hab. — *Russie d'Europe.* Podolie (Besser, 1820, in herb. DC.). — *Suisse.* Cant. de Schaffhouse : Unterhallau, Wilchingen et Schaffhouse (Gremli). — *Autriche.* Autriche-infér. : mont Kegel près de Stein, vallée du Danube (Kerner).

219. R. Acharii Bilb., in Rchb., fl. excurs., II,

p. 619; Boreau, fl. cent., éd. 3, n° 846; Déséglise, l. c.,
p. 118 et extr., p. 78; Cariot, l. c., p. 179; *R. Timeroyi*
Chabert, in Cariot, l. c., p. 180; ex exempl. auth. !

Icon. Svensk botanik, IX, pl. 577.

Hab. — Puy-de-Dôme : Fontanat près de Clermont ! — Rhône : Lyon
au-dessus du pont d'Alai (Chabert).

Obs. Il nous a été impossible de voir un type de ce rosier dans les herbiers
à notre disposition Nous avons vu dans la bibliothèque de M. Boissier
l'ouvrage suédois *Svensk botanik*, où la plante est décrite (en langue
suédoise) et figurée; la planche représente assez bien la plante que nous
avons en vue, seulement les pétioles sont figurés glabres et non *légèrement
velus*, les bractées sont plus courtes que les pédoncules, les sépales sont
figurés avec des appendices plus petits que ceux de notre plante; la
description étant en langue suédoise, il nous a été impossible de nous en
servir; nous avons eu recours à Reichenbach.

M. Cariot décrit sous le nom de *R. Timeroyi* Chabert une plante différente de celle distribuée par Chabert. L'auteur de l'*étude des fleurs* attribue aux folioles des nervures secondaires glanduleuses, ce qui n'existe pas
sur les échantillons types que nous tenons de feu Chabert. Nous ignorons
ce que peut-être ce *R. Timeroyi* décrit avec des folioles glanduleuses, car
nous admettons que M. Cariot, tout en copiant une description doit voir si
les caractères assignés sont rigoureusement exacts. La description originale que nous avons de feu Chabert lui-même, pour son *R. Timeroyi*,
dit : « la nervure médiane seule parsemée de glandes. »

220. R. Chaberti Déséglise, in Cariot, l. c., p. 180.
Description établie sur les notes et échantillons reçus de
feu Chabert.

Arbrisseau de 1-2 mètres, touffu, à écorce rougeâtre ou
verdâtre, aiguillons épars, dilatés, crochus ou droits,
*dégénérant sur les rameaux florifères, en aiguillons fins,
sétacés, les uns terminés par une glande, les autres sans
glande;* pétioles *glabres*, glanduleux, aiguillonnés; 5, rar.
7 folioles, suborbiculaires, subobtuses ou ovales-arrondies,
glabres, vertes en dessus, glauques en dessous, doublement

dentées, à dents aiguës, les secondaires glanduleuses, nervures secondaires un peu apparentes, la côte médiane porte quelques glandes ; stipules larges, glabres, bordées de glandes, oreillettes acuminées, droites ou peu divergentes ; pédoncules solitaires ou réunis par 3-4, hispides-glanduleux, bractées ovales-acuminées, glabres, bordées de glandes, ordin. plus longues que les pédoncules ; tube du calice glabre, ovoïde, contracté au sommet ; divisions calicinales *glabres sur le dos*, spatulées au sommet, 2 entières, 3 pinnatifides à appendices bordés de glandes, saillantes sur le bouton, atteignant presque la corolle, *caduques ;* styles courts, *hérissés ;* disque presque plan ; fleur grande, d'un beau rose ; fruit rouge, ovoïde.

Hᴀʙ. Juin. — *France.* Rhône : vallon de Dardilly, Charbonnière (Chabert) Ste-Consorce près de Lyon (Boullu).

221. R. Haberiana Puget, in Déségl., descript. de qq. esp. nouv. de ros., in Billotia, p. 57 et extr., p. 5.

Exs. Déséglise, herb. ros., nᵒ 20 et 20 bis ; Billot (suites), nᵒ 3585.

Hᴀʙ. Juin, juillet. Région des montagnes. — *France.* Haute-Savoie : Habère-Lullin, Habère-Poche (Puget). — *Suisse.* Cant. de Fribourg : haies à Montbovon où M. Cottet me l'a fait récolter.

222. R. Waitziana Tratt., l. c., I, p. 57 ; Seringe, in DC., prod., II, p. 623 ; Bl. et Fing., l. c., p. 634 ; Rchb., l. c., p. 621.

Hᴀʙ. — *Allemagne.* Altenbourg en Saxe. Je n'ai pas vu ce rosier.

223. R. transmota Crépin, l. c., p. 18 ; *R. psilophylla* Boreau, fl. cent., éd. 2, nᵒ 679, éd. 3, nᵒ 860 et catal. de M.-et-Loire, p. 79 (non Rau).

224. R. psilophylla Rau, enum. ros., p. 101; Tratt., l. c., II, p. 27?; Bl. et Fing., l. c., p. 628?; Rchb., l. c., p. 619; Gr. et Godr., l. c., p. 558?; Grenier, fl. jura., p. 225?; Boullu, in Billotia, p. 123?; *R. gallico-canina* Reuter, in Godet, fl. Jura, p. 218; Reuter, cat. de Genève (1861), p. 73, non Kirschleg.; Rapin, l. c., p. 196.

Exs. Billot, n° 3377.

Hᴀʙ. Mai, juin. Haies, bois. — *Suisse*. Cant. de Genève : Compesières (Chavin), Onex (Rapin), Lancy.

Oʙs. M. Rapin m'a donné une forme récoltée par lui à Onex près de Genève, dont les tiges florifères sont plus ou moins chargées d'aiguillons fins sétacés. — Sous le nom de *R. psilophylla* Rau, les auteurs font une confusion; nous-même, dans notre essai monog., nous avons mal interprété le texte de Rau, et ce que nous avons donné comme *R. siplophylla* est étranger à la section Caninae. A quelle forme ce nom de *R. psilophylla* Rau s'applique-t-il exactement ? Trattinnick dit : *foliolis supra pubescentibus*; ce qui ne concorde pas avec le caractère assigné par Rau : *foliolis glaberrimis*. MM. Grenier et Godron décrivent le *R. psilophylla* avec des feuilles glabres ou pubescentes et donnant pour localités Lyon et Angers : les échantillons que nous avons été à même de recevoir de ces localités ont des feuilles glabres.

225. R. Aunieri Cariot, l. c., II, p. 180; Fourreau, l. c., p. 74; Boullu, in Billotia, p. 122.

Exs. Billot (suites), n° 3723.

Hᴀʙ. Juin. Haies. — *France*. Rhône : haies à Francheville (Boullu), au Gau au-dessus du pont d'Alai (Chabert).

226. R. Laggeri Puget, Mss.

Description établie sur les notes et échantillons reçus de M. Puget.

Arbrisseau assez élevé, à jeunes rameaux lavés d'un pourpre vineux ou verdâtres, aiguillons épars, faibles, droits ou peu inclinés, dilatés à la base ; pétioles canaliculés, un peu pubescents dans le sillon, parsemés de glandes, aiguillonnés en dessous ; 5-7 folioles ovales-aiguës ou ovales-elliptiques, quelques-unes obtuses, glabres, d'un vert sombre en dessus, glauques en dessous, la nervure médiane porte de rares petites glandes, doublement dentées, à dents secondaires glanduleuses ; stipules glabres, à oreillettes aiguës, droites ou divergentes, les stipules inférieures sont quelques fois parsemées de glandes ; pédoncules hispides-glanduleux, solitaires ou en corymbe peu fourni, munis de bractées ovales-cuspidées, glabres, plus longues qu'eux ; tube du calice ovoïde, hispide-glanduleux ; sépales glanduleux sur le dos, terminés en spatule, 2 entiers, 3 pinnatifides, réfléchis à l'anthèse, puis redressés, persistants jusqu'à la coloration du fruit ; styles courts, hérissés ; fleur d'un beau rose ; fruit ovoïde ou obovoïde, d'un beau rouge.

Hab. Juin, juillet. Région des montagnes. — *Suisse*. Cant. de Fribourg : Ouhanna (Lagger), les Cases d'Allières (Puget), la Tine près de Montbovon où M. Cottet me l'a fait récolter.

227. **R. haematodes** Boissier, fl. Orient. ; II, p. 684.

Hab. — Le Caucase oriental (Ruprecht, in herb. Boissier).

228. **R. Hampeana** Grisebach ; Crépin, l. c., p. 108.

Hab. — In rupibus Rosstrappe Hercyniae graniticis et in agri Gottingensis saxis calcareis prope Heiligenstadt.

229. **R. Djimilensis** Boissier, l. c., p. 673.

Hab. — Vallée de Djimil (Balansa, in herb. Boissier).

230. **R. Soongorica** Bunge, in Ledeb., fl. Alt., II, p. 227 ; Walpers, repert., II, p. 11.

Hab. — La Songarie.

Je ne connais pas ce rosier, dont pas un échantillon n'existe dans les herbiers de Genève ; peut-être même ce rosier est-il étranger à cette section ?

D) *Pubescentes.*

Crépin, primit. monog. ros., fasc. I (1869), p. 19 ; Cottet, énum. ros. du Valais, in bull. Soc. Murith. (1874), n° 3, p. 41 ; *Villosae* Déséglise, obs. on the differ. meth. propos, for the classif. of the species of the gen. Rosa, in the Naturalist (1865), n° 20, p. 312, part.

Pétioles velus ou tomenteux, folioles simplement dentées, rarement doublement dentées, plus ou moins velues en dessus ou en dessous, rarement glabres avec la nervure médiane seule velue, pédoncule lisse, styles velus, hérissés ou glabres.

1.	Folioles simplement dentées	2.
	Folioles doublement ou irrégulièrement dentées	12.
2.	Styles velus.	3.
	Styles hérissés ou obscurément hérissés. . .	8.
3.	Fleur d'un rose vif, folioles petites, velues en dessous	*erythrantha.*
	Fleur rose ou rose clair	4.
4.	Tube du calice globuleux.	5.
	Tube du calice ovoïde.	6.
5.	Folioles assez larges, orbiculaires, glabres en dessus, nervures velues, fleur rose clair, fruit ovoïde	*platyphylla.*
	Folioles médiocres, ovales-arrondies, pubescentes en dessus, velues grisâtres en dessous, fleur rose, fruit arrondi	*coriifolia.*
6.	Folioles petites, à pubescence cendrée sur les deux faces, fleur rose, fruit arrondi . . .	*cinerosa.*
	Folioles non pubescentes sur les deux faces. .	7,

<table>
<tr><td rowspan="2">7.</td><td>Folioles ovales-aiguës, parsemées de poils en dessus, velues sur les nervures, fleur rose clair, fruit ovoïde . . . .</td><td>urbica.</td></tr>
<tr><td>Folioles ovales-aiguës ou obtuses, glabres en dessus, nervure médiane seule velue, fleur rose clair, fruit gros, arrondi, rouge sale. .</td><td>globata.</td></tr>
<tr><td rowspan="2">8.</td><td>Corolle blanche . . . .</td><td>9.</td></tr>
<tr><td>Corolle rose . . . .</td><td>11.</td></tr>
<tr><td rowspan="2">9.</td><td>Folioles pubescentes sur les deux faces, presque toutes obtuses, tube du calice ovoïde ou globuleux . . . .</td><td>obtusifolia.</td></tr>
<tr><td>Folioles non pubescentes sur les deux faces. .</td><td>10.</td></tr>
<tr><td rowspan="2">10.</td><td>Pétioles et nervure médiane seuls velus, fruit ovoïde . . . .</td><td>implexa.</td></tr>
<tr><td>Pétioles velus, folioles glabres en dessus, velues en dessous sur les nervures, fruit gros, arrondi</td><td>sphaerocarpa.</td></tr>
<tr><td rowspan="2">11.</td><td>Folioles ovales-arrondies, parsemées de poils en dessus, pubescentes en dessous . . . .</td><td>dumetorum.</td></tr>
<tr><td>Folioles ovales-aiguës, glabres en dessus, parsemées en dessous sur les nervures de poils qui disparaissent avec l'âge, la côte seule reste velue, fruit ovoïde . . . .</td><td>platyphylloides.</td></tr>
<tr><td rowspan="2">12.</td><td>Folioles assez larges, irrégulièrement dentées, fleur rose pâle. . . . .</td><td>jactata.</td></tr>
<tr><td>Folioles toutes doublement dentées, fleur rose .</td><td>canescens.</td></tr>
</table>

231. R. erythrantha Boreau, fl. cent. de la Fr., éd. 3, n° 850 et catal. M.-et-Loire, p. 79; Déséglise, essai monog., in mém. soc. Acad. de M.-et-Loire, X, p. 121 et extr., p. 81.

HAB. Juin. Haies. — France. Maine-et-Loire : Angers, Saumur (Boreau) ; — Loiret : haies du faubourg Saint-Jean près d'Orléans (Jullien).

232. R. obtusifolia Desvaux, journ. bot. (1809), II, p. 317; Loisel., notice (1810), p. 82; Tratt., l. c., I, p. 134; Boreau, l. c., éd. 2, n° 657, éd. 3, n° 819 et catal. de M.-et-Loire, p. 78; Gr. et Godr., l. c., p. 557;

Déséglise, l. c., p. 121, extr., 81 ; de Mart.-Don., fl. Tarn, p. 231; Cariot, l. c., p. 181; Fourreau, l. c., p. 75; Verlot, l. c., p. 116; *R. canina* var. *obtusifolia* Desvaux, l. c. (1813), II, p. 115 et obs. (1818), p. 157; Seringe, in DC., prod., II, p. 613; Delastre, fl. Vienne, p. 159; Lloyd, fl. Ouest (1868), p. 176 ; *R. canina* var. *leucantha* Guépin, fl. M.-et-Loire (1838), p. 337 ; *R. leucantha* Bastard, l. c., suppl. (1812), p. 32 (non Loisel., nec Bieb.); DC., fl. fr. (1815), V, p. 535; *R. dumetorum* Leman !, bull. philom. (1818), extr., p. 9, ex exempl. *R. dumetorum* var. *obtusifolia* Cheval., l. c. (1827), II, p. 692; *R. collina* var. *leucantha* Thory, l. c., p. 72; Desportes, l. c., p. 89; *R. collina* var. *obtusifolia* Du Mort., monog. ros. de la fl. belge (1867), p. 58.

Icon. Redouté les Roses (1824), livrais. 11, B.

Exs. Schultz, herb. norm., n° 473; Billot, n° 1664; Déséglise, herb. ros., n° 21.

Hab. Mai, juin. Haies, bois. — *Angleterre.* Cornwall : près de Craflhole (Briggs) ; — Devonshire : près d'Elburton (Briggs). — *France.* Maine-et-Loire : Angers (Desvaux, 1809, in herb. DC.), bords de la Loire à Angers (Bastard, 1815, in herb. DC.) ; — Vienne : Pindray près de Montmorillon (Chaboisseau) ; — Seine : haies à Longchamp (Leman, 1810, in herb. DC.); Loiret : Maison rouge près d'Orléans (Jullien), la Ferté-St-Aubin (Boreau); — Cher : C., Berry, Mehun, Allogny, etc. ; — Corrèze : Tulle ; — Doubs : Besançon (Grenier) ; Saône-et-Loire : Autun (Carion) ; — Lot-et-Garonne : Agen (de Pommaret) ; — Hérault : Montpellier (DC., 1807) ; — Haute-Garonne : Toulouse (Timbal-Lagrave) ; — Rhône : Lyon à Dardilly (Ozanon), Charbonnière (Boullu) ; — Hautes-Alpes : Gap (Burle); — Var : Aix (Grenier) ; — Haute-Savoie : Habère-Lullin, Thonon (Puget). — *Alsace* forêt de Wasenbourg près de Niederbronn. — *Suisse.* Cant. de Schaffhouse, où il serait C. (Christ). — *Autriche.* Autr.-infér. : Baumgarten près de Mautern vallée du Danube (Kerner) ; — Tyrol : Madona del monte ad Raveredo (Kerner). — *Allemagne.* Bavière : Harberg (Christ).

Obs. I. *R. leucantha* Loisel., notice (1810), p. 82 ; Mérat. l. c., p. 195 (1812), non Bieb.; *R. stylosa corymbosa* Desvaux, l. c. (1815), V, p. 115 ; *R. canina* var. *leucantha* Delastre, l. c., p. 159.

Je n'ai pas vu le type de Loiseleur-Deslonchamps, mais en présence de sa description, ce rosier ne me semble qu'une forme du *R. obtusifolia* à pédoncules nombreux rapprochés en corymbe, à divisions calicinales ayant les appendices larges et la pointe dilatée.

Hab. Juin. Haies, bois. — *France.* Eure-et-Loire : Dreux (Loisel., l. c.) ; — Cher : Berry ! bois de Faix près de Vierzon ! — Yonne : Auxerre (Mabile). — *Angleterre.* Cornwall : haies à Penters Cross (Briggs).

Obs. II. J'ai vu dans l'herbier DC. un rosier étiquetté par Desvaux : *R. puberula* Desv. (l'étiquette ne porte pas de localité et seulement la date 1809) ; ce rosier est le *R. obtusifolia.* — Le *R. dumetorum* Leman (non Thuill.), d'après un échantillon authentique qui se trouve dans l'herbier DC., est le *R. obtusifolia* Desv. !

Obs. III. Un rosier distribué par de Heldreich sans numéro, sous le nom de « *R. canina* L. *var.* In montibus tophaceis supra Bouldour. Pisidiae. mai 1845 » me semble bien voisin du *R. obtusifolia,* dont il a les caractères : les styles sont moins hérissés et les folioles moins pubescentes dans la plante d'Orient. Je ne parle que d'après l'échantillon que je possède en fleur seulement ; peut-être distinct de *R. obtusifolia,* mais il est difficile de se prononcer sur un échantillon incomplet ; une chose certaine, c'est que ce n'est pas le *R. canina* L.

Obs. IV. En 1864, j'ai reçu de M. Timbal-Lagrave quatre numéros d'un rosier étiqueté par lui-même *R. curvula* Timb.-Lag. ! J'ignore si l'auteur a donné une description de ce rosier, ne la trouvant pas dans les ouvrages qui sont à ma disposition. Une confusion très-grande règne dans ces 4 numéros. N° 63. *R. curvula* Timb.-Lag. ; *Espagne.* Pyrén. d'Aragon : vallée de Venasque. Ne me parait pas autre chose que le *R. leucantha* Loisel.; le caractère des divisions calicinales convient très-bien. N° 64. *R. curvula* Timb.-Lag. ; *Espagne.* Pyrén. d'Aragon : vallée de Lessera. Est le *R. coriifolia* Fries. N°ˢ 91, 92. *R. curvula* Timb.-Lag.; *Espagne.* Pyrén. d'Aragon : vallée de Lessera. Ces deux numéros sont le *R. glauca* Villars !

255. R. brachiata Déséglise, descript. de qq. esp. nouv. de ros., in mém. soc. Acad. de M.-et-Loire, XXVIII

(1873), p. 103, extr., p. 7; *R. Orientalis* hort. genevensis!
(non Dupont).

Hab. — La Perse (Bélanger).

254. R. affinis Rau, enum. ros. (1816), p. 79; Tratt.,
l. c., II, p. 26; Bl. et Fing., l. c., p. 628, excl. syn.
Woods; Rchb., l. c., p. 620; Grenier, fl. jura., p. 245?

Hab. — Inveni hanc rosam propre Retzbach in sepibus (Rau). — *France.*
Cher : bois d'Yèvre près de Vierzon ? ubi eam legi 30 mai 1854.

Obs. Mes recherches ont été infructueuses pour trouver un type authentique de Rau dans les herbiers qui sont à ma disposition.

La plante publiée par les continuateurs de Billot, n° 3720, *R. affinis*
Rau, n'est pas la plante de Rau !, mais bien le *R. Malmundariensis*
Lejeune, du moins pour ce que j'ai reçu. Rau dit : « petiolis indique
« villosis subinermibus ;..... foliolis supra pubescentibus subtus glau-
« cescentibus glabris. » Dans le n° 3720, les pétioles sont glabres, les
folioles glabres sur les deux faces.

255. R. dumetorum Thuillier, fl. Paris (1799),
p. 250 (non Chevalier); Mérat, l. c. (1812), p. 189;
Woods, l. c., (1816), XII, p. 217 et herb. n° 93 à 97;
Rau, l. c., p 85?; DC., fl., fr., V (1815), p. 554, excl.
syn. Gmel.; Tratt., l. c., II, p. 25 ?; Bl. et Fing., l. c.,
p. 651; Rchb., fl. excurs., n° 3997 ?; Boreau, bull. Soc.
ind. d'Angers (1844), extr., p. 11 et fl. cent., éd. 2,
n° 674, éd. 3, n° 852, cat. de M.-et-Loire, p. 79;
Gussone, syn. Sicul., I, p. 566; Gr. et Godr., l. c.,
p. 558?; Godet, fl. Jura, p. 215?; Déséglise, l. c., p. 123
et extr., p. 85; de Mart.-Donos, l. c., p. 232; Grenier, fl.
juras., p. 247, *part.*; Cariot, l. c., II, p. 181; Fourreau,
l. c., p. 75; Baker, rev. brit. ros., p. 27; Verlot, l. c.,
p. 116; *R. canina* var. *dumetorum* Desvaux, l. c. (1813),
II, p. 115 et obs. (1818), p. 157; Seringe, in DC., prod.,

II, p. 614 (excl. syn. Rau, Besser, Smith); Duby, l. c.
1, p. 178; Delastre, fl. Vienne, p. 159; Baker, monog. of
Brit. ros., p. 229; *R. canina* 2e race *pubescens* Boreau, l.
c., éd. 1, II, p. 138; *R. canina collina* var. Reuter, l. c.,
p. 70; *R. collina* DC., fl. fr., IV., p. 441 (non Jacq.);
Seringe, mélang. (1818), I, p. 40 excl. syn. Borkh.;
R. collina var. *dumetorum* Thory, l. c., p. 71; Du Mort.,
fl. Belg., p. 94; *R. pilosa* var. *vulgaris* Desportes, l. c.,
p. 88; *R. Borkhausii* Gaud., fl. helv., ex Seringe!; *R. solstitialis* Besser, primit. fl. gal., I, p. 324?; Tratt., l. c.,
p. 10?; *R. submitis* Grenier, archiv. de la fl. de Fr. et
d'Allem., p. 332 ?

Icon. Redouté, les roses (1824), livrais. 33, D; Engl.
bot. 2579 ? et 2610 ?

Exs. Schleicher, n° 48; Seringe, ros. desséch., n° 33;
Fries, herb. norm., fasc. 7, n° 43; Sendtner, n° 941;
Baker, herb. ros. brit., n° 19; Billot, n°s 1475 et 1475bis;
Wirtgen, pl. crit., n° 77.

Hab. Mai, juin. Haies, bois. — Plante commune en Europe. — *Suède.*
Upsal (Fries). — *Angleterre.* Yorkshire : Thirsk, Sowerby (Baker); —
— Middlesex : environs de Londres (Woods); — Devonshire : Egg, Buck-
land (Briggs); — Cornwall : Millbrook, Trevol (Briggs). — *Belgique.* Prov.
de Namur : Rochefort (Crépin). — *France.* Maine-et-Loire : bords de la
Loire (Bastard, 1815, in herb. DC.), Angers (Boreau); — Seine : environs
de Paris (Thuillier); Loiret : Ardon en Sologne (Jullien); — Loir-et-Cher :
Maray!; — Cher : C , Mehun, Bourges, Allogny, etc.; — Puy-de-Dôme :
Murol (Lamy), Clermont!; — Allier : les Gazeriers (Lamotte); — Doubs :
Besançon (Grenier); — Saône-et-Loire : Autun (Carion); — Aude : montagne
Noire, le Mas-Cabardès (Ozanon); — Rhône : pont d'Alai (Chabert), Couzon
(Ozanon), Tassin (Boullu); — Isère : mont Rachet (Verlot); — Alpes-
Maritimes : Saint-Martin-de-Lentosque (Bornet); — Haute-Savoie : Belle-
vaux, Arenthon (Puget). — *Suisse.* Valais : Bovernier (de la Soie); —
cant. de Bâle : Jura de Bâle (Christ). — *Autriche.* Autriche-inférieure :

Pfeffermühle, Klingelbach près de Bergern (Kerner) ; — Tyrol : Val di Ledro (Kerner). — *Vénétie.* Verone (Kerner). — *Turquie d'Europe.* Bosnie (Sendtner, 1847, in herb. Boissier).

Obs. Le *R. solstitialis* Besser est considéré par M. Grenier, dans sa flore jurassique, comme étant la même plante que le *R. coriifolia* Fries : cette assimilation me paraît douteuse. Le type de Besser, que j'ai vu dans l'herbier DC., est plus voisin du *R. dumetorum* Thuill. que du *R. coriifolia* Fries. J'ai admis à la plante de Thuillier le synonyme de Besser avec doute, quoique considéré comme étant identique par plusieurs auteurs. Je suis plutôt porté à séparer l'espèce de Besser, d'après le type authentique que j'ai vu, mais pas assez complet pour me prononcer définitivement, ne connaissant pas la forme du fruit. — Je crois devoir donner une description établie sur l'unique échantillon conservé dans l'herbier DC.

L'étiquette de Besser est ainsi conçue : *R. collina* var. γ. *mihi. Rosa solstitialis* primit. fl. gall. 1820. L'étiquette ne cite pas la localité.

Échantillon haut de 15 cent. ; rameau armé de 12 à 14 petits aiguillons géminés, dilatés à la base, droits ou courbés ; le rameau porte 8 pétioles pubescents, églanduleux, faiblement aiguillonnés en-dessous ; 5 folioles ovales, la terminale un peu acuminée, elliptiques ou obtuses, arrondies à la base, quelques folioles de la base du rameau sont cunéiformes à la base, arrondies au sommet, de moyenne grandeur, pubescentes sur les deux faces, les nervures secondaires velues, blanchâtres, un peu saillantes, irrégulièrement dentées en scie, à dents surchargées de dents accessoires dents principales aiguës, ciliées, quelques folioles ont des dents profondes, 2 pétioles situés à la base du rameau portent 9 folioles qui ont les nervures seulement velues, l'intervalle est glabre ; stipules allongées, glabres en dessus, légèrement velues en dessous, à oreillettes aiguës, dressées, les stipules sont à bords ciliés et parsemés de quelques glandes fines ; pédoncules courts, solitaires ou réunis par trois, glabres ; bractées ovales-cuspidées, glabres, plus longues que les pédoncules ; tube du calice ovoïde, glabre ; divisions calicinales courtes, appendiculées au sommet, à pointe velue, à bords tomenteux, glabres en dessous, 2 entières, 3 pinnatifides à appendices ciliés ; styles courts, velus ; disque un peu conique ; pétales courts, échancrés au sommet ; fruit....... Trattinnick dit « *fructus ovatus coccineus* « *glabris.* In en. pl. volh. et pod., p. 63, cel. Besser suam *R. solstitialem* « pro varietate δ. *R. collinae* declarat. Sed nimis ambigui sunt limites inter « species et varietates rosarum ! Nobis videtur *R. solstitialis* in eodem « sensu species esse, in quo *R. fastigiata, uncinella, calycina, saxatilis,*

« *dumalis, psilophilla* et plures aliae protalibus declarari consueverunt. »
Trattinnick. l. c.

236. R. urbica Leman, bull. philom. (1818), extr.,
p. 9; Boreau, l. c., éd. 3, n° 853 et catal. M.-et-Loire,
p. 79; Déséglise, l. c., p. 124 et extr., p. 84; de Martr.-
Don., l. c., p. 232; Grenier, fl. juras., p. 246, *excl.
var. b.;* Cariot, l. c., p. 181; Fourreau, l. c., p. 75;
Baker, rev. of the Brit. ros., p. 26; Pérard, cat. de
Montluç., p. 82; Verlot, l. c., p. 116; *R. collina* var.
urbica Du Mort., monog. des ros. de la fl. belge, p. 58;
R. collina var. β. et γ. Woods, l. c., p. 219 et herb. 96,
98-103 ex Baker; *R. canina* var. *urbica* Baker, monog. of
British ros., p. 228; *R. Forsteri* Smith, Engl. fl. (1824),
II, p. 392 ex Baker; *R. ramealis* Puget, in Déséglise exs.;
Fourreau, l. c., p. 75; *R. semiglabra* Ripart; *R. villosius-
cula* Boullu (non Ripart), in Billotia, p. 120; Verlot, l. c.,
p. 394; Fourreau, l. c.; *R. trichoneura* Ripart, in Crépin,
l. c., p. 59; Verlot, l. c.; Fourreau, l. c.; *R. obscura*
Puget.

Icon. Engl. bot., XXXVII, tab. 2611.

Exs. Wirtgen, pl. crit., n°s 468, 469?; Kralik, plantes de
Corse, n° 576; Déséglise, herb. ros., n° 22, n° 66; Baker,
herb. ros. brit., n° 16; Billot (suites), n°s 3724, 3849; de
Heldreich a distribué ce rosier sous le nom de « *R. canina*
L. var., *Creta in sylvaticis montium.* Mai 1846, » sans
numéro d'ordre.

Hab. Mai, juin. Haies, bois. — *Suède.* Blekinge (Scheutz). — *Angleterre.*
Yorkshire : Thirsk, Sowerby (Baker) ; — Devonshire : Laira (Briggs). —
France. Maine-et-Loire : Angers (Boreau) ; — Loiret : Orléans (Jullien) ;
— Cher : C., Berry, Graire, Mehun, Marmagne, etc. ; — Puy-de-Dôme :
Clermont ; — Allier : entre les Gazeriers et Susset (Lamotte) ; — Nièvre :

Germigny (Jaubert) ; — Ain : Hauteville (Franchet) ; — Jura : Salins, mont Belin ; — Saône-et-Loire : Autun (Carion), Châlons-sur-Saône (Ozanon) ; — Gard : Anduze (Miergue), le Vigan (Tuczkiewicz) ; — Isère : Pariset, le Sappey, mont Rachet, Grenoble (Verlot) ; — Haute-Savoie : Thonon, Pringy, Reyvroz (Puget) ; — Savoie : Chambéry (Paris), base de Margeriaz (Songeon), Moutiers (Puget) ; — Corse : Quensa (Kralik). — *Suisse.* Jura de Bâle (Christ). — *Autriche.* Autriche-inférieure : Schwargan (Kerner). — *Prusse.* Coblence (Wirtgen). — *Espagne.* Pyrén. d'Aragon : vallée de Lessera (Timbal-Lagrave). — *Turquie d'Europe.* Ile de Crête (de Heldreich).

Obs. Ce rosier présente les formes suivantes, que nous ne connaissons qu'imparfaitement, nous ne leur consacrons pas de numéros spéciaux, sans vouloir pour cela diminuer en rien leur valeur spécifique.

256/₁. **R. ramealis** Puget, in Déséglise, herb. ros., n° 66 ; Cottet, l. c., p. 41.

Caractères généraux du *R. urbica* Lem., dont il diffère par ses pétioles inermes, ses feuilles glabres en dessus, ses bractées glabres, ses styles hérissés, son fruit obovoïde. Voici la description de M. Puget.

Arbrisseau élevé, à tiges verdâtres, longues ; aiguillons forts, dilatés à la base, crochus sur les vieilles tiges, les tiges florifères souvent inermes ; pétioles velus, *inermes* ; 5-7 folioles ovales, d'un vert pâle, *glabres en dessus*, velues en dessous sur les nervures, simplement dentées ; stipules à bords ciliés-glanduleux, les supérieures dilatées, à oreillettes droites ; pédoncules solitaires ou en corymbe, glabres ; bractées *glabres*, ovales-acuminées, plus longues que les pédoncules ; tube du calice ovoïde-allongé, glabre ; divisions calicinales glabres en dessous, 2 entières, 3 pinnatifides ; styles courts, *hérissés*, disque presque plan ; fleur blanche ou d'un rose très-pâle ; fruit *obovoïde*, rouge sanguin à la maturité.

Hab. Mai, juin. Haies. — Haute-Savoie : Thonon les haies sur Crêtes et les bois autour du marais de Cessé (Puget); — Rhône : Lyon à Charbonnières, indiqué par Fourreau, mais je ne connais pas la plante. — *Suisse.* Valais : Bovernier, Mayen-de-Sion (Cottet).

236/₂. R. semiglabra Ripart, in Crépin, primit. monog. ros., fasc. I, p. 19 et p. 59 sine descript.; Verlot, l. c., p. 394; Cottet, l. c., p. 41.

Caractères généraux du *R. urbica* Lem., dont il se distingue par les pétioles et la nervure seuls velus (Ripart, in litt., 23 février 1873).

Hᴀʙ. Juin. — *Angleterre.* Devonshire : Efford Holbeton, près de Yealm Bridge (Briggs); — Yorkshire : près de Thomton-le-Shief (Baker). — *Belgique.* Prov. de Namur : Rochefort (Crépin). — *France.* Cher : Garenne de Turly près de Bourges (Ripart), petit bois des vignes de la Chapelle-saint-Ursin, Mehun, Savigny-en-Septaine, Bourges; — Rhône : Oullins (Boullu), Charbonnière (Chabert), Tassin (Ozanon); — Alpes-Maritimes : Saint-Martin-de-Dentosque (Bornet) — *Suisse.* Valais : Bagnes (Cottet); — cant. de Bâle : Jura de Bâle (Christ).

236/₃. R. hemitricha Ripart; *R. villosiuscula* Boullu, in Billotia, p. 120 (non Ripart); Fourreau, l. c., p. 75.

Caractères généraux du *R. urbica* Lem., dont il diffère par ses pétioles velus et glanduleux, les folioles double-ment dentées (Ripart, in litt., 23 févr. 1873).

Hᴀʙ. — *Angleterre.* Yorkshire : haies à Marrick Moor (Baker); — Devons-hire : haies entre Wiverton et Blackpool, Brixton (Briggs). — *Écosse.* Lanarkshire : Bonington (Hailstone). — *France.* Creuse : Grand-bourg (de Cessac); — Isère : Charvieux (Boullu). — *Suisse.* Jura de Bâle (Christ). — *Autriche.* Autriche-infér. : Baumgarten, vallée du Danube (Kerner).

236/₄. R. trichoneura Ripart, in Crépin, l. c., sine descript.; Verlot, l. c., p. 395; Cottet, l. c., p. 41.

Caractères généraux du *R. urbica* Lem., dont il diffère par les nervures médianes et latérales velues, ses fleurs roses, ses styles faiblement hérissés, les feuilles sont aussi simplement dentées (Ripart, in litt., 23 févr. 1873).

236/ₛ. R. obscura Puget, in Fourreau, cat. des pl. du
cours du Rhône (1869), p. 75 (sine descript.).

Description établie sur les notes et échantillons reçus
de M. Puget.

Arbrisseau de 1-2 mètres, à rameaux flexueux, verdâtres ; aiguillons inégaux, robustes, dilatés, crochus ;
pétioles pubescents, *portant quelques rares glandes fines,*
aiguillonnés en dessous ; 5-7 folioles ovales-elliptiques,
glabres en dessus, velues en dessous sur les nervures,
simplement dentées ; stipules glabres en dessus, pubescentes en dessous, à bords ciliés glanduleux ; pédoncules
glabres, solitaires ou réunis par 2-4, portant a leur base des
bractées ovales, pubescentes en dessous, égalant ou dépassant les pédoncules ; tube du calice *obovoïde*, glabre ;
divisions calicinales glabres sur le dos, 2 entières, 3 pinnatifides, plus courtes que la corolle, styles légèrement
hérissés, disque conique ; fleurs grandes blanches ou d'un
rose très-clair ; fruit *allongé, ovoïde* ou *obovoïde allongé.*

Hᴀʙ. *Belgique.* Prov. de Namur : Rochefort (Crépin). — *France.* Haute-
Savoie : Pringy, Argonnex (Puget). — *Suisse.* Schaffhousse (Gremli). —
Italie. Sicile : Palerme (Todaro).

237. R. globata Déséglise, in Crépin, l. c., fasc. I,
p. 58 ; sine descript.; Fourreau, l. c., p. 75.

Arbrisseau de 1 à 2 mètres de haut, rameaux verts ou
rougeâtres, armés d'aiguillons dilatés à la base, crochus ou
inclinés ; pétioles pubescents, inermes ou faiblement
aiguillonnés ; 5-7 folioles ovales-aiguës ou obtuses, glabres
en dessus, velues en dessous sur la nervure médiane, simplement dentées ; stipules glabres, oreillettes aiguës, droites;
pédoncules courts, glabres, solitaires ou réunis par 2-3,

ayant à leur base des bractées ovales-cuspidées, glabres en dessus, pubescentes en dessous, plus longues que les pédoncules ; tube du calice ovoïde, glabre ; divisions calicinales glabres sur le dos, 2 entières, 3 pinnatifides à appendices ciliés, plus courtes que la corolle, réfléchies à l'anthèse, puis caduques ; styles velus, disque peu saillant ; fleur d'un rose clair ; fruit gros, arrondi, d'un rouge sale.

Hab. Mai, juin. Broussailles, haies. — *France*. Savoie : Méry près de Chambéry (Puget) ; — Haute-Savoie : montagne de Veyrier, Moutiers (Puget) ; *Suisse*. Valais : Col de Salvan (Cottet) ; — cant. de Fribourg : Montbovon.

258. R. platyphylla Rau, l. c., p. 82; Tratt., l. c., II, p. 28; Bl. et Fing., l. c., p. 628; Rchb., l. c., n° 3994; Boreau, l. c., éd. 3, n° 834 et cat. de M.-et-Loire, p. 79; Déséglise, l. c., p. 125 et extr., p. 85; Grenier, fl. juras., p. 215; Cariot, l. c., II, p. 181; Baker, rev. of the British ros., p. 26; Verlot, l. c., p. 116; Fourreau, l. c., p. 75; Cottet, l. c., p. 41; *R. arvensis* Roth, tent. fl. Germ., II, p. 534, excl. syn. ; *R. opaca* Grenier, in Billot, arch. de la fl. de Fr. et d'Allem., p. 332; *R. Chapusii* Godet, fl. Jura, sup., p. 73.

Exs. Billot, n° 1478, n° 2261; Baker, herb. ros. brit., n° 18 ?

Hab. Juin. Haies, buissons. — *Angleterre*. Yorkshire : Thirsk (Baker); — Devonshire : Warleigh (Briggs). — *France*. Cher : la Servanterie près de Mehun, route de Bourges à Soye, Boursac près d'Allogny; — Yonne : Auxerre (Mabile); — Doubs : Pontarlier (Grenier); — Rhône : Charbonnière (Boullu); — Hautes-Alpes : mont Bayard sur Gap (Burle); — Haute-Savoie : Thonon, Habère-Lullin (Puget); — Savoie : Moutiers (Puget). — *Suisse*. Valais : au-dessus des maisons de la fontaine Feuillée au Fully (Cottet); — cant. de Fribourg. : Montbovon. — *Italie*. Sicile : Palerme (Todaro).

239. R. platyphylloides Déségl. et Ripart, inédit ; Fourreau, l. c. p. 75, sine descript. ; Cottet, l. c., p. 41.

Arbrisseau à aiguillons des vieilles tiges robustes, dilatés à la base, crochus, ceux des rameaux florifères petits, dilatés à la base en forme de disque ou dilatés-comprimés à la base, droits ou inclinés au sommet ; pétioles velus, *portant quelques rares glandes, inermes* ou faiblement aiguillonnés ; 5-7 folioles *ovales-aiguës, ovales-elliptiques, subobtuses ou orbiculaires,* vertes et glabres en dessus, glaucescentes en dessous, *parsemées de poils sur les nervures qui disparaissent avec l'âge, la côte seule reste velue, simplement dentées,* à dents terminées par un mucron ; pédoncules glabres, solitaires ou réunis par 1-3 ; bractées ovales-cuspidées, glabres, ciliées, égalant ou dépassant les pédoncules ; tube du calice ovoïde, glabre ; divisions calicinales, 2 entières, 3 pinnatifides, glabres sur le dos, plus courtes que la corolle, non persistantes ; styles *obscurément hérissés ;* disque presque plan ; fleur d'un rose clair ; fruit ovoïde.

Hab. Mai, juin. Haies. — *France.* Cher : Turly près de Bourges (Ripart) ; — Puy-de-Dome : Clermont ; — Saône-et-Loire : Châlons-sur-Saône (Ozanon) ; — Rhône : Lyon à Tassin (Ozanon) ; — Haute-Savoie : Pringy, Saint-Martin près d'Annecy, Brenthonne (Puget).

240. R. implexa Grenier, fl. juras., p. 258 ; *R. solstitialis* var. *denudata* Gren., l. c.

Hab. — *France.* Doubs : Pontarlier : (Grenier) ; — Isère : Saint-Christophe-en-Oisans. — *Suisse.* Jura de Bâle (Christ). — *Autriche.* Tyrol : Mieders, vallée de Stubai (Kerner).

241. R. jactata Déséglise, notes extr. de l'énum. des ros., in the journal of botany, for June 1875 et extr., p. 3 ; *R. uncinella* Auct., an Besser ?

Exs. Unio itiner., année 1838? année 1839; Déséglise, herb. ros., n° 67; Billot (suites), n° 3587.

Hab. Juin, juillet. Haies, bois. — *Russie d'Europe*. Volhynie (Hohenacker, 1839), Tyrae (Besser !) — *France*. Haute-Savoie : Habère-Lullin, Habère-Poche, Saint-Germain-sur-Talloires (Puget) ; — Savoie : Puy-Gros près de Chambéry (Paris); — Isère : forêt de Porte, derrière Chamechaude (Verlot).

Obs. Le *R. uncinella* Bess., publié par l'*Unio itiner.*, an. 1838 et venant du Caucase, diffère de celui publié par la même société en 1839 : par ses divisions calicinales glanduleuses sur le dos, à appendices étroits, ses styles velus, les folioles sont à dents plus fines, mais aussi irrégulièrement dentées ; ce n'est certainement pas le *R. uncinella* Besser.

242. R. sphaerocarpa Puget, in Crépin, l. c. (sine descript.).

Description établie sur les notes et échantillons reçus de M. Puget.

Exsic. Déséglise, herb. rosar., n° 68; Billot, n° 3587bis.

Arbrisseau assez élevé, touffu, rameaux courts, bruns, portant des aiguillons robustes, dilatés à la base, arqués, rameaux florifères presque inermes ; pétioles velus, inermes ou faiblement aiguillonnés ; 5-7 folioles *ovales-obtuses ou suborbiculaires,* glabres, d'un vert sombre en dessus, plus pâles et velues sur les nervures en dessous, *simplement dentées ;* stipules glabres, larges, à bords ciliés-glanduleux, oreillettes aiguës, droites ou divergentes ; pédoncules lisses, courts, solitaires ou en bouquet peu fourni, portant à leur base de larges bractées glabres, souvent denticulées au sommet ; tube du calice *subglobuleux,* lisse; divisions calicinales glabres sur le dos, 2 entières, 3 pinnatifides, égalant la corolle, non persistantes; styles *courts, obscurément hérissés,* disque peu saillant; fleur blanche; fruit *gros, arrondi* d'un *rouge sale* à la maturité.

Hᴀʙ. Juin, juillet. Haies de la région montagnarde. — Haute-Savoie : Habère-Lullin (Puget).

243. R. Caucasica Pallas, fl. Ross. (1788), I, pars 2, p. 62; Marsch.-Bieb., fl. Taur.-Cauc. (1808), I, p. 400, III (1819), p. 551; Ait., Kew., ed. 2, III, p. 298; Tratt., mon. ros., I, p. 116, excl. syn. Lindley; Seringe, in DC., pr., II, p. 615; Desp., ros. gall., p. 86, excl. syn. Lindley; Rchb., fl. excurs., p. 621?

Hᴀʙ. — Ibérie.

Oʙs. I. Ce rosier n'existe pas dans les collections de Genève. Seringe en décrivant cette espèce pour le *prodromus*, a mis simplement la diagnose de Bieberstein en ajoutant en variété le *R. Caucasica* de Lindley. Reste à savoir ce que peut être l'espèce de Lindley.

Le monographe anglais avait certainement en vue un type différent de celui de Pallas ! La planche de Lindley représente une plante à feuilles simplement dentées (le texte de Lindley dit le contraire : *the serratures are always double*), les pédoncules sont hispides. Seringe, l. c., fait de cette plante le *R. Caucasica* β. *Lindleyana*, en ajoutant en synonyme le *R. leucantha* M.-B., fl. Taur.-Cauc., sup., 551 ? Nonne *R. caninae* var. ? *An species propria ?*

Oʙs. II. J'ai vu dans l'herbier DC. un rosier distribué par Besser en 1820, étiqueté *R. Caucasica* cult. in hort. Crem., de graines du Caucase. Echantillon peu conforme à la description de Bieberstein.

Voici les notes prises sur le type de Besser : Échantillon haut de 50 cent., aiguillons de la branche dilatés, droits ou inclinés. Pétioles tomenteux, aiguillonnés en dessous. Folioles 5-7, d'un vert clair, glabres en dessus, glauques en dessous, la nervure médiane velue, un certain nombre de nervures secondaires sont velues, mais pas toutes, ovales, ovales-obtuses ou obovales, simplement dentées, à dents fines, aiguës. Stipules glabres, à bords ciliés-glanduleux. Pédoncules longs (2 cent.), glabres, bractées ovales-cuspidées, glabres, ciliées, plus courtes qu'eux. Tube du calice ovoïde, glabre. Divisions calicinales terminées en une longue pointe denticulée et ciliée, glabres sur le dos, 2 entières, 3 pinnatifides, réfléchies à l'anthèse. Styles obscurément hérissés ; disque presque plan. Il est difficile de se prononcer pour la couleur de la fleur sur un ancien échantillon. Je n'ai pas vu le fruit.

244. R. Schergiana Boissier, fl. Orient., II, p. 696.

Exs. Kotschy, n° 150.

Hab. — In monte Schergi supra Zebdani in Antilibano (Kotchy, in herb. Boissier).

245. R. coriifolia Fries, novit., ed. 1 (1814), p. 33 et ed. 2 (1828), p. 147; Sprengel, syst. veget., II, p. 554; Seringe, in DC., prod., II, p. 623; Rchb., l. c., p. 623; Godet, l. c., p. 215; Reuter, l. c., p. 69; Déséglise, essai monog., p. 86; Cariot, l. c., p. 182; Baker, rev. of British roses, p. 30; Du Mortier, l. c., p. 61; Verlot, l. c., p. 116; Fourreau, l. c., p. 75; *R. crassifolia* Wallm., in Liljebl., fl. Suec., p. 180 ex Sprengel; *R. sepium* Swartz, ex Sprengel; *R. bractescens* Woods, l. c., p. 216, herb., n° 90, n° 91; Smith., engl. fl., II, p. 391; Hooker, brit. fl. (1835), p. 242; *R. frutetorum* Besser, cat. hort. Crem., sup. 3, p. 20 et enum. Pod. et Volh., p. 18; Tratt., l. c., II, praef., p. 8; Boreau, l. c., éd., 2, n° 673, éd. 3, n° 855; *R. terebinthinacea* Grenier, in Billot, arch. de la fl. de Fr. et d'Allem., p. 555, non Besser; *R. solstitialis* Grenier, fl. juras., p. 237 (non Besser); *R. canina* var. *coriifolia* Baker, monog. of British roses, p. 235.

Icon. Engl. bot., third edit., pl. 472.

Exs. Fries, herb. norm., fasc. VI, n° 43; Scheicher, n° 48; Unio itiner., an. 1839?; Billot, n° 1480; Baker, herb. ros. brit., n° 24; Déséglise, herb. ros., n° 23.

Hab. Juin. Broussailles de la région montagneuse. — *Suède*. Smaland : Femsjö (Fries) ; — Halland : Varberg (Scheutz) ; — Bleckingie : Ellcholm (Scheutz) ; — Kronoberg : Wexiö (Scheutz). — *Russie d'Europe*. Russie : Kioviam (Hohenacker) ; — Volhynie : Podnaïow (Besser) ; — Galicie (Besser, 1820, in herb. DC). — *Angleterre*. Yorkshire : Tirsk (Baker) ; — Cheshire : Kirby (Webb) ; — Devonshire : près de Synham, Plymouth

(Briggs). — *Écosse.* Pertshire : Dunkeld (Hailstone). — *France.* Puy-de-Dôme : les Vergnes près de Riom (Lamotte) ; — Cantal : Murat (Clisson) ; — Doubs : Pontarlier (Grenier) ; — Pyrénées-Orient. : Eynes (Ripart) ; — Haute-Garonne : Bagnères-de-Luchon (Timbal-Lagrave) ; — Rhône : Tassin, Craponne (Boullu), Grange-Bruyère (Chabert) ; — Isère : Villars-de-Lans (Boullu), le Sappey (Verlot) ; — Hautes-Alpes : la Grave (Ozanon), col de Bayard près de Gap, Rabou (Burle) ; Lozère : Pélérinage de Saint-Privat près de Mendes (Prost, in herb. DC.) ; — Haute-Savoie : Reyvroz (Puget), le Salève ; — Savoie : Chambéry, base de Margeriaz (Songeon). — *Suisse.* Valais : Sembrancher, Bovernier, Salvan, etc. ; — cant. de Bâle : Jura de Bâle (Christ). — *Autriche.* Autriche-infér. : Krems (Kerner) ; — Tyrol : Mûhlau, Krambichel, val di Non, entre Rocheta et Cles (Kerner). — *Espagne.* Pyrénées d'Aragon : vallée de l'Essera (Timbal). — *Italie.* St-Oyen, vallée d'Aoste.

246. R. cinerosa Nob.; *R. cinerascens* Cariot, l. c., II, p. 182 (non Du Mort.).

Hab. Juin. Haies. — *France.* Loire : Chalmazelle (Cariot).

247. R. canescens Baker, rev. of the British roses, p. 28 (non Besser); *R. tomentosa* var. *incana* Woods, l. c., p. 203?; *R. caesia* var. *incana* Hooker, l. c., p. 242?; *R. canina* var. *incana* Baker, monog. of British roses.

Exs. Baker, herb. ros. brit., n° 20.

Hab. Juin. Haies. — *Angleterre.* Yorkshire : Thirsk, entre Keld et Muker (Baker); — Devonshire : Blackpool (Briggs). — *France.* Haute-Garonne : Toulouse (Ripart). — *Autriche.* Tyrol : Mieders, vallée de Stubai (Kerner).

Obs. I. Voici une forme voisine du *R. canescens* Baker, qui peut-être en est distincte, mais n'ayant vu que des échantillons incomplets, je ne puis rien affirmer :

R. amblyphylla Ripart, in litteris! a les feuilles ovales-arrondies, obtuses : c'est un *R. obtusifolia* dont les pétioles sont glanduleux et les feuilles doublement dentées, les styles glabres, fleur blanche ou à peine carnée ; la forme des feuilles le distingue du *R. canescens* (Ripart, litt. 23 fév. 1873).

Hᴀʙ. — *France.* Cher: Montpensier (Ripart); — Gard: Anduze (Miergue). — *Suisse.* Valais : Sembrancher. — *Autriche.* Tyrol : Madona del monte ad Roveredo, Mont Baldo (Kerner).

Oʙs. II. **R. Guepini** Desvaux, fl. d'Anjou, p. 325; *R. collina* var. *constricta* Guépin, fl. Maine-et-Loire.

Il a l'aspect du *R. collina* Jacq., dont il diffère par ses pétioles peu velus, ses folioles beaucoup moins velues, à villosité n'existant que sur les nervures, ses folioles doublement dentées, ses pédoncules glabres, sa fleur. — Il est aussi voisin du *R. Friedlanderiana* Besser, dont il diffère par ses pétioles très-légèrement velus, ses aiguillons ne dégénérant pas en soies sur les rameaux, ses folioles plus grandes, ovales-elliptiques, ovales-arrondies, ses pédoncules et le tube du calice glabres.

Hᴀʙ. Juin. Haies. — *Belgique.* Prov. de Namur: Rochefort ? (Crépin). — *France.* Maine-et-Loire : Angers, Sainte-Gemme (Boreau).

ᴇ) Collinae.

Crépin, primit. monog. ros., fasc. I (1869), p. 42; Cottet, énum. ros. du Valais, in bull. soc. Murith., fasc. 3 (1874), p. 42; *Villosae* Déséglise, differ. meth. proposed for the Class. of the Spec. of the gen. ros., in the Naturalist (1865), n° 20, p. 312, part.; *Caninae* E, Déséglise, essai monog., p. 13 ; *Tomentellae* Crépin, l. c., p. 20, part.

Pétioles velus ou tomenteux, folioles plus ou moins pubescentes, simplement ou doublement dentées, pédoncule hispide-glanduleux.

1.	Aiguillons dégénérant au sommet des rameaux florifères en soies sétacées	2.
	Aiguillons ne dégénérant pas en soies . . .	7.
2.	Folioles simplement dentées.	3.
	Folioles doublement dentées.	6.
3.	Styles velus, fleur rose, sépales parsemés de glandes sur le dos, fruit ovoïde-arrondi. . *Lloydi.*	
	Styles hérissés	4.

4. { Folioles médiocres, ovales-arrondies, glabres en dessus, nervure médiane velue, tube du calice hispide à la base, styles obscurément hérissés, presque glabres, fleur rose . . *fallaciosa.*
Folioles grandes. . . . . 5.

5. { Folioles ovales-aiguës, glabres en dessus, nervure médiane velue, fleur grande, beau rose *macrantha.*
Folioles ovales-elliptiques, presque glabres en dessus, pubescentes grisâtres en dessous, fleur rose, à onglet blanchâtre . . . . *Boreykiana.*

6. { Styles hérissés, folioles assez grandes, ovales ou ovales-elliptiques, glabres en dessus, velues en dessous, fleur grande, rose . . *approximata.*
Styles velus, folioles suborbiculaires, pubescentes en dessous, nervure médiane portant quelques glandes, fleur rose . . . . . *Friedlanderiana.*

7. { Folioles simplement dentées . . . . . 8.
Folioles irrégulièrement dentées ou doublement dentées. . . . . 17.

8. { Styles velus . . . . 9.
Styles hérissés . . . . 12.

9. { Tube du calice globuleux . . . . . . 10.
Tube du calice non globuleux . . . . . 11.

10. { Folioles ovales-arrondies, pubescentes en dessus, velues-grisâtres en dessous, fruit très-gros, globuleux, couronné par les sépales persistant jusqu'à la coloration du fruit, fleur rose . . . . *Boverneriana.*
Folioles elliptiques, pubescentes en dessus, velues-tomenteuses en dessous, fleur rose carmin, tube du calice hispide . . . . *cerasifera.*

11. { Folioles ovales-arrondies, glabres ou presque glabres en dessus, pubescentes en dessous, pédoncules glanduleux, fleur rose, fruit gros, ovoïde . . . . *collina.*
Folioles ovales-aiguës, glabres en dessus, nervures velues en dessous, pédoncules parsemés de quelques soies, sépales persistant jusqu'à la maturité du fruit, fleur rose, fruit obovoïde . . . . *Bellavallis.*

12. { Fleur blanche . . . . 13.
    { Fleur rose. . . . . 15.

13. { Fruit pyriforme, folioles ovales-elliptiques, par-
    { semées de poils en dessus, nervures velues
    { en dessous . . . . *imitata.*
    { Fruit non pyriforme. . . . . 14.

14. { Folioles ovales-elliptiques, glabres, vert sombre
    { en dessus, nervure médiane velue, fruit
    { ovoïde ou subarrondi . . . . *hispidula.*
    { Folioles ovales-obtuses, parsemées de poils en
    { dessus, fruit obovoïde. . . . . . . *trichoidea.*

15. { Pédoncules réunis en corymbe, folioles ovales,
    { aiguës aux deux extrémités . . . . . *corymbifera.*
    { Pédoncules non réunis en corymbe . . . 16.

16. { Folioles ovales-aiguës, velues principalement
    { en dessous, pétioles inermes, fruit petit,
    { ovoïde ou arrondi . . . . *Deseglisei.*
    { Folioles ovales-elliptiques, glabres en dessus,
    { nervures velues . . . . *incerta.*

17. { Folioles irrégulièrement dentées . . . . 18.
    { Folioles doublement dentées. . . . . . *cinerea.*

18. { Pétioles tomenteux, parsemés de glandes, fai-
    { blement aiguillonnés, folioles ovales-aiguës,
    { tube du calice ovoïde, hispide à la base,
    { pédoncule parsemé de quelques soies, fleur
    { rose, styles velus . . . . *caesia.*
    { Arbrisseau peu élevé, très-touffu, rameaux
    { presque inermes, folioles ovales-aiguës, tube
    { du calice petit, sphérique, fleur rose pâle . *arcana.*

248. **R. corymbifera** Borkh., holzart., p. 319;
Gmel., fl. Bad.-Als., II. p. 424, excl. syn.; Tratt., l. c.,
II, p. 21; Bl. et Fing., l. c., I, p. 623; Boreau, l. c.,
éd. 2, II, p. 178, éd. 3, n° 849; Déséglise, l. c., p. 127,
extr., p. 87; Cariot, l. c., II, p. 182; Fourreau, l. c.,
p. 75; *sylvestris* Tabern., p. 1495, n° 10; Rchb., fl.

excurs., II, p. 620; *R. sepium* Rau, l. c., p. 80, non Thuill.

Exs. Wirtgen, n° 231.

Hᴀʙ. Mai, juin. Haies, buissons. — *Belgique*. Prov. de Namur : Rochefort (Crépin). — *France*. Cher : La Servanterie près de Mehun ! — Rhône : route de la Tour de Salvagny (Chabert) ; — Haute-Savoie : Thonon (Puget) ; — Var : Le Luc (Hanry). — *Prusse-Rhénane* : Eifel (Wirtgen).

Oʙs. J'ai reçu d'Angleterre de M. Baker un rosier voisin du *R. corymbifera* Borkh., dont il diffère par les divisions calicinales parsemées de quelques glandes sur le dos, ses styles plus hérissés, les folioles simplement dentées, quelques dents profondes surchargées de dents accessoires. M. Baker a mis en synonyme sur son étiquette : *R. tortuosa* Wierzb., in Rchb. fl. germ. exs. n° 1751 ! Il est possible que ce soit le *R. tortuosa* de Rchb., mais d'après un type authentique de Wierzbicki que je possède en herbier, le numéro de Reichenbach y est étranger ! la plante de Wierzbicki est tout simplement pour nous, d'après le type de l'auteur, le *R. Andegavensis* Bast.! Je propose pour le rosier d'Angleterre le nom de *R. incerta* Déségl. — Arbrisseau à aiguillons des rameaux dilatés à la base, crochus, tiges arquées, à branches flexibles ascendantes ; pétioles **velus**, aiguillonnés, les inférieurs du ramuscule inermes ; 5-7 folioles ovales-elliptiques, glabres en dessus, velues en dessous *sur les nervures, à villosité disparaissant avec l'âge, la côte seule reste velue,* simplement dentées, *quelques dents profondes surchargées de dents accessoires ;* stipules étroites, *glabres,* à oreillettes divergentes ; pédoncules solitaires ou réunis par 2-3-4, *faiblement aciculés,* bractées glabres, terminées en une pointe souvent denticulée, plus longues que les pédoncules ; tube du calice ovoïde, glabre ; divisions calicinales spatulées au sommet, *parsemées de fines glandes* sur le dos, 2 entières, 3 pinnatifides, caduques avant que le fruit change de couleur ; styles hérissés ; fruit ovoïde, rouge, médiocre.

Hᴀʙ. Juin, juillet. Haies. — *Angleterre*. Yorkshire : Sowerby, Thirsk, Studley (Baker).

249. R. Numidica Grenier, in Déséglise, notes extr. de l'énum. des rosiers, ap. the journ. botan., for June 1874, extr., p. 5.

Hᴀʙ. — *Algérie*. Haies autour de Constantine (Coste, in herb. ~~Grenier~~).

250. **R. Deseglisei** Boreau, fl. cent. de la Fr., éd. 3, n° 851; Déséglise, essai monog., in mém. soc. Acad. de M.-et-Loire, X, p. 128 et extr., p. 88; Cariot, l. c., p. 183; Verlot, l. c., p. 116; *R. urbica* var. *glandulosa* Grenier ?, fl. juras., p. 247; *R. collina* var. *Deseglisei* Du Mort., l. c., p. 58.

Exs. Willkomm, it. hisp., n° 77? Billot (suites), n° 3589bis? Il me semble exister de la confusion parmi les échantillons distribués? Les fleurs et les fruits ont été pris sur des buissons différents; il suffit de voir pour s'en convaincre! les styles de l'échantillon en fleurs sont presque laineux, les folioles sont grandes : l'échantillon en fruits a les styles obscurément hérissés, presque glabres, les folioles petites.

Hab. Juin. Haies, bois. — *Belgique.* Prov. de Namur : Rochefort (Crépin). — *France.* Cher : C., haies de la Bertherie près d'Allogny, forêt du Rhin-du-Bois, haies des vignes de *Plante-fou* à Mehun, forêt de Fontmoreau, bois de Morthomier, bois de Marmagne, Cerbois, Vierzon, bois de Soye, Saulzais-le-Potier, la Rouhanne ; — Saône-et-Loire : Châlons-sur-Saône (Ozanon), Saint-Forgent près d'Autun (Carion) ; — Rhône : Lyon bois de l'Étoile, Charbonnière (Ozanon), Dardilly (Chabert) ; — Jura : Saint-Loup (Puget) ; — Haute-Savoie : Thonon (Puget). — *Alsace.* Haies à Niederbronn ! — *Suisse.* Jura de Bâle (Christ).

Obs. I. J'ai reçu sous le nom de *R. Deseglisei*, un rosier qui me paraît tout différent de notre type, j'ai vu trop peu d'échantillons pour me prononcer ; j'ai nommé ce rosier en herbier *R. arcana* : en voici la description que j'ai pu établir sur les notes et échantillons reçus de M. Puget.

250/₁ **R. arcana** Déségl., herb.

Arbrisseau peu élevé, *très-touffu, à rameaux courts, presque inermes* ou faiblement aiguillonnés ; pétioles tomenteux, inermes ; 5-7 folioles ovales-aiguës ou elliptiques, parsemées de poils courts en dessus, velues en dessous, simplement dentées, *quelques folioles ont des dents surchargées de petites dents accessoires*, les folioles sont dentées à partir des trois quarts du limbe ; stipules étroites, à bords ciliés, oreillettes aiguës, droites ; pédoncules solitaires ou réunis par 2-5, lisses, parsemés de quelques petits acicules fins terminés par une glande ; bractées ovales-cuspidées, glabres en dessus, velues en dessous, plus longues que les pédoncules ; tube du calice *petit, sphérique,* glabre ; divisions calicinales spatulées au sommet, *parsemées de glandes sur le dos,* 2 entières, 5 pinnatifides ; styles formant *une tête très-velue;* disque plan; fleur *petite,* d'un rose très-pâle ; fruit *petit,* arrondi.

Voisin du *R. Deseglisei* Bor., dont il diffère par son port touffu, ses rameaux courts, moins aiguillonnés, ses folioles irrégulièrement dentées, le tube du calice petit, sphérique, ses divisions calicinales, ses styles très-velus.

Hab. Mai, juin. Broussailles de la région des montagnes. — *France.* Hautes Alpes : Gap ? (Burle); — Haute-Savoie : Moutiers à la Chaudanne (Puget). — *Suisse.* Valais : chapelle Lorette au Bourg-Saint-Pierre.

Obs. II. Le *R. hispidula* Rip. (non Bast.) ne m'étant connu que par un seul échantillon en fruit, je ne puis me prononcer définitivement; voici la description que j'ai pu établir sur les notes communiquées par M. Puget.

250/2. **R. hispidula** Ripart.

Arbrisseau peu élevé, à rameaux touffus, aiguillons petits, rougeâtres sur les tiges florifères, robustes, dilatés à la base, crochus ou inclinés sur les vieilles tiges ; pétioles velus, aiguillonnés en dessous ; 5-7 folioles pétiolées, ovales-elliptiques ou obtuses, glabres, d'un vert sombre en dessus, pâles en dessous, à nervure médiane velue, simplement dentées ; stipules glabres ou très-faiblement velues en dessous, à bords ciliés et un peu glanduleux, oreillettes droites; pédoncules courts, lisses ou parsemés de rares petits acicules, solitaires ou en bouquet, portant à leur base de larges bractées ovales-cuspidées les dépassant; tube du calice ovoïde, lisse, divisions calicinales spatulées au sommet, 2 entières, 5 pinnatifides, églanduleuses, réfléchies à l'anthèse, caduques; styles hérissés; fleur blanche; fruit ovoïde ou subarrondi.

Hab. Bois. — Haute-Savoie : Habère-Lullin, bois du Milieu (Puget).

Obs. III. Le *R. trichoidea* Ripart m'est peu connu ; voici la note que je tiens de M. Puget, avec un échantillon à l'appui.

250/5 **R. trichoidea** Ripart.

Arbrisseau élevé, aiguillons petits, crochus, nuls ou rares et plus petits sur les rameaux florifères ; pétioles velus, inermes ou rarement un peu aiguillonnés ; 5-7 folioles courtement pétiolées, largement ovales-obtuses, légèrement parsemées de poils apprimés en dessus, pubescentes en dessous, simplement dentées ; stipules glabres en dessus, à oreillettes un peu pubescentes en-dessous, ciliées-glanduleuses aux bords, droites ou peu divergentes ; pédoncules solitaires où en corymbe peu fourni, portant de rares glandes fines, souvent quelques poils, munis à leur base de bractées à pointe un peu velue, plus longues qu'eux ; tube du calice obovoïde, lisse ; divisions calicinales appendiculées, velues, égalant la corolle, réfléchies à l'anthèse, caduques ; styles saillants, hérissés ; fleur blanche ; fruit obovoïde (Puget).

Hab. — Haute-Savoie : colline du Paradis-sur-Salins près de Moutiers (Puget).

251. R. imitata Déséglise, descript. de qq. esp. nouv. de ros., in mém. soc. Acad. de M.-et-Loire (1875), XXVIII, p. 120 et extr., p. 24; *R. pyriformis* Déséglise, in Billot. exs., non Swartz; Fourreau, l. c., p. 75; Cottet, l. c., p. 42.

Exs. Billot (suites), n° 2588.

Hab. Mai, juin. Haies, bois. — *Belgique*. Prov. de Namur : Han-sur-Lesse (Crépin). — *France*. Cher : route de Bourges à Achères, pic Montaigu, Achères près de la Loge ; — Doubs : Besançon (Grenier) ; — Rhône : Lyon au pont d'Alay (Ozanon), Francheville (Boullu); — Haute-Savoie : Habère-Poche (Puget). — *Suisse*. Cant. de Fribourg : la Tine près de Montbovon ; — Valais : Valorsine, Fins-Hauts (Cottet).

252. R. Bellavallis Puget, in Déséglise, l. c., XXVIII, p. 121 et extr., p. 25; Cottet, l. c., p. 42.

Exs. Déséglise, herb. ros., n° 69 ; Billot (suites), n° 3590.

Hab. Juin, juillet. Buissons de la région des montagnes. — Hautes-Pyrénées : Gèdre (Ripart); — Isère : Saint-Christophe-en-Oisans (Boullu). — Savoie : forêt d'Apremont près de Chambéry (Songeon) ; — Haute-Savoie: Bellevaux, haies des Mouilles de Terramont, Jambaz (Puget). —

Suisse. Valais : Bovernier (De la Soie). — *Autriche.* Tyrol : entre Matre et Steinach (Kerner).

253. R. approximata Déséglise, descript. de qq. esp. nouv. de ros., in Billotia, p. 37, extr., p. 5.

Exs. Déséglise, herb. ros., n° 51.

H‍ab. — *France.* Puy-de-Dôme : broussailles rocailleuses sur le versant N. de Mirabelle-aux-Vergnes près de Riom (Lamotte).

254. R. Friesii Scheutz, étud. sur les rosiers de la Scandinavie (1872), p. 39; Crépin, l. c., fasc. 2, p. 128; *R. collina* Fries, sum. veget., p. 45 et p. 173 (non Jacquin).

Exs. Fries, herb. norm., fasc. VI, n° 42.

255. R. arguta Mussin-Purschkin, in Willd., herb. n° 9866; Crépin, l. c., fasc. 2, p. 78 (1872), cum descript.

H‍ab. — Le Caucase.

256. R. clivorum Scheutz, l. c., p. 28; Crépin, l. c., p. 126.

H‍ab. — *Suède.* Lyckeby (Scheutz).

257. R. caesia Smith, Engl. bot., tab. 2367; Woods, l. c., p. 212 et herb. n° 78; Tratt., l. c., II, p. 14; Smith, engl. fl., II, p. 389; Host, fl. Austr., II, p. 21?

Icon. Engl. bot., third edit., tab. 473bis.

H‍ab. Juin, juillet. — *Angleterre.* Derbyshire : Rerpton (Baker); — Staffordshire : entre Alstonfield et Ilam (Purchas).

258. R. collina Jacquin, fl. Austr. (1774), II, p. 58; Pers., syn. (1807), II, p. 50; Dum.-Cours., bot. cult. (1811), V, p. 482; Rau, l. c. (1816), p. 163; Krocker, fl. Siles., IV (1823), p. 119; Tratt., l. c., II (1823), p. 2;

Bl. et Fing., l. c. (1825), p. 632; Gmel., l. c., IV (1826),
p. 362; Du Mort., fl. Belg. (1827), p. 94 excl. var.;
Desportes, l. c. (1828), n° 2022; Rchb., l. c. (1830),
p. 620; Host, l. c. (1831), II, p. 22; Boreau, bull. soc.
ind. d'Angers (1844), extr., p. 11, fl. cent., éd. 2 (1849),
n° 681, éd. 3 (1857), n° 862, part.; Gonnet, l. c. (1848),
p. 479 excl. var.; Arrondeau, l. c. (1854), p. 126; Déséglise, l. c., X (1861), p. 129, extr. p. 89; de Mart.-Don.,
l. c. (1864), p. 252; Cariot, l. c. (1865), II, p. 185;
Fourreau, l. c. (1869), p. 75; *R. campestris* Fries, fl.
Halland. (1818), p. 86 ex Desportes; *R. collina* var.
α Thory, l. c. (1820), p. 69; Du Mort., monog. ros. (1867),
p. 57; *R. dumetorum* var. *collina* Cheval., fl. Paris (1827),
II, p. 692; *R. dumetorum* var. *glandulosa* Grenier, l. c.
(1864), p. 247; *R. canina* 3e race *hispida* b. Boreau, l. c.
(1840), II, p. 158; *R. canina* var. *collina* Gr. et Godr.,
l. c. (1848), I, p. 558; Baker, monog. of Brit. ros. (1870);
R. rigidula Puget et Lagg.

Icon. Jacquin, l. c., tab. 197 *opt.!*

Hab. Juin. Haies. — *France.* Cher : bois de la Forêt à Saint-Florent,
bois de Charron, commune de Marmagne ; — Yonne : Auxerre (Mabile) ;
— Rhône : pont d'Alay (Chabert), Craponne au Gau (Boullu); — Hautes-
Alpes : Laye, sur le mont Bayard (Burle); — Savoie : Salins près de
Moutiers (Puget). — *Angleterre.* Devonshire : Plymouth (Briggs). — *Suisse.*
Cant. de Genève : Carouge près le pont de fer ; — cant. de Schaffhouse :
Jura de Schaffhouse (Christ); — cant. d'Uri : Oberintschi (Puget). —
Autriche. Autr.-inférieure : Oberbeigern près de Mautern (Kerner); —
Tyrol : Ponale ad lacum Benacum (Kerner). — *Prusse.* Wurzbourg (Rau,
1817 ! in herb. DC.).

Obs. I. Le *R. collina* que j'ai décrit en 1861, dans mon essai monographique des rosiers de la France, est identique aü type qui existe dans
l'herbier de Linné, d'après l'examen que M. J.-G. Baker a bien voulu
faire. La majeure partie des auteurs confondent ce beau rosier avec le

R. dumetorum Thuill. et le *R. obtusifolia* Desv. J'ai vu dans l'herbier de M. Boissier un rosier étiqueté par M. Godet, comme un type du *R. collina* Jacq.! le *R. obtusifolia* Desv. — J'ai reçu aussi le *R. collina* d'Autriche, venant de la localité classique, que M. Kerner m'a envoyé; il est identique à ma plante. — L'English botany (1808), XXVII, tab. 1895, sous le nom de *R. collina* Jacq., représente le *R. systyla* Bast.— J'ai pu consulter, dans la riche bibliothèque de M. Alph. De Candolle, le *Flora Austriaca* de Jacquin, et la belle planche qu'il donne de son type représente bien la plante que j'ai en vue. Je ne vois pas, comme le dit M. Crépin, primit. monog. ros., fasc. 1, p. 64, que le type de Jacquin paraisse obscur. Les auteurs qui décrivent ce rosier ont sans doute pu consulter le *Flora Austriaca?*

Obs. II. J'ai reçu de MM. Ozanon et Songeon, un rosier qui diffère du *R. collina* Jacq., par ses pétioles dépourvus de glandes, inermes en dessous, la nervure médiane non glanduleuse, les pédoncules très-peu hispides ; aspect du *R. dumetorum* Thuill., dont il diffère par ses divisions calicinales parsemées de glandes, ses pédoncules hispides.

Hab. — Rhône : Lyon au pont d'Alay (Ozanon); — Savoie: Saint-Jean de la Porte (Songeon), bois Champion près de Moutiers (Puget).

Obs. III. J'ai reçu de M. Puget un rosier qui se rapproche beaucoup du *R. collina* Jacq., dont il diffère par ses pétioles églanduleux et inermes, ses folioles moins velues en dessous, ses styles allongés, très-velus comme laineux, les pédoncules et le fruit lisses, parsemés de fins et courts petits acicules peu nombreux.

Hab. — Savoie : Salins près de Moutiers (Puget).

Obs. IV. Une troisième forme qui diffère du type de Jacquin par les pétioles églanduleux, les styles glabres ou très-obscurément hérissés, les folioles plus petites.

Hab. — Haute-Savoie : Allonzier près d'Annecy (Puget). — *Perse.* Mont Elbrus (Kotschy, n° 257) ; distribué sous le faux nom de *R. canina* L. var. *dumetorum.*

Obs. V. M. Crépin, l. c., fas. 2, p. 80, dit que le *R. collina* qui se trouve dans l'herbier de Willd. sous le n° 9862, est représenté par deux feuilles simples : la première si ce n'est pas une forme du *R. coriifolia* Fr., est une forme se rapprochant du *R. dumetorum* Thuill. ; la seconde feuille serait une forme du *R. arvensis.* M. Crépin ajoute : « D'après les maté-

« riaux de son herbier, il est bien difficile de savoir ce que Willdenow
« entendait par son *R. collina.* »

258/₁. R. fallaciosa Nob.; *R. collina* Boreau, catal. de
Maine-et-Loire (1859), p. 79.

Ce rosier est une forme intermédiaire entre le *R. collina*
Jacq. et le *R. Friedlanderiana* Besser. Il diffère du
R. collina par ses aiguillons dégénérant en soies sétacées
églanduleuses au sommet des rameaux, ses pétioles lisses,
glanduleux, *non pubescents,* ses folioles irrégulièrement
dentées, velues seulement sur la nervure médiane, ses
stipules glabres, ses styles glabres ou obscurément hérissés. — Par ses aiguillons, il se rapproche du *R. Friedlanderiana* Besser, dont il diffère par ses pétioles lisses,
glanduleux, *non pubescents,* les folioles *non régulièrement*
doublement dentées, à nervure médiane seule velue, ses
stipules glabres, ses bractées, le tube du calice et ses styles.

Hab. Mai, juin. — Maine-et-Loire : Angers (Boreau); — Rhône : Sainte-
Consorce près de Lyon ? (Boullu).

258/₂. R. Lloydi Nob.; *R. collina* Lloyd, non Jacq.

Ce rosier est intermédiaire entre *R. collina* Jacq., et
R. Friedlanriana Bess. Il diffère du premier par ses
aiguillons dégénérant en soies sétacées ; du second par ses
folioles simplement dentées. Voici la description que j'ai
pu établir sur un magnifique échantillon reçu de M. Lloyd,
spécimen pris sur un pied cultivé rapporté de Saint-
Sébastien.

Arbrisseau........ ; aiguillons des rameaux dégénérant
en aiguillons fins, sétacés, églanduleux ; pétioles tomenteux-
glanduleux, aiguillonnés ; 5-7 folioles ovales-arrondies,
d'un vert sombre et glabre en dessus, à nervure médiane
seule velue en dessous, simplement dentées, à dents ouvertes et profondes ; pédoncules 1-4-9, hispides-glanduleux,

bractées ovales-acuminées, glabres en dessus, faiblement velues en dessous, plus courtes que les pédoncules; divisions calicinales longues, spatulées au sommet, glabres et parsemées de glandes sur le dos, 2 entières, 3 pinnatifides, saillantes sur le bouton; styles velus; fleur rose.

Hab. — *Loire-inférieure :* Saint-Sébastien (Lloyd).

259. **R. cinerea** Rapin, in Grenier, fl. juras., p. 258 (non Sw.); *R. solstitialis* var. *glandulosa* Grenier, l. c.; *R. monticola* var. Rapin, guide vaud., éd. 2, p. 195.

Hab. Juin. Broussailles de la région des montagnes. — *France.* Haute-Savoie : le mont Salève (Rapin).

260. **R. Bovernieriana** Lag. et de la Soie, mss.

Arbrisseau peu élevé, à aiguillons épars, dilatés à la base, crochus ou inclinés, souvent géminés, rameaux flexueux, à écorce verdâtre ou vineuse; pétioles tomenteux, inermes ou aiguillonnés; 5-7 folioles ovales-arrondies ou elliptiques, fermes, pubescentes en dessus, velues-grisâtres en dessous, à nervures un peu apparentes, simplement dentées, à dents ouvertes, plusieurs surchargées de petites dents accessoires, ciliées; stipules larges, légèrement velues au sommet, oreillettes arrondies, divergentes, à bords ciliés; pédoncules groupés par 2-3 ou solitaires, hispides-glanduleux, bractées larges, souvent terminées par un appendice foliacé, plus longues que les pédoncules; tube du calice globuleux, lisse ou hispide, glanduleux à la base; divisions calicinales spatulées au sommet, parsemées de glandes sur le dos, 2 entières à bords tomenteux, 3 pinnatifides à appendices ciliés, saillantes sur le bouton, plus courtes que la corolle, réfléchies à l'anthèse puis relevées, non conniventes, persistantes jusqu'à la maturité du fruit; styles courts, velus; fleur rose; fruit très-gros, globuleux, d'un beau rouge.

Hᴀʙ. Juin, juillet. Région des montagnes. — *Suède*. Holmestad, Helsingborg (Scheutz). — *France*. Hautes-Pyrénées : Gèdre (Bordère); — Isère : Saint-Christophe-en-Oisans (Boullu). — *Suisse*. Valais : col de la Forclaz, route de Martigny, Bovernier.

261. R. cerasifera Timbal-Lagrave, not. sur une excurs. bot. à Bagnères de Luchon, in bull. soc. bot. de France (1869), XI, extr. p. 22.

Hᴀʙ. Juillet. Région des montagnes. — *Espagne*. Pyrén.-d'Aragon : entre Sarlé et Venasque (Timbal-Lagrave).

262. R. Friedlanderiana Besser, cat. hort. Crem. (1816), et enum Pod. et Volh., p. 65; Tratt., l. c., II, praef., p. 9; Boreau, l. c., éd. 2, II, p. 180, éd. 5, n° 865 et cat. de M.-et-Loire, p. 79; Déséglise, l. c., p. 150 et extr., p. 90; Cariot, l. c., II, p. 185; Fourreau, l. c., p. 75; *R. canina* var. *pilosiuscula* Seringe, in DC., prod., II, p. 615 part.

Un magnifique exemplaire type de Besser conservé dans l'herbier DC. est identique à la plante décrite par M. Boreau et par moi. Voici les notes minutieuses que j'ai prises sur l'échantillon de Besser; l'étiquette porte pour localité « *ad Tyram*. 1820. »

Un rameau portant 4 ramuscules en fleurs. Aiguillons dégénérant en soies fines, églanduleuses (caractère omis par M. Boreau et par moi : nos plantes ont effectivement ce caractère). Feuilles suborbiculaires, vertes, glabres en dessus, pâles, velues en dessous principalement sur les nervures, les nervures secondaires apparentes blanchâtres, la côte médiane de quelques folioles porte 1-2 petits acicules ou quelques rares glandes, doublement dentées, à dents principales ciliées, les secondaires glanduleuses. Stipules à oreillettes élargies, aiguës au sommet et portant des glandes éparses, ciliées-glandu-

leuses aux bords. Pédoncules hispides-glanduleux, bractées plus longues qu'eux. Tube du calice subglobuleux,
contracté au sommet, lisse ou hispide à la base. Divisions
calicinales glabres sur le dos, bordées de quelques rares
glandes, 2 entières à bords tomenteux, 3 pinnatifides,
réfléchies à l'anthèse, non persistantes. Styles courts,
hérissés; disque presque plan. Fruit ovoïde-arrondi.

Hab. Juin. Haies, bois. — *France.* Maine-et-Loire : Angers (Boreau) ; —
Cher : forêt de Fontmoreau aux Brulis ! ; — Rhône : Lyon à Dardilly
(Chabert), Tassin aux Torrets, Chaponost (Boullu).

Obs. Voici une note prise en 1863 sur le port et la forme des aiguillons du
R. Friedlanderiana du Départ. du Cher.

Arbrisseau haut de 1 mètre 50 cent., à rameaux decombants ou flexueux;
aiguillons des tiges assez nombreux, robustes, dilatés à la base, presque
droits ou un peu crochus au sommet, blanchâtres, ceux des rameaux petits,
crochus ou droits, rougeâtres, dégénérant en aiguillons fins, sétacés, non
glanduleux ; le fruit est d'un rouge orangé, ovoïde, contracté au sommet.

Seringe, dans l'herbier DC., a réuni sous le nom de *R. canina* var.
pilosiuscula, les *R. Ratomsciana* Besser, *R. Friedlanderiana* Besser ;
R. collina Rau, *R. nitidula* Besser.

J'ai reçu de Saulxures (Vosges), de M. Pierrat, un rosier voisin du
R. Friedlanderiana Besser, dont il diffère par ses rameaux inermes et ses
styles glabres ; probablement un type distinct ? Mes échantillons sont **trop**
incomplets pour pouvoir porter un jugement.

263. **R. saxatilis** Steven, in Bieb., fl. Taur.-Cauc., III
(1819), p. 548; Tratt., monog. ros., II, p. 11; Ser., in
DC., pr., II, p. 614; Crépin, primit. mon. ros., fasc. 1,
p. 19 et p. 63.

Il m'a été impossible de voir un type authentique, ce
rosier ne se trouvant pas dans les herbiers de MM. DC.
et Boissier. Voici la description de Bieberstein.

« Germinibus ovatis pedunculisque undique hispidis,
« aculeis caulinis sparsis validis compressis recurvis,
« petiolis villoso-glandulosis aculeotis, foliolis (majusculis)

15

« ovatis inaequaliter argute serratis : serraturis subdu-
« plicatis, utrinque glabriusculis subtus pallidioribus ;
« floribus subcorymbosis. »

« Affinis proxime praecedentibus (nitidula et Jun-
« dzilliana). Foliola in universum nonnihil latiora : serra-
« turis haud ita subtiliter serrulatis, saepe simplicibus.
« Hispiditas germinum atque pedunculorum insignis per
« totam germinum superficiem extenditur. Flores saepis-
« sime plures aggregati mediocres. Styli hirsuti. Fructus
« *R. collinae,* cui practer glabritiem foliolorum, haec
« etiam valde est affinis. » (Bieberstein).

Hab. — In Tauria, sat frequens (Trattinnick).

264. R. Ratomsciana Besser, cat. hort. Crem. 1819,
et enum. Pod. et Volh., p. 65 ; *R. humilis* Besser, cat.
hort. Crem., sup. IV, p. 19 (non Tausch); Tratt., l. c.,
praef. p. 10.

Exs. Steven, pl. Rossiae rar. (sans numéro).

Hab. — *Russie d'Europe.* Podolie (Besser ! Steven !). Le type de Besser existe dans l'herbier DC. et son étiquette est ainsi conçue: « *R. Ratom-* » *sciana* Mihi. *R. humilis* Mihi in cat. hort. Crem. conf. not. Nomen » quoniam, frutex jam 5 pedalis nec ex ordine pumilarum. Specimen » mutavi cultam e spontanea 1820.

265. R. macrantha Desportes, fl. de la Sarthe, p. 77 ;
Boreau, l. c., éd. 2, n° 580, éd. 5, n° 861 et catal. de
M.-et-Loire, p. 79 ; Gonnet, l. c., p. 480 ; Gr. et Godr.,
l. c., I, p. 555 ; Déséglise, l. c., p. 120, extr., p. 80.

Hab. Mai, juin. —*France.* Sarthe : la Flèche (Boreau); — Maine-et-Loire : Angers (Boreau); — Loiret : Chanteau (Boreau); — Rhône : Charbonnière (Boullu),

Obs. Les aiguillons dégénèrent au sommet des rameaux en aiguillons fins, sétacés, églanduleux.

266. R. Borcykiana Besser, cat. hort. Crem. 1820,

et enum. Pod. et Volh., p. 65; Tratt., l. c., II, p. 225; Rchb., l. c., p. 622.

Description établie sur un pied cultivé au jardin botanique de la ville de Genève (Suisse).

Arbrisseau ayant le port du *R. alba;* aiguillons des tiges grêles, uniformes, courbés ou inclinés, dégénérant en soies glanduleuses au sommet des rameaux. Pétioles tomenteux, glanduleux, aiguillonnés ou inermes. 5-7 folioles grandes, larges, ovales-elliptiques, la terminale arrondie à la base, aiguë au sommet, glabres ou parsemées de poils courts apprimés en dessus, pubescentes-grisàtres en dessous, à nervures secondaires saillantes, blanchâtres, la nervure médiane parsemée de quelques glandes, simplement dentées, à dents ouvertes, mucronées, ciliées. Stipules grandes, glabres en dessus, glabres ou velues en dessous, oreillettes aiguës, divergentes, bords ciliés-glanduleux. Pédoncules solitaires ou réunis par 2-3-5-7 en corymbe, hispides-glanduleux. Bractées ovales-cuspidées, souvent foliacées au sommet, égalant les pédoncules, glabres, à bords glanduleux, les corymbes ont à la base 2 bractées ovales, opposées, les pédoncules extérieurs ont vers leur tiers supérieur 2 petites bractées plus courtes qu'eux, le pédoncule central est dépourvu de bractées. Tube du calice ovoïde, glabre, ayant à la base quelques glandes stipitées. Divisions calicinales longuement appendiculées, à pointe souvent denticulée, hispides-glanduleuses sur le dos, saillantes sur le bouton, plus courtes que la corolle, 2 entières, 3 pinnatifides, réfléchies à l'anthèse, caduques. Styles hérissés ; disque presque plan. Fleur grande, d'un beau rose à onglet blanchâtre, pétales obcordés. Fruit rouge, ovoïde, précoce, presque en maturité dans les jardins vers le 15 août.

Hab. Juin. — *Russie d'Europe*. Podolia australi (Besser, 1820, in herb. DC.). — *France*. Haute-Garonne : bois de Fonsorbes près de Toulouse ? (Timbal-Lagrave). — La plante de Toulouse a les styles glabres, les feuilles moins grandes, les aiguillons plus robustes et les soies glanduleuses rares sur les rameaux florifères.

267. R. alba L., sp., 705; Herm., diss., p. 14; Miller, dict., n° 16; Lour., fl. Coch., I, p. 396; Roth, cent. fl. Germ., II, pars prior, p. 561; Moench, meth., p. 689; Lam., fl. fr., III, p. 150?; Krocker, l. c., II, p. 148; Gilibert, pl. d'Europe, I, p. 582; DC., fl. fr., IV, p. 448; Gmel., l. c., II, p. 427; Pers., l. c., II, p. 49; Willd., enum. pl., p. 548; Dum.-Cours., l. c., V, p. 484; Rau, l. c., p. 94; Leman, l. c., extr., p. 11; Seringe, mél. bot., I, p. 35; M.-Bieb., l. c., III, p. 552; Lindley, l. c., p. 81; Tratt., l. c., II, p. 41; Seringe, in DC., prod., II, p. 621; Bl. et Fing., l. c., I, p. 658; Balbis, fl. Lyon., I, p. 263; Du Mort., fl. Belgica, p. 94, et monog. des ros., p. 46; Chevalier, l. c., II, p. 697; Loisel., l. c., I, p. 362; Desportes, l. c., p. 74; Duby, l. c., I, p. 179; Rchb., l. c., II, p. 623; Lorey et Dur., l. c., p. 511; Mutel, l. c., I, p. 353; Boreau, l. c., éd. 2, n° 682, éd. 3, n° 864 et catal., M.-et-Loire, p. 79; Gonnet, l. c., p. 480; Kirschleger, l. c., I, p. 249; Déséglise, l. c., X, p. 131 et extr., p. 91; Grenier, l. c., p. 226; Boissier, l. c., II, p. 684; *R. usitatissima* Gatereau, fl. Montaub., p. 94; *R. procera* Salisb., hort. Allert., 559 ex Desportes; *R. canina* 3e race *hispida* c. Boreau, l. c., éd. 1, II, p. 138; Delastre, fl. Vienne, p. 159.

Icon. Flora Danica, VII, tab. 1215; Roessig, die rosen, tab. 15, tab. 25, f. 1, tab. 34; Redouté, les roses (1824), livrais. 6, B.; Blackwell, herb., tab. 73; *d'après Thory, je*

cite : Besler, hort. Eyst. vern., ord. 6, tab. 3; Miss Lawr.,
tab. 25; Nouv. Duhamel, VII, n° 16, f. 1.

Exs. Seringe, roses desséch., n°s 30 et 31.

Hab. Juin. — *Russie d'Europe*. Occurit in Iberia, d'après Wilhelms in
herb. Gorenkensi (Bieb., l. c.). — *Asie*. Colchide près de Kutais (Ruprecht,
v. s. s. ! in herb. Boissier). — *Afrique*. Algérie : lieux montagneux
d'Oulced-Ourid près de Tlemcen (Munby!), *flore semi pleno*.

Obs. Je n'ai vu d'échantillons que de deux localités où ce rosier soit
spontané : celui récolté par Ruprecht, et l'échantillon que je possède en
herbier venant de Munby. Les localités françaises données par les auteurs
sont très-incertaines au point de vue de l'indigénat.

Linné dit : *in Europa*, indication vague. — Loureiro, *in China et
Cochinchina* ; je crois que Loureiro a bien en vue le *R. alba* L., mais je ne
le certifie pas, n'ayant rien vu de ces régions qui puisse se rapporter à
ce rosier. — Gmelin, *ad hortorum sepes, in hortis, locisque funerariis, et
arbustis.* — DC., fl. fr. : *cet arbrisseau croit dans les haies, sur les collines,
on le cultive dans tous les jardins.* — Gilibert, pl. d'Europe : *dans les haies
aux Broteaux.* M. Cariot, dans sa flore, n'admet pas ce rosier comme étant
spontané ; il dit : *cultivé dans les jardins, se trouve quelquefois subspontané
près des habitations.* — Fourreau, dans son catalogue des plantes du
cours du Rhône, n'admet pas ce rosier comme appartenant à sa flore. —
Persoon, synopsis: *colit. in hortis.* — Willdenow, enum. pl. : *in Europa
australi ;* ce rosier est représenté dans son herbier sous le n° 9876, par
une feuille simple portant un ramuscule florifère du *R. alba.* M. Crépin
ne dit pas si cet échantillon provient d'un jardin ou s'il est spontané.
— Dumont-Courset : *l'Europe, l'Autriche.* Host, fl. austriaca, ne fait
aucune mention de ce rosier. — Desvaux, journ. bot., dit : le *R. alba
n'a jamais été trouvé sauvage.* — Lindley donne pour patrie à ce rosier :
Piémont, Cochinchine, Fionie, France, Hesse et Saxe, localités copiées
dans les flores sans preuve à l'appui ; la localité du Piémont est donnée sur
l'autorité d'Allioni ; le *R. alba* de la Flore du Piémont est le *R. sempervirens* Lin. — Trattinnick : *a Lusitanica usque ad Caucasum.* — Seringe, in
DC., prod. : *in Germania ?* — Balbis : *cultivé dans les jardins.* —
Du Mortier, fl. belgica : *bois montagneux de Juslenville, çà et là dans les
haies.* La localité de Juslenville est prise d'après Lejeune, mais le *R. alba*
y est-il spontané ? Puis est-ce bien le *R. alba ?* — Chevallier, flore de

Paris : *on le cultive dans les parterres.* — Desportes : *la France, l'Alle-magne, le Piémont, le Caucase,* localités copiées dans Lindley. -- Duby, bot. gall. : *in hortis frequentissime culta.* — Lorey et Duret, dans la flore de la Côte-d'Or, disent : *cette espèce est indigène et cultivée dans tous les jardins.* — Gussone, syn. sicul. : *R. alba, R. centifolia* et *R. Damascena Siculae indigenae ex Ucria, sed certe cultae, nec spontaneae ullibi proveniunt.* — M. Boreau : *les haies,* et indique les départements de *Saône-et-Loire, Loiret* (la plante que nous avons de M. Jullien est bien le *R. alba,* mais certainement non spontané quoique à fleur simple), *Maine-et-Loire ;* M. Boreau, dans son catalogue de ce dernier département dit : *peut-être n'est-elle pas naturelle au département.* — Carion, catalogue de Saône-et-Loire, dit : *nous ne mentionnons pas le* R. alba *quoiqu'il soit indiqué d'après notre témoignage dans la* Flore du Centre, *la haie où il existait ayant été arrachée et le rosier détruit.* — Gonnet, fl. de Fr. : *les haies, buissons, mais rare,* cultivé. — MM. Grenier et Godron excluent avec raison ce rosier de la Flore de France. — Kirschleger : *naturalisé dans les haies, les clôtures et planté dans tous les jardins des paysans.* — Grenier, fl. jurassique: *çà et là dans les haies surtout dans le voisinage des habitations, cette plante n'est pas indigène.* — Aiton, Kew., dit ce rosier natif d'Europe et son introduction en Angleterre remonterait à l'année 1597.

Sect. XIII. — *Eglanteriae.*

DC., divisions des roses, in Seringe, mus. Helv. (1818), II, p. 5, excl. *R. berberifolia;* Déséglise, l. c., p. 82, extr., p. 42, et in the naturalist, n° 20, p. 512; *Cinnamomeae* Seringe, in DC, prod., II, p. 602, part.; Duby, l. c., I, p. 176, part.; *Pimpinellifoliae* Koch, syn., 246, part.; *Luteae* Crépin, l. c., fasc. 2 (1872), p. 97; série III *Du Pontiana* Tratt., l. c., I, p. 75, part.; série VII *Roessigiana* Tratt., l. c., II, p. 50.

268. **R. lutea** Daléchamp, hist. plant. (1587), I, p. 126; Miller, dict., n° 11, éd. franc. (1785), VI, p. 526; Moench, meth. (1794), p. 688; Lam., fl. fr. (1795), III, p. 132; Gmel., l. c. (1806), II, p. 403; Biroli, fl. Agon. (1808),

I, p. 170; Willd., enum. pl. (1809), p. 543; Dum.-
Cours., l. c. (1811), V, p. 467; Rau, l. c. (1816), p. 157;
Balb. et Noc., fl. Ticin. (1816), I, p. 408; Lindley, l. c.
(1829), p. 84 ; Krocker, l. c. (1820), pars II, p. 110;
de Pronville, l. c. (1824), p. 88 ; Chevalier, l. c.
(1827), II, p. 688 ; Rchb., l. c. (1830), II, p. 612 ;
Koch, syn. (1843), p. 246 ; Lec. et Lam., catal. (1847),
p. 157; Boreau, l. c., éd. 2 (1849), n° 667, éd. 3
(1857), n° 852; Kirschleger, l. c. (1852), I, p. 242;
Déséglise, l. c. (1861), X, p. 82, extr., p. 42 ; Du Mort.,
monog. des ros. (1867), p. 52; Verlot, l. c. (1872), p. 116;
Boissier, l. c. (1872), II, p. 671; *R. foetida* Herm., diss.
(1762), p. 18 ; Allioni, fl. Pedem. (1785), n° 1792;
R. Eglanteria L., sp. (1764), 703, pr. part. ; Roth, l. c.
(1789), II, pars prior, p. 335; Krocker, l. c. (1790), II,
pars prior, p. 159; DC., fl. fr. (1805), IV, p. 457; Gilibert, l. c. (1806), I, p. 585; Pers., syn. (1807), II, p. 47;
Mérat, fl. Paris (1812), p. 189; Seringe, mél. (1818), I,
p. 19; Thory, prod. (1820), p. 99; Saint-Amans, fl.
Agen. (1821), p. 206; Tratt., l. c. (1823), II, p. 51; Bl.
et Fing., l. c. (1825), I, p. 621; Du Mort., fl. Belgica
(1827), p. 95; Loisel., l. c. (1828), I, p. 560; Desportes,
l. c. (1828), p. 80; Lorey et Dur., l. c. (1831), p. 306;
Mutel, l. c. (1834), I, p. 544; Delastre, l. c. (1842), p. 160;
Gonnet, l. c. (1848), p. 476 ; *R. Eglanteria* A *lutea*
Seringe, in DC., prod. (1825), II, p. 607 ; Duby, l. c.
(1828), I, p. 176; *R. eerea* Roessig, die rosen (1800),
n° 2 ; *R. chlorophylla* var. *unicolor* Ehrh., beitr.
(1787), II, p. 69 ; *R. vulpina* Wallroth, hist. (1828),
p. 201; *R. punicea* Miller, n° 13, l. c.; Roessig, l. c., n° 5;
R. bicolor Jacq., hort. Vind. (1770), vol. 1, p. 1 ; *R. chlorophylla* var. *bicolor* Ehrh., l. c., p. 70 ; *R. Eglanteria*

var. *bicolor* DC., l. c., p. 437; Seringe, in DC., prod., II, p. 607.

Icon. Lobel, II, pl. 209; Curtis, bot. mag., tab. 363, tab. 1077; Roessig, tab. 2, tab. 5; Jacquin, l. c., tab. I; Redouté, les roses (1824), livrais. 8, A et B, livrais. 22, B.

Exs. Aucher-Eloy, n° 1432; Haussknecht, n° 367a; de Noé (1852), n° 697; Kotschy, n° 297; Seringe, n°s 11 et 12.

Hab. Mai, juin. — *Europe*. Spont.? *Turquie d'Europe*. Moldavie (Guebhard, 1828, in herb. DC. spont.?). — *Asie*. Anatolie, mont Sipylo (Aucher-Eloy); — Arménie : Baibut (Huet du Pavillon, 1853, in herb. Boissier); — Syrie boréale : Aintab et Marasch (Haussknecht, 1865, in herb. Boissier), Diarbekir (de Noé, 1852, in herb. Boissier); — Perse : Sihna et Kermanchah (Haussknecht, in herb. Boissier), Schiras (Kotschy); — Caucase : Baku (Seidlitz, 1867, in herb. Boissier); — Indes-Orient. : Kischtwarr, à une alt. de 7500 pieds (Hooker et Thomson, in herb. DC.).

Obs. Indiqué en France dans les flores, mais certainement pas spontané et étranger à la flore française; il se trouve çà et là dans des haies, mais échappé des jardins. Voici le relevé des diverses localités citées dans les flores de France et d'Allemagne, qui sont loin de prouver que ce rosier y soit spontané. D'après ce que j'ai vu, je crois que la patrie de ce rosier serait l'Asie. Son introduction en Europe remonte probablement à une époque très-ancienne? Il aurait été introduit en Angleterre, d'après Desportes, par John Gerard en 1596.

1719. — Garidel, dans son histoire des plantes de la Provence, dit : « j'ai « trouvé cette espèce dans quelques haies du quartier des Fe- « nouillères, et au-dessous du quartier dit le *Camp de Mante*, « proche la métairie du sieur Burle. »

1755. — Vaillant : environs de Paris.

1762. — Hermann : Afrique, Égypte.

1764. — Linné : Helvetia, Anglia.

1789. — Allioni : Piémont, collines autour d'Alliano.

1789. — Villars dit ce rosier cultivé dans les jardins, qu'il vient peut-être naturellement en Provence, mais qu'il ne l'a pas rencontré; il cite les localites du Poët et de Sisteron d'après de Leuze.

1790. — Krocker : Nuper in horto pomaria in *Klein Dels;* Vidi ; e foro
« emtam accepi ante aliquot annos : in hortis indigenatum
« nacta est. »

1803. — De Candolle : « les haies.de Soissons (Poiret), il est cultivé dans
les jardins; » puis il cite les localités de Villars, Allioni,
Vaillant. J'ai vu dans l'herbier DC. ce rosier récolté par
Requien en 1810 à Avignon, sauvage dans les haies.

1806. — Gmelin : in Aegypto. Colitur passim in hortis et arbustis
anglicis.

1806. — Gilibert : « Je ne peux assurer si ce rosier est spontané en
« Lithuanie : on l'apporte comme déraciné dans la forêt de
« Bobrowzyzna ; mais ce qui est certain, je l'ai cent fois trouvé
« dans les jardins abandonnés des paysans. — Observé dans
« les haies de Saint-Lager en Beaujolais. »

1807. — Persoon : in hortis.

1808. — Biroli : in summis rupibus montium Novariensium *Orfano,*
cimae Mullerae et in valle de Vegezzo.

1809. — Willdenow : in Germania, Anglia. — Il est à remarquer que pas
une flore anglaise n'admet ce rosier comme indigène. Woods
ne parle nullement du *R. lutea,* dans son *synopsis of the Bri-*
tish species of rosa. Lindley, dans sa monographie, cite les
localités d'après les flores d'Allioni, Wibel, Rau ; puis à la fin
de ses observations il dit : « the only spontaneous specimens I
« have seen were gathered near Avignon by M. Requien, and
« are in the possession of M. Hooker. »

1811. — Clairville l'indique en Suisse à la Sarraz (Vaud).

1811. — Dumont-Courset : Allemagne, Italie.

1812. — Mérat : se trouve dans les haies au-dessus du village d'Andresy-
sur-Seine.

1816. — Balbis et Nocca : in sepibus collium traspadanorum Papiensium
circa vicum *Casteggio,* loco dicto *la Freccia rossa.*

1818. — Seringe : la patrie de cette rose est entièrement inconnue ; elle
fait l'ornement des bosquets par ses belles fleurs simples et
jaunes.

1820. — Thory : ce rosier croît spontanément en France, en Angleterre,
en Allemagne, en Italie et en Espagne.

1821. — Saint-Amans : les haies R. R. R. aux environs de Talives près
d'Agen.

1823. — Trattinnick rapporte les localités citées par Thory.

1825. — De Candolle : patrie inconnue.

1825. — Bluff et Fingerhut : in sepibus, sed rarior.

1827. — Chevalier : l'espèce croît dans les haies, rare.

1827. — Dumortier : in dumetis et sepibus.

1828. — Loiseleur : patria incerta, in hortis colitur et interdum in sepibus dumetisque reperitur ; circa Lutetiam, *Andresis*.

1828. — Desportes : l'Allemagne, l'Italie, la France.

1828. — Duby : in sepibus prope Avenionem (Requien) et in Galloprovincia ex Villars.

1830. — Reichenbach copie les localités données par Allioni, Biroli, Balbis et Nocca.

1831. — Lorey et Duret : cette espèce est généralement cultivée, il en existe une haie au-dessous de Sombernon sur la route de Paris.

1834. — Mutel copie les localités indiquées par De Candolle, fl. fr.

1842. — Delastre : cultivé. Quelques haies aux environs de Loudun, R. R.

1843. — Koch : patria secundum DC. ignota ; in ditione fl. nost. passim in sepibus quasi sponte provenit.

1843. — Cosson et Germain : naturalisé dans les haies, et aux environs des villages.

1847. — Lecoq et Lamotte : R. R. spontané. Puy-de-Dôme : haies de la butte de Montpensier et du pré Monsieur près Aigueperse, haies près Cournon. — Haute-Loire : au-dessus du vieux pont d'Estrouilhas près le Puy.

1848. — Gonnet : Sisteron et le Poët (d'après Villars), Avignon, Malesherbes, Dreux, ces deux dernières localités sans doute copiées dans la flore de MM. Cosson et Germain.

1852. — Kirschleger : naturalisé dans les haies et les clôtures, dans les jardins des paysans.

1857. — Boreau : naturalisé dans quelques haies. — Indre : Chateauroux, faubourg Saint-Christophe. — Loir-et-Cher : Herbilly près de Mer.

1859. — M. Boreau, dans son catalogue du département de Maine-et-Loire : Obs. plusieurs autres rosiers ont été observés dans les haies, mais ne peuvent être considérés comme spontanés. *R. lutea*, haie à l'entrée de la route de Nantes.

1872. — Verlot : il est bien douteux que cette espèce ait été rencontrée réellement sauvage, mais elle est très-souvent cultivée dans les jardins.

269. R. Maracandica Bunge, pl. Lehm., p. 287, Boissier, l. c., II, p. 671.

HAB. — *Asie*. In valle superiori fluvii Sarafschan supra Samarkand Turkestania (Bunge, in herb. Boissier).

270. R. Phrygia Boissier, ann. sc. nat., 4ᵉ série, II, p. 249; Walpers, ann. bot., IV, p. 653.

HAB. — *Asie-mineure*. Phrygie occidentale (Tchihatchef, exs. nº 178, in herb. Boissier).

OBS. Deux fautes de typographie existent dans le texte des annales des sciences naturelles : *R. Phygia* pour *R. Phrygia;* puis à l'hab. « in Physia occ. » pour « *Phrygia* occ. ».

M. Boissier dit que ce rosier a *les fleurs jaunes*, et dans sa flore orient., II, p. 686, il regarde cette plante comme étant le *R. rubiginosa* Lin. — Si ce rosier a réellement la fleur jaune, comme l'a écrit M. Boissier, il ne peut pas être le *R. rubiginosa* L. Nous voulons bien réunir autant que possible, mais encore faut-il que les réunions proposées soient justifiées et ne se trouvent pas en contradiction avec les textes !

271. R. hemisphaerica Herm., diss. (1762), p. 18, nº XIV; Koch, dendrol., I, p. 226; Déséglise, not. extr. de l'énum. des rosiers, in the journ. of botany for June 1874, extr., p. 6; *R. glaucophylla* Ehrh., beitr. (1788), II, p. 69; *R. sulphurea* Aiton, Kew. (1789), II, p. 201; Willd., spec. (1797), II, p. 1065; DC., l. c. (1805), IV, p. 438; Gmel., l. c., II, p. 404; Pers., l. c., II, p. 47; Dum.-Cours., l. c., V, p. 478; Lindley, l. c., p. 46; Thory, l. c., p. 125; Savi, trattato degl. allir. del. Tosc. (1822), II, p. 171; Krocker, fl. Siles., sup. (1822), IV, pars 2, p. 111; de Pronville, l. c., p. 74; Seringe, in DC., prod., II, p. 608; Desportes, l. c., p. 11; Rchb., l. c., II, p. 615; Cariot, l. c., II, p. 182; Boissier, fl. Orient., II, p. 672; *R. lutea* Brotero, fl. Lusit. (1801), I, p. 337 ex Lindley ; *R. Rapini* Boissier et Bal.! in Boiss., diagn. (1859), sér. 2, fasc. 6, p. 72; Boissier! fl. Oriental., II,

p. 672 ; *R. flava pleno flore* Clusius, hist., I, p. 114 et curae poster. (1611), p. 13.

Icon. Clusius, curae post., p. 13 (le dessinateur a sans doute oublié de figurer les stipules?); Roessig, die rosen, tab. 43 ; Botan. reg., I, p. 46 ; Redouté, les roses (1824), livrais. I, C.; Boissier et Buhse, l, c., tab. VI, f. 1; d'après l'autorité de Lindley, je cite les gravures suivantes n'ayant pas les ouvrages à ma disposition : Parkinson, parad., tab. 414, f. 6; Miss Lawr., ros., tab. 77.

Exs. Seringe, ros. desséch., n° 13 ; Balansa, pl. d'Orient (1857), n° 1171 ; Tchihatchef, exs. (1858), n° 212, in herb. Boissier! ; Buhse (1847), n° 341, in herb. Boissier !

Hab. Mai. — Phrygie : Ouchak (Balansa); — Galatie : mont Elmadagh (Boissier) ; — Cappadoce : Césarée (Balansa); — Arménie : Erzinghan (Tchihatchef, in herb. Boissier); — Perse boréale : mont Elbrus (Buhse, in herb Boissier).

Obs. J'ai expliqué, dans le journal botanique de Londres, les motifs qui me font considérer le *R. Rapini* Boiss. comme étant le type à fleur simple du *R. hemisphaerica* Herm.

Sect. XIV. — Rubiginosae.

DC. in Seringe, mus. Helv. (1818), I, p. 2 et p. 4; Lindley, l. c., p. 84, part. ; de Fronville, l. c. p. 86, part.; Rchb., l. c., II, p. 617, excl. *R. psilophylla ;* Déséglise, l. c., p. 53, extr. p. 15 ; Reuter, l. c., p. 71 ; Crépin, l. c., fasc. 1, p. 23 ; Cottet, l. c., p. 42 ; *Caninae* Seringe, in DC, prod., II, p. 611 *part.*; Duby, l. c., I, p. 177, *part*; Lorey et Duret, l. c., I, p. 307, *part.; Caninae* G. *tomentellae,* Crépin, l. c., p. 20 ; Cottet, l. c., p. 42 ; *Caninae* H. *scabratae,* Crépin, l. c., p. 20 ; Cottet, l. c., p. 42; *Glandulosae* Crépin, l. c., p. 21 ; *Diastylae* trib. *campylacanthae* B *resinoso-glandulosae* Godet, l. c., p. 204.

A) *Tomentellae.*

Folioles plus ou moins pubescentes ou à nervures secondaires seules velues ou glabres, à glandes peu abondantes non odorantes ; pédoncules glabres ou hispides glanduleux.

1. { Styles glabres. . . . . 2.
{ Styles velus ou hérissés . . . . 5.

2. { Folioles velues en dessous. . . . . . . 3.
{ Folioles glabres ou velues sur les nervures secondaires . . . . 4.

3. { Tube du calice ellipsoïde, fleur rose clair, fruit
petit, ellipsoïde, rouge. . . . . *similata.*
{ Tube du calice ovoïde, fleur rose, fruit ovoïde . *Borreri.*

4. { Rameaux floraux inermes, folioles grandes, velues
sur les nervures secondaires, fleur d'un beau
rose . . . . *Valesiaca.*
{ Rameaux floraux aiguillonnés, folioles glabres,
tube du calice grêle, ovoïde . . . . . . *subintrans.*

5. { Styles velus, tube du calice grêle, ovoïde, fleur
d'un blanc carné, folioles petites, glabres,
fruit globuleux . . . . *Nebrodensis.*
{ Styles hérissés ou obscurément hérissés . . . 6.

6. { Folioles velues en dessous . . . . 7.
{ Folioles glabres en dessous . . . . 8.

7. { Folioles ovales arrondies, divisions calicinales
glabres sur le dos, caduques, fleur rose pâle,
fruit arrondi, rouge orangé . . . . . . *tomentella.*
{ Folioles ovales-elliptiques, d'un vert foncé, divisions calicinales parsemées de glandes sur le
dos, persistantes jusqu'à la coloration du fruit,
fleur rose, fruit ovoïde, rouge . . . . . *Bakeri.*

8. { Folioles médiocres, ovales-arrondies, styles obscurément hérissés, fleur petite, d'un beau rose,
pédoncules hispides-glanduleux, fruit ovoïde,
rouge violacé . . . . *viscida.*
{ Folioles assez grandes, ovales cuspidées, d'un
vert obscur, styles hérissés, pédoncules parsemés de quelques glandes, fleur grande, rose
pâle, fruit assez gros, ovoïde-arrondi. . . . *Blondaeana.*

272. R. tomentella Leman, bull. philom. (1818),
extr. p. 10; Boreau, l. c., éd. 2 (1849), n° 683, éd. 3,
n° 865 et catal. de M.-et-Loire (1859), p. 79; Reuter,
cat. Genève (1861), p. 71; Déséglise, in Billot, arch. de
la fl. de Fr. et d'Allem., p. 354 et essai monog. in mém.
Soc. Acad. de M.-et-Loire, X, p. 152 extr., p. 92; Man-
ceau, bull. Soc. d'Agricult. sc. et arts de la Sarthe (1862),
extr., p. 8; Grenier, fl. juras., p. 247; Baker, Engl. bot.
third edit. (1864), III, p. 217 et review of the Brit. Roses
in the naturalist (1864), p. 102 extr., p. 35; Cariot, l. c.,
II, p. 184; Du Mort., monog. ros. belg. p. 56 excl. var.;
Lloyd, fl. Ouest (1868), p. 177; Fourreau, l. c., p. 75;
Pérard, l. c., p. 82; Verlot, l. c., p. 116; Cottet, l. c.,
p. 42; *R. inodora* Hooker, fl. lond., n. s. t. 117, ex Baker;
R. rubiginosa var. C. Rapin, l. c., p. 101; *R. tomentosa*
var. *dumetorum* Gaud., fl. helv., III, p. 352, ex Reuter;
R. canina var. *tomentella* Baker, monog. of Brit. ros. in
Linn. Society's journ., XI, p. 251.

Exs. Billot, n° 1477; Baker, herb. ros. brit., n° 29;
Bourgeau, Alp. de la Savoie (1848) n° 80, sub. *R. canina*
var. *fastigiata* (*R. fastigiata* Bast., teste Cosson!); Déséglise, herb. ros., n° 70.

Hab. Mai, juin. Haies, bois. — *Angleterre.* Yorkshire : Thirsk, Think,
Sowerby (Baker) ; — Devonshire : broussailles près de Bickleigh, Lynham,
Pennycrots (Briggs). — *Belgique.* Prov. de Namur : Rochefort (Crépin). —
France. Meurthe : Nancy (Mathieu) ; — Maine-et-Loire : Angers (Boreau);
— Aisne : forêt de Villers-Cotterêts (Questier);— Loir-et-Cher : Salbris;—
Indre : Sainte-Lizaigne ; — Cher : C. Bourges, Allogny, Allouis, Epincuil-
le-Fleuriel, etc.; — Puy-de-Dôme : les Vergnes près de Riom (Lamotte); —
Allier : Arçon près d'Ebreuil (Lamotte) ; — Doubs : Mont Brégille près de
Besançon ; — Saône-et-Loire : Châlons-sur-Saône à Thésé (Ozanon) ; —
Lot-et-Garonne · Agen (de Pommaret) ; — Rhône : Lyon au pont d'Alay
(Ozanon), Dardilly, Roncière (Chabert), Tassin, Chapoly, Couzon, Beau-
mont (Boullu), indiqué comme AC. dans ce département par M. Cariot ;

— Isère : Noreppe à Chalais (Verlot) ; — Var : le Luc (Hanry) ; — Alpes-maritimes : Saint-Martin-de-Lantosque (Bornet) ; — Savoie : rochers de la Cave au Brezon (Bourgeau) ; — Haute-Savoie : Pringy, Conflans (Puget), le Mont Salève ; — Hautes-Alpes : Gap (Burle). — *Alsace.* Jagerthal, Reichoffen. — *Suisse.* Valais : Sembrancher, Sion (Cottet) ; — indiqué par M. Christ, dans les cantons de Schaffhouse, Uri et du Tessin. — *Autriche.* Tyrol : entre Hall et Saint-Martin, Fragenstein, Vorarlberg (Kerner).

Obs. I. *R. villosula* Paillot, rev. litt. Franche-Comté (1867), p. 562 et in Billotia (1869), p. 119 ; exs. Billot (suites), n° 3848. — Ce numéro est représenté par des exemplaires bien mauvais, des sommités florales dépourvues de vieux bois et d'aiguillons, des brins qui ne sont pas admissibles dans une collection comme celle de Billot.

M. Paillot attribue à son *R. villosula, « des aiguillons géminés sous les « feuilles, dilatés à la base, arqués au sommet, ceux des rameaux presque « droits subulés, »* caractère qu'il est impossible de voir sur les brins distribués. *« Les folioles latérales sessiles fortement velues en dessous, »* elles sont toutes pétiolées et les nervures seulement velues dans l'échantillon en fleur et presque glabres dans celui en fruit. *« Sépales courts, presque « entiers, velus sur les deux faces ; »* les sépales, dans les échantillons distribués, sont pinnatifides, à appendices larges, glabres sur le dos. — Ces observations me portent à croire que le *R. villosula* distribué sous le n° 3848 n'est pas celui décrit par M. Paillot, dans le *Billotia*, p. 119 et p. 120.

Obs. II. *R. concinna* Lagger et Puget inéd. , *R. tomentella* forma con cinna Christ, die Rosen Schw., p 128 ?

Arbrisseau assez élevé, à rameaux verts, munis d'aiguillons crochus, rares sur les tiges florifères, plus robustes sur les vieilles tiges. Pétioles pubescents-glanduleux, aiguillonnés en dessous ; 5-7 folioles *ovales-aiguës* ou ovales-obtuses, *glabres*, plus ou moins parsemées en dessous de glandes sur les nervures ; nervures secondaires pubescentes et glanduleuses, doublement dentées, à dents secondaires glanduleuses ; stipules étroites, glabres, bordées de glandes, à oreillettes aiguës peu divergentes ; pédoncules solitaires ou réunis par 2-3, *peu et irrégulièrement* hispides-glanduleux ; tube du calice ovoïde, lisse ou un peu hispide ; divisions calicinales appendiculées, à appendices courts bordés de glandes, *parsemées de glandes en dehors,* réfléchies à l'anthèse, caduques ; styles courts, *glabres ou presque glabres ;* fleur d'un rose clair ; fruit de grosseur médiocre,

ovoïde ou presque arrondi, contracté au sommet, lisse ou un peu glanduleux à la base (Puget).

Hab. Juin. — *Suisse*. Cant. d'Uri : Altorf (Puget).

273. R. similata Puget, in Déséglise, descript. qq.
esp. nouv. de ros. in Billotia (1864), p. 38, extr., p. 6;
Cottet, l. c., p. 43.

Exs. Déséglise, herb. ros., n° 24.

Hab. Juin. Broussailles. — *France*. Yonne: Auxerre (Mabile); — Lozère:
Bagnols-les-Bains (Martin, in herb. Grenier); — Haute-Loire : Fisc
(Lamotte, in herb. Grenier); — Isère : Villard-de-Lans (Boullu); —
Savoie : Saint-Nicolas-la-Chapelle (Puget), chemin de l'Arpettaz au-dessus
des Herys (Perrier, in herb. Grenier) ; — Haute-Savoie : Arenthon, bords
de l'Arve, Pringy (Puget), Conflans (Perrier). — *Suisse*. Valais : Bovernier (Cottet).

274. R. Tyroliensis Kerner, OEsterr. bot. Zeitschrift
(1869), n° 11, extr. p. 7.

Hab. — *Autriche*. Tyrol : Steinach entre Trins et Gschnitz, Schönberg
(Kerner).

275. R. Borreri Woods, l. c., XII (1816), p. 210 et
herb. n° 71; Tratt., l. c., II, p. 15; Smith, Engl. fl.
(1824), II, p. 388; Baker, in Engl. bot., third edit.
(1864), III, p. 214 et rev. of the Brit. ros., p. 20;
R. rubiginosa var. *inodora* Lindl., l. c., p. 88; *R. inodora*
Rchb., l. c., p. 618 (non Fries); *R. canina* var. *Borreri*
Baker.

Icon. Engl. bot., tab. 2579 et third edit. pl. 471 *mala*.

Hab. — *Angleterre*. Kent: Knockhoet (Baker) ; — Yorkshire : près de
Wetherby Grange (Hailstone). — *Belgique*. Prov. de Namur : Rochefort
(Crépin).

276. R. Bakeri Déséglise, in the journ. of botany,
n° 21, sept. 1864, p. 267; Baker, rev. of the Brit. ros.

(1864), p. 34; *R. tomentella* Baker, North Yorkshire, p. 229 non Leman ; *R. canina* var. *Bakeri*, Baker, mon. of Brit. ros., p. 257.

Icon. Engl. bot., third ed., tab. 473.

Exs. Baker, herb. ros. brit., n° 30.

Hab. Juin. Broussailles. — *Angleterre*. Northumberland : fourrés à Nolywell Dene (Baker) ; — Yorkshire : haies à Sowerby, Thirsk (Baker).

277. R. Valesiaca Lag. et Pug. mss.; Cottet, l. c., p. 42, sine descript.; *R. micrantha* forma *Valesiaca* Christ, l. c., p. 112.

Arbrisseau de 1 mètre à 1^{m}50 de haut, à rameaux flexueux ; tiges florifères *toujours inermes*, les inférieures portent de rares aiguillons crochus; pétioles canaliculés en dessus, peu aiguillonnés en dessous, parsemés de glandes et de poils qui disparaissent en partie avec l'âge; 5-7 fol. *grandes*, largement *ovales* ou *obtuses*, *glabres*, *d'un vert sombre en dessus*, glauques et parsemées en dessous de rares glandes sur les nervures secondaires ; ces dernières sont aussi légèrement velues, la nervure médiane velue et parsemée de glandes, doublement dentées, à dents secondaires terminées par une glande; stipules grandes, *glabres*, bordées de glandes, les inférieures un peu glanduleuses en dessous, à oreillettes droites ; pédon-cules réunis par trois, formant aussi des corymbes de 6-9, rarement solitaires, hispides glanduleux, munis à leur base de 2 bractées opposées, lancéolées, *glabres*, bordées de glandes et dépassant les pédoncules; tube du calice ovoïde, contracté au sommet, *glabre ;* divisions calicinales ovales-lancéolées, 2 entières, 5 pinnatifides, parsemées de glandes fines en dessous, saillantes sur le bouton, plus courtes que la corolle, réfléchies à l'anthèse, caduques ; styles un peu agglutinés à la base, *glabres*, disque saillant ; fleur d'un *beau rose ;* fruit petit, ovoïde, rétréci et comme étranglé au sommet.

Hab. Juin. Broussailles. — *Suisse.* Valais : Vollège, vallée d'Entremont (de la Soie), rocailles de la route de Bovernier à Sembrancher ! Sion.

278. R. Nebrodensis Gussone, syn. Sicul. (1842), I, p. 563 ; *R. rubiginosa* var. *parvifolia* Seringe, in DC., prod., II, p. 616 excl. syn. ; *R. Hispanica* var. *Nevadensis* Boiss. et Reut., pugil. (1852), p. 44.

Je n'ai pas vu le type de Gussone et je connais seulement ce rosier par deux échantillons venant de la localité de Madonie (Sicile), reçus de M. Todaro. L'échantillon que je possède d'Espagne et ceux de France sont identiques à mes spécimens de la Sicile ; les aiguillons, les folioles, les divisions calicinales, les styles, concordent avec la plante reçue de M. Todaro. Les pédoncules, dans les échantillons d'Espagne et de France, sont un peu parsemés de glandes fines peu abondantes ; dans mes échantillons siciliens, je vois des pédoncules glabres et des pédoncules parsemés de petites glandes.

Hab. — *France.* Ain : Thoiry, base du Reculet (Seringe, in herb. DC., 1825 !) ; — Haute-Savoie : Argentière (Boullu). — *Espagne.* Sierra Nevada (Reuter). — *Italie.* Sicile : Madonie (Todaro).

Var. B. — Diffère du type par ses aiguillons plus robustes, inclinés ou crochus, les divisions calicinales glabres, styles glabres. *R. subintrans* Grenier in Billotia ; exc. Billot (suites) n° 5851. — Hab. Haute-Garonne : Toulouse (Timbal) ; — Gard : le Vigan (Tuczkiewicz) ; — Hautes-Alpes : Gap (Grenier).

279. R. viscida Pugét, in Crépin, primit. monog. ros., fasc. I, p. 20, sine descript.

Arbrisseau à rameaux violacés ou verdâtres; aiguillons épars assez nombreux, robustes, longs, dilatés à la base, recourbés, ceux des rameaux florifères plus petits ; pétioles glanduleux, parsemés de poils blanchâtres en dessus, aiguillonnés en dessous ; 5-7 folioles toutes pétiolées, la terminale arrondie à la base, terminée en pointe courte au sommet, ovales-arrondies, *glabres, d'un vert sombre* en dessus, glaucescentes et glanduleuses en dessous sur les nervures, doublement dentées, à dents secondaires glanduleuses ; stipules assez larges, *glabres,* à bords glanduleux ; oreillettes aiguës, divergentes ; pédoncules solitaires ou en bouquet peu fourni, courts, hispides-glanduleux, cachés par de larges bractées ovales-acuminées, *glabres,* bordées de glandes ; tube du calice ovoïde, hispide-glanduleux ; divisions calicinales ovales, appendiculées au sommet, glanduleuses en dessous, à glandes peu abondantes, 2 entières à bords tomenteux, 5 pinnatifides à appendices courts, étroits, bordés de glandes, saillantes sur le bouton, égalant presque la corolle, étalées à l'anthèse puis réfléchies, non persistantes ; styles courts, *glabres ou très-obscurément hérissés;* disque saillant ; fleur *petite, d'un beau rose;* fruit ovoïde, hispide, d'un rouge violacé à la maturité.

Hab. Mai, juin. Bois, haies. — *France.* Jura : Lons-le-Saulnier, colline de l'Hermitage (Puget) ; — Haute-Savoie : Thonon (Puget) ; — Alpes-maritimes : de Roquebillière à Bertemont (Bornet).

580. R. viscosa Jan, cat., p. 8; Gussone, l. c., I, p. 563.

Hab. Juin, juillet. — *Italie.* Sicile : Madonie (Gussone). — *Je ne connais pas ce rosier, qui ne se trouve pas dans les herbiers de Genève.*

281. R. Blondaeana Ripart, in Déséglise, essai

monog., in mém. Soc. Acad. de M.-et-Loire, X (1861), p. 133, extr., p. 93; Baker, rev. of the British ros., p. 54; Cottet, l. c., p. 42; *R. trachyphylla* Boreau, l. c., éd. 3, n° 688 non Rau ; *R. trachyphylla* var. *Blondaeana* Du Mort., l. c., p. 59; *R. trachyphylla* var. *nuda* Grenier, fl. juras., p. 214.

Exs. Déséglise, herb. ros., n° 52.

Hᴀʙ. Juin. Haies, bois. — *Angleterre*. Cheshire : West Kirby (Webb). — *Belgique*. Prov. de Namur : Rochefort (Crépin). — *France*. Loir-et-Cher : Cour Cheverny (Franchet) ; — Loiret : Maison rouge, route de la Chapelle, St-Denis-en-Val (Julien) ; — Cher : C. Bourges (Ripart), Marmagne, Mehun, Allouis, Saint-Florent, Vierzon, etc.; — Yonne : Auxerre (Mabile); — Doubs : Besançon (Grenier). — *Suisse*. Valais : Mont Ravoire près de Bovernier.

Oʙs. Ce rosier présenterait les formes suivantes que nous ne connaissons qu'imparfaitement.

1. **R. vinetorum** Ripart, mss. — Caractères généraux du *R. Blondaeana*, dont il diffère par ses pétioles plus aiguillonnés, ses stipules dépourvues de glandes en dessous, ses styles obscurément hérissés, sa fleur d'un blanc carné (Ripart).

Hᴀʙ. Cher : Vignes de Turly près de Bourges (Ripart), vignes d'Asnières près de Bourges.

2. **R. controversa** Ripart, mss.
Petit sous-arbrisseau à port beaucoup plus grêle que les *R. Blondaeana* et *R. semi-glandulosa ;* ses aiguillons plus évidés, ses tiges plus minces et ses folioles plus petites. Il diffère surtout des deux par ses styles glabres ; les pédoncules et le tube du calice sont presque aussi glanduleux que ceux du *R. Andegavensis* (Ripart).

Hᴀʙ. Haies des vignes. Juin. — Cher : Bourges (Ripart) ; — Aude : le Mas Cabardès (Ozanon).

3. **R. praeterita** Ripart, mss.
Styles velus, fruit arrondi, pédoncules lisses ou portant quelques rares soies glanduleuses avortées (Ripart).

Hᴀʙ. Cher : bois de Givrai près de Bourges (Ripart). — *Belgique.* Prov. de Namur : Rochefort (Crépin).

4. R. semi-glandulosa Ripart, mss.

Pédoncules glabres ; styles glabres ou obscurément hérissés ; divisions calicinales églanduleuses en dessous (Ripart).

Hᴀʙ. Cher : Bourges, Saint-Martin (Ripart), Allouis, Mehun ; — Allier : Chassagne près les Gazeriers (Lamotte).

ʙ) *Glandulosae.*

Aiguillons droits, inclinés ou un peu crochus, dégénérant quelquefois en aiguillons sétacés et glanduleux, feuilles ordinairement grandes à glandes peu ou pas odorantes, pédoncules hispides-glanduleux, corolle ordinairement grande.

1. { Rameaux floraux inermes . . . . 2.
   { Rameaux floraux aiguillonnés . . . . . 3.

2. { Pétioles glabres, glanduleux, folioles ovales-elliptiques, tube du calice ovoïde, hispide à la base, sépales glanduleux sur le dos, fleur d'un rose vif. . . . . *Godeti.*
   { Pétioles tomenteux, glanduleux, folioles ovales, triplement dentées, tube du calice ovoïde-allongé, hispide-glanduleux, sépales couverts de glandes sur le dos, fleur grande, d'un rose pourpre. . . . . *Wasserburgensis.*

3. { Aiguillons dégénérant au sommet des rameaux en soies sétacées . . . . . . 4.
   { Aiguillons ne dégénérant pas en soies sétacées. 9.

4. { Folioles dépourvues de villosité sur les deux faces . . . . 5.
   { Folioles pubescentes en dessous . . . . 7.

5. { Divisions calicinales glabres, tube du calice glabre . . . . *insi iosa.*
   { Divisions calicinales glanduleuses sur le dos, tube du calice hispide-glanduleux . . . 6.

6. { Folioles ovales-obtuses, irrégulièrement dentées, styles obscurément hérissés, fleur
rose, fruit ovoïde. . . . . *dryadea.*
Folioles grandes, ovales-elliptiques, doublement et triplement dentées, styles hérissés,
fleur purpurine, fruit obovoïde-allongé. . *protea.*

7. { Arbrisseau, folioles grandes, ovales-elliptiques, styles velus, fleur grande, d'un beau
rose, fruit ovoïde . . . . *speciosa.*
Sous-arbrisseau ne formant pas buisson . . 8.

8. { Pétioles chargés de glandes, folioles ovales-
elliptiques, fleur grande, pupurine, à onglet
court, blanc, fruit ovoïde. . . . . . *nemorivaga.*
Pétioles velus parsemés de quelques glandes,
folioles ovales-arrondies ou suborbiculaires, fleur grande, d'un beau rose, à odeur
suave, fruit gros, obovoïde ou arrondi, d'un
beau rouge . . . . *pseudo-flexuosa.*

9. { Sous-arbrisseau ne formant pas buisson,
folioles ovales-aiguës, fleur rose, fruit globuleux . . . . *Pugeti.*
Arbrisseau plus ou moins élevé. . . . . 10.

10. { Fleur d'un rose foncé, à odeur suave, folioles
plus ou moins chargées de glandes visqueuses odorantes, fruit obovoïde . . . . *subolida.*
Fleur d'un beau rose, folioles à glandes non
odorantes . . . . 11.

11. { Folioles larges de trois centimètres au moins. *Jundzilliana.*
Folioles dépassant rarement deux centi-
mètres . . . . *flexuosa.*

282. R. insidiosa Ripart, mss.; *R. psilophilla* Déséglise exs. non Rau; *R. depressa* Gremli?

Exs. Déséglise, herb. ros., n° 65.

Arbrisseau à aiguillons robustes dilatés comprimés à la
base, inclinés, ceux des rameaux et des tiges florifères

inégaux, épars, les plus robustes dilatés comprimés à la base, inclinés, les plus petits dilatés en forme de disque droits dégénérant en soies sétacées églanduleuses ; pétioles hérissés de poils courts à la base, parsemés de glandes fines stipitées, inermes ou faiblement aiguillonnés; folioles 5-7, ovales-arrondies ou obtuses, coriaces, glabres, vertes en dessus, glaucescentes en dessous, la côte médiane glanduleuse, les nervures secondaires parsemées de quelques glandes, doublement dentées; stipules glabres en dessus, parsemées de glandes en dessous, oreillettes aiguës divergentes, bords glanduleux ; pédoncules solitaires ou réunis par 2-4 en bouquet peu fourni, hispides-glanduleux; tube du calice petit, ovoïde, contracté au sommet, glabre ; divisions calicinales spatulées au sommet, glabres sur le dos, 2 entières, 3 pinnatifides, à appendices bordés de glandes, saillantes sur le bouton, réfléchies à l'anthèse, non persistantes ; styles hérissés, disque conique ; fleur rose ; fruit ovoïde, rouge.

Hab. Mai, juin. Haies. — *France.* Cher : Trouy, Grange-Saint-Jean près de Bourges (Ripart). — *Suisse.* Cant. de Schaffhouse ? (Gremli). — *Autriche* Tyrol : Trins, vallée de Gschnitz (Kerner).

283. **R. dryadea** Ripart, mss.

Arbrisseau à aiguillons robustes, dilatés à la base, arqués, dégénérant au sommet des rameaux en aiguillons sétacés ; pétioles parsemés de poils courts, plus ou moins chargés de glandes fines stipitées, *inermes* ou faiblement aiguillonnés; 5-7 folioles *ovales-aiguës obtuses* ou *orbiculaires,* coriaces, fermes, glabres, vertes en dessus, glaucescentes en dessous, la côte médiane porte des glandes et quelques petits acicules, les nervures secondaires ont quelques glandes, *irrégulièrement dentées à dents aiguës* profondes, les unes simplement dentées et d'autres doublement dentées ; stipules *glabres* sur les deux faces, oreillettes droites ou divergentes ; pédoncules en bouquet peu fourni, hispides-glanduleux, courts, bractées ovales acuminées, glabres, plus longues que les pédoncules ; tube du calice ovoïde, hispide-glanduleux, à glandes fines ; divisions calicinales spatulées au sommet, *glanduleuses sur le dos*, 2 entières à bords tomenteux, 3 pinnatifides à appendices étroits bordés de glandes, réfléchies à l'anthèse, caduques ; styles *obscurément hérissés*, disque presque plan ; fleur grande, rose ; fruit ovoïde, celui du centre obovoïde, d'un beau rouge.

Hab. Mai, juin. Bois. — *France.* Cher : bois des Dames commune de Trouy (Ripart), haies des vignes de Trouy près le bois de Givray.

284. **R. protea** Ripart, mss.

Arbrisseau élevé, rameaux à écorce purpurine ou verdâtre, flexueux retombants, aiguillons dilatés à la base, inclinés, dégénérant au sommet en soies sétacées glanduleuses ; pétioles parsemés de poils dans le sillon, glanduleux, aiguillonnés en dessous ; 5-7 folioles assez grandes ; ovales-elliptiques, vertes en dessus, glaucescentes en dessous, glabres, la côte médiane glanduleuse et quelques nervures secondaires parsemées de glandes, doublement et triplement dentées, à dents secondaires glanduleuses ; stipules longues, glabres, bordées de glandes, oreillettes divergentes ; pédoncules très-courts, solitaires ou en bouquet peu fourni, hispides-glanduleux ; tube du calice ovoïde, hispide-glanduleux ; divisions calicinales longues, spatulées au sommet, glanduleuses sur le dos, 2 entières, 3 pinnatifides à appendices bordés de glandes, saillantes sur le bouton, plus courtes que la corolle, réfléchies à l'anthèse, caduques ; styles hérissés, disque conique ;

fleur grande, d'un beau pourpre; fruit rouge, obovoïde-allongé, ce qui lui donne une forme ellipsoïde.

Hab. Mai, Juin. Haies. — *France*. Cher : haies des vignes de Trouy près de la Grange-Saint-Jean (Ripart).

285. R. consanguinea Grenier, fl. juras. (1864), p. 225; *R. gallico-umbellata* Rapin, in Reuter, cat. Genève (1861), p. 72.

Hab. Juin. — *Suisse*. Cant. de Genève : Veyrier près de Genève.

Obs. Les feuilles ne sont pas *subpubescentes* en dessous, comme le dit M. Grenier; elles sont glabres, couvertes de glandes fines, roussâtres, la côte médiane porte quelques poils : elles ne sont pas *ovales-aiguës*, comme le dit Reuter, mais bien ovales-arrondies ou ovales elliptiques; les divisions calicinales sont très-glanduleuses sur le dos.

286. R. Godeti Grenier, in Godet, fl. Jura, suppl. p. 73.

Exs. Billot, n° 2061 et 2061 ter.

Hab. Juin. — *France*. Meurthe : Nancy, carrières de Balin (Mathieu). — *Alsace*. Ruines du Château d'Andlau (Mathieu), forêt de Gros Wald près de Reichoffen ! forêt de Vordersberg près de Niederbronn ! — *Suisse*. Cant. de Neuchâtel : Mont de Chaumont (Grenier) ; — cant. de Bâle : Jura de Bâle (Christ).

287. R. Cotteti Puget! mss.

Description établie sur les notes et échantillons reçus de M. Puget ; j'ai vu aussi ce rosier cultivé dans le jardin de M. Cottet.

Arbrisseau de 1-2 mètres, à rameaux munis d'aiguillons longs, grèles, droits, dilatés à la base en forme de disque, blanchâtres ou de couleur fauve ; pétioles velus, parsemés de glandes fines, aiguillonnés en dessous ; 5-7 folioles, *ovales-elliptiques*, vertes, glabres ou parsemées de poils courts apprimés en dessus, glauques en dessous, nerveuses, la côte médiane glanduleuse, les nervures secondaires portent aussi quelques glandes qui disparaissent avec l'âge, doublement dentées ; stipules *glabres*, oreillettes aiguës divergentes ; pédoncules solitaires ou réunis par 2-4, hispides-glanduleux ; bractées ovales-acuminées, glabres en dessus, *pubescentes* en dessous, à bords ciliés-glanduleux, égalant ou dépassant les pédoncules ; tube du calice ovoïde, hispide-glanduleux ; divisions calicinales, glanduleuses sur le dos, spatulées au sommet, 2 entières, 3 pinnatifides portent 1-4 appendices courts, saillantes sur le bouton, dépassant la corolle, réfléchies à l'anthèse, puis redressées, conniventes, *persistantes* ; styles hérissés ; fleur rose ; fruit arrondi ou ovoïde, un peu atténué au sommet.

HAB. Juin. Broussailles. — *Suisse*. Cant. de Fribourg : aux cases d'Allières (Cottet) ; indiqué dans le canton de Vaud, vallée de l'Hongrin (Favrat).

288. R. marginata Wallroth, ann. bot. (1815), p. 69; Lindley, l. c., p. 58; Tratt., l. c., II, p. 144; Seringe, in DC., prod., II, p. 604; Bl. et Fing., l. c., p. 626; Rchb., l. c., II, p. 625; Reuter? l. c., p. 66; *R. villosa* var. G. Wallr., hist. ros. (1828), p. 255; *R. tomentosa* b. *marginata* Rapin? guide, p. 192; *R. spinulifolia* b. *denudata* Grenier, fl. juras., p. 250?; *R. trachyphylla* Grenier? l. c., p. 243 non Rau.

HAB. Juin. Broussailles. — *Allemagne*. Bennstadt. L'étiquette de Wallroth in herb. DC., 1834! ne fait aucune mention de la localité.

OBS. Qu'est-ce que le *R. marginata* Wallroth ? plante que je crois peu connue des botanistes. Lindley, Trattinnick, Bluff, Fingeruth, Seringe, Reichenbach, se contentent de rapporter la description originale de Wallroth, sans faire aucun commentaire ; le type était probablement à cette époque comme aujourd'hui à peu près inconnu.

En 1828, Wallroth, dans son *Historia rosarum* assimile ce rosier au *R. villosa* L., exemple suivi avec empressement par Koch, dans son *Synopsis*. Ce rapprochement est assez singulier. Le *R. marginata* de France, de Suisse et d'Angleterre, est-il bien celui décrit dans l'*Annus botanicus?* J'en doute, car ce type de Wallroth n'est pas une *Rubiginosae*, comme le disent les auteurs qui admettent ce rosier comme espèce distincte.

M. Grenier m'a envoyé plusieurs échantillons de son *R. trachyphylla*, qui n'est certainement pas celui de Rau, mais bien le *R. marginata* Auct. non Wallroth. — La plante d'Angleterre que je possède en herbier se rapporterait mieux à la description de Wallroth, mais les folioles ont quelques glandes en dessous. — J'ai consulté dans l'herbier DC. le type du *R. marginata* Wallroth, *ex ipso!* qui se trouve dans cette collection depuis 1834 ; voici la description minutieuse que j'ai pu établir.

Échantillon haut de 18 centimètres, portant deux ramuscules avec fruits et 4 pétioles avec des folioles.

Aiguillons du rameau petits, dilatés à la base en forme de disque, droits, blanchâtres ou vineux, *dégénérant au sommet en aiguillons sétacés églanduleux. Pétioles* lisses, parsemés de glandes fines, aiguillonnés en dessous. *Folioles* 5, ovales, *non acuminées*, glabres, la nervure médiane porte à la base de rares glandes, doublement dentées, les principales terminées par un mucron, les secondaires par une glande. *Stipules* étroites, glabres sur les deux faces, bordées de glandes fines, oreillettes aiguës, droites. *Tube du calice........ Pédoncules* solitaires ou biflores, hispides-glanduleux, ayant à leur base une bractée glabre, ovale, terminée par un appendice en forme de feuille, plus longue que le pédoncule. *Divisions calicinales* lancéolées spatulées au sommet, parsemées sur le dos de quelques glandes fines peu abondantes, 2 entières, 3 pinnatifides, à appendices courts, étroits, bordés de glandes, étalées et un peu redressées sur le fruit, persistant probablement jusqu'à la maturité du fruit? *Styles* courts, très-velus, disque plan. *Fleur...... Fruit* petit, globuleux.

Ce *R. marginata* Wallr., n'est pas une *Rubiginosae,* mais bien une *Caninae hispidae!*

J'ai en herbier le *R. marginata* Auct. non Wallroth, des localités suivantes : *Angleterre.* Yorkshire : haies à Kilvington (Baker). — *Écosse.* Perthshire : fourrés à Glen Shee (Baker). — *France.* Haute-Savoie : le Mont Salève ! — Doubs : Pontarlier, chemin de Charpillot (Grenier). — *Suisse.* Cant. de Fribourg : Comballaz près de Montbovon (Cottet).

289. R. trachyphylla Rau, enum. ros., p. 124; Lindley, l. c., p. 142; Thory, l. c., p. 99; Tratt., l. c., II, p. 54; Bl. et Fing., l. c., p. 626; Rchb., l. c., II, p. 619; Sprengel, syst., I, p. 555; Host, fl. Austr., II, p. 22; Arrondeau, l. c., p. 126?; Déséglise, l. c., p. 155, extr., p. 95; de Martr.-Don., l. c., p. 252; Cariot, l. c., II, p. 184? Du Mort., monog. ros. Belg., p. 59?

Exs. Wirtgen, pl. crit., nº 25, nº 25 bis, nº 254?; Billot, nº 2061 bis? échantillon très-mauvais, sur lequel il est difficile de se prononcer.

Hᴀʙ. Juin, juillet. Broussailles. — *France*. Je doute que ce rosier appartienne à la flore française. Il est indiqué dans les départements: Haute-Garonne : Toulouse à Larramet, Bouconne (Arrondeau, flore); — Tarn : Moulin d'Avignon, Grillac (de Martrin-Donos, flore) ; — Rhône : en allant d'Écully à Charbonnière (Cariot, flore). — *Suisse*. Cant. de Schaffouse : Jura de Schaffouse (Christ). — *Allemagne*. Bavière : Wurtzbourg (Rau) ; — Prusse rhénane : Coblence (Wirtgen).

Var. b. **campestris** Du Mortier, l. c., p. 59 ; *R. campestris* Du Mort. fl. Belgica (1827), p. 95 non Swartz, nec Wallr.

Je ne connais pas ce rosier considéré comme une espèce distincte en 1827 et comme une variété du *R. trachyphylla* en 1867.

Oʙs. Seringe, d'après le type de Rau, avait raison de placer ce rosier dans les *Caninae hispidae;* mais Rau en décrivant son espèce avait en vue une autre plante, qui certainement appartient au groupe des *Rubiginosae*, à cause des glandes qui sont indiquées sur les nervures. Seringe devait avant tout se reporter au texte et non à un échantillon très-incomplet qui a pu être distribué par erreur sous le nom de *R. trachyphylla*.

Description établie sur l'échantillon de Rau, conservé dans l'herbier DC. L'étiquette porte : Wurtzbourg 1817. Rau a certainement fait une confusion, car il a distribué sous le nom de *R. trachyphylla*, une plante que je considère, d'après l'examen que j'en ai fait, comme appartenant au groupe du *R. Andegavensis*.

Échantillon mesurant 10 centimètres de hauteur, portant trois pétioles avec folioles et un bouton non épanoui. *Ramuscule* ayant 7 petits aiguillons fins, les plus longs ont 4 millim., les plus petits deux millimètres de longueur, droits ou courbés, dilatés à la base en forme de disque, de couleur fauve (sur le sec). *Pétioles* glanduleux, aiguillonnés en dessous et parsemés surtout à la base de petits poils courts, blancs. *Folioles* 5, toutes pétiolulées, le pétiole inférieur porte des folioles elliptiques, la terminale aiguë aux deux extrémités, mesurant en longueur 25 millim., les latérales un peu arrondies aux deux bouts, mesurant 15-20 millim. de longueur; les folioles des deux pétioles supérieurs sont ovales-arrondies, presque obtuses, ayant 20 millim. de longueur et 17 millim. de largeur, glabres sur les deux faces, nerveuses, à nervures secondaires saillantes, églanduleuses; la côte est parsemée de quelques petites glandes fines, doublement dentées, les dents principales aiguës, convergentes au sommet, les secondaires terminées par une glande. *Pédoncule* solitaire, court, parsemé de quelques glandes fines avortées comme celles du *R. arvensis. Tube du calice* petit, obovoïde presque subglobuleux, glabre. *Divisions calicinales* courtes, glabres sur le dos, les extérieures pinnatifides à appendices courts, étroits.

290. R. leucantha M.-B., fl. Taur.-Cauc., III (1819), p. 552 (non Loisel); Link, enum. hort. Berol., II, p. 59; Desportes, l. c., p. 91; *R. Biebersteiniana* Tratt., l. c., II, p. 5.

Hab. — Le Caucase.

Ons. Je possède en herbier une plante de l'*Unio itiner.* an. 1859 : *in fruticetis prope Helenendorf Geory. Caucase,* » récoltée par Hohenacker. — L'échantillon en fleurs a les pédoncules latéraux glabres, le pédoncule central glabre et parsemé de quelques rares glandes, le tube du calice et les divisions calicinales glabres ; dans les échantillons en boutons non épanouis, les pédoncules et le tube du calice sont un peu velus, les divisions calicinales velues et parsemées de glandes.

Cette forme récoltée par Hohenacker constitue-t-elle le *R. leucantha* M.-B. ? dans le *flora Taur.-Cauc.*, III, p. 552, l'auteur dit : *germinibus.... basi pedunculisque hispidis.* J'ai vu dans l'herbier DC., un *R. leucantha* étiqueté par Besser et provenant de son jardin botanique, plante qu'il cultivait comme venant du Caucase. Voici la description établie sur ce type de Besser, conservé dans l'herbier DC. et envoyé en 1824.

Aiguillons du rameau dilatés à la base, inclinés ou un peu courbés au sommet, mesurant 4-5 millim. de longueur. *Pétioles* un peu velus dans le sillon surtout à la base, le reste lisse, parsemés de glandes fines stipitées, aiguillonnés en dessous. *Folioles* 5-7, grandes, toutes pétiolulées, ovales-arrondies, les plus grandes mesurant 2 ½-3 cent. de largeur sur 4 cent. de longueur, glabres sur les deux faces, vertes en dessus, glauques en dessous ; nervures plus ou moins saillantes, les secondaires parsemées de fines glandes, la côte médiane porte des glandes et quelques petits acicules, doublement dentées, les dents principales terminées par un mucron, les secondaires par une glande. *Stipules* longues, glabres sur les deux faces, glanduleuses en dessous principalement au sommet, oreillettes aiguës, un peu denticulées, droites. *Pédoncules* réunis en bouquet par 3-4, hispides-glanduleux. *Tube du calice* ovoïde, hispide-glanduleux. *Divisions calicinales* spatulées au sommet, glanduleuses en dessous, 2 entières à bords tomenteux, 3 pinnatifides à appendices courts presque filiformes, bordés de quelques glandes, saillantes sur le bouton, réfléchies à l'anthèse. *Styles* très-obscurément hérissés presque glabres, disque conique. *Fleur* grande. *Fruit.......*

291. R. Wasserburgensis Kirschl.! fl. Als. (1852), I, p. 247.

Je connais ce rosier par trois beaux spécimens reçus en 1856, de Kirschleger même. Ce curieux rosier n'aurait-il qu'une localité unique ? Mes échantillons sont seulement en fleurs, je n'ai pas vu le fruit. Je donne *in extenso* la description de Kirschleger.

Arbuste touffu, haut de 2 mètres, à écorce cannelle ; vieux tronc et rameaux florifères inermes ; turions à aiguillons soustipulaires geminés, *étroits, subulés, droits ;* écorce du reste complètement lisse et glabre ; stipules conniventes plus ou moins appliquées l'une contre l'autre, à oreillettes *dressées ;* folioles 5-7, un peu roides, ovales, à dents *triplement* dentées ; pétioles *tomenteux, glanduleux* et *aiguillonnés* en dessous ; face inférieure des folioles d'un *vert très-pâle, glabre,* à l'exception de la, nervure médiane glandulifère. Inflorescence ordin. à 2-3 fleurs, à *stipules-bractées très-dilatées, tomenteuses et glanduleuses ;* pédoncules, urcéoles ovoïdes-allongés et segments calicinaux (les deux extérieures pinnatifides) *chargés de glandes très-denses,* longues de 2-3 millim. Corolle grande, rose pourpre. Styles très-velus; carpelles à *stipes* très-courts. — *Vosges.* Vallée de Münster, près du château ruiné de Wasserbourg derrière Soulzbach (Kirschleger).

Obs. La description de Kirschleger est incomplète ; ses échantillons vont me permettre de signaler plusieurs omissions. Les *pétioles* sont tomenteux-glanduleux, faiblement aiguillonnés en dessous ou inermes. Les *folioles* sont ovales-elliptiques, les dernières folioles du pétiole plus petites ordin. obtuses, d'un vert sombre en dessus, glaucescentes en dessous, la côte médiane glanduleuse ; les nervures secondaires sont parsemées de quelques glandes. Les *stipules* glabres en dessus, tomenteuses et parsemées de quelques rares glandes en dessous. Les *pédoncules* longs, chargés de soies glanduleuses ; bractées ovales, cuspidées, tomenteuses sur les deux faces, plus courtes que les pédoncules, bordées de glandes. *Divisions calicinales* ovales, terminées en longue pointe spatulée, couvertes en dessous de glandes et de petits acicules. Le *tube du calice* ovoïde, chargé de soies glanduleuses.

292. R. commutata Scheutz, l. c., p. 20; Crépin, l. c., fasc. 2, p. 128.

Hab. — *Suède.* Asarum (Christ).

293. R. subolida Déséglise, descrip. de qq. esp. nouv. de ros., in mém. Soc. Acad. de M.-et-Loire, XXVIII (1873), p. 124, extr., p. 28; *R. terebinthinacea* Déséglise, ess. monog., p. 119 (non Besser).

Exs. Déséglise, herb. ros., n° 56.

Hab. Juin. Bois. — *France.* Saône-et-Loire : Brouailles près de Louhans (Moniez), Châlons-sur-Saône (Ozanon); — Rhône : Lyon au pont d'Allay (Ozanon), Tassin à l'Aigu (Boullu).

294. R. Pugeti Boreau, in Déséglise, l. c. (1861), X, p. 136, extr., p. 96; Cariot, l. c., II, p. 185; Fourreau,

l. c., p. 75; *R. foetida* Reuter! cat. Genève (1861), p. 72 non Bastard; *R. hispidocarpa* Chabert! in Cariot, l. c. (1865), p. 677 ex exempl. authent.

Exs. Déséglise, herb. ros., nᵒ 27; Billot (suites), nᵒ 3591.

Hab. Juin. Les bois. — *France*. Saône-et-Loire : Châlons-sur-Saône, bois de Givry (Ozanon) ; — Ain : la Cadette près de la Pape (Aunier, Chabert); — Rhône : route d'Écully à Charbonnière (Chabert), Chaponost (Boullu); — Haute-Savoie : Annecy (Boreau), Pringy, bois de Tessy sur Épangy, bois de Barioz (Puget); — Haute-Garonne : bois de Laramette près de Toulouse, Nailloux, bois de la Tesoque (Timbal-Lagrave), Moulin Grammont (Baillet), Toulouse (Ripart).

295. R. nemorivaga Déséglise, descript. qq. esp. nouv. de ros., in Billotia (1864), p. 40, extr., p. 8; *R. setulifera* Timb.-Lagr., in herb. Déséglise.

Exs. Déséglise, herb. ros., nᵒ 26.

Hab. Mai, juin. Bois. — *France*. Cher : forêt de Fontmoreau ! — Rhône : bois de l'Étoile à Charbonnière, Tassin (Boullu); — Haute-Garonne : Laramette (Timbal-Lagrave). — *Autriche*. Bohème : Leitmeritz près de Pokratitz (Kerner).

Obs. *R. Thomasii* Puget.

Je connais ce rosier par deux échantillons trop incomplets pour me prononcer ; je donne en entier la description de M. Puget.

Arbrisseau peu élevé, à rameaux bruns ou rougeâtres, munis de rares petits aiguillons dilatés à la base en forme de disque, arqués, courts ; pétioles velus aiguillonnés en dessous, portant quelques glandes fines ; 5-7 folioles petites, ovales-arrondies ou obtuses, vertes et glabres en dessus, glauques pubescentes en dessous, parsemées de rares glandes fines sur les nervures secondaires et la côte médiane, doublement dentées ; stipules étroites, glabres, à bords glanduleux-ciliés, oreillettes courtes, droites ou peu divergentes; pédoncules solitaires ou en corymbe peu fourni, hispides-glanduleux ; tube du calice ovoïde, lisse ou hispide-glanduleux à la base ; sépales 2 entiers, 3 pinnatifides, plus courts que la corolle, non persistants ; styles courts, hérissés; fleur d'un rose clair; fruit petit, arrondi, d'un beau rouge à la maturité.

H_{AB}. Région des montagnes. — *Suisse.* Cant. de Fribourg : La Gotalaz (Puget).

296. R. decora Kerner, in litt.; *R. amoena* Kerner, olim, non auct.

Description établie sur de nombreux et magnifiques échantillons reçus de M. Kerner.

Arbrisseau......, rameaux floraux à écorce vineuse ou verdâtre, inermes, les jeunes pousses ont des aiguillons dilatés à la base, inclinés ou droits, de couleur fauve; il se trouve aussi des jeunes pousses inermes; pétioles parsemés de glandes très-fines, inermes ou faiblement aiguillonnés; 5-7 folioles fermes, coriaces, glabres, d'un vert clair en dessus, glauques en dessous, nervures blanchâtres, les secondaires parsemées de quelques rares glandes, la côte médiane glanduleuse, ovales-lancéolées, un peu acuminées, doublement et triplement dentées, les dents principales grandes, ouvertes, terminées par un petit mucron, les secondaires glanduleuses; stipules glabres, parsemées de glandes en dessous, à bords glanduleux, oreillettes aiguës droites; pédoncules solitaires ou par 2-5, glabres; tube du calice ovoïde-allongé, glabre ; divisions calicinales cuspidées au sommet, glabres sur le dos, 2 entières, 5 pinnatifides à appendices presque filiformes, bordés de quelques glandes, plus courtes que la corolle, caduques ; styles trèsvelus, disque plan ; fleur grande, rose ; fruit arrondi.

H_{AB}. — *Autriche.* Tyrol : Alaunthal près la ville de Krems (Kerner).

297. R. flexuosa Rau, enum. ros. (1816), p. 127, non Raff.; Tratt., l. c., II, p. 74; Bl. et Fing., l. c., p. 634; Rchb., l. c., n° 5989; Boreau, l. c., éd. 2, n° 665, éd. 5, n° 867; Déséglise, essai monog., p. 97; de Martr.-Don., l. c., p. 255; Cariot, l. c., p. 184; Fourreau, l. c., p. 75;

R. rubiginosa var. *flexuosa* Lindley? l. c., p. 88; Desportes, l. c., n° 1955; *R. foetida* Boreau, l. c., éd. 1, 404, excl. syn.; *R. collina* var. *flexuosa* Du Mort., l. c., p. 58.

Hᴀʙ. Juin. Haies, bois. — *France*. Vosges : Château d'Andlau en descendant vers le Rüppelholz (Boulay) ; — Cher : Plou, Poisieux (Blondeau, 1831, qui la connaissait aussi à Marmagne et la nommait *R. montana* Vill.), forêt du Rhin-du-bois ! bois de Rouet et de la Touche, commune de Mehun ! bois de Marmagne ! bois des Dames, commune de Trouy ! bois du Corpouay près de Saint-Éloy-de-Gy ! Usages de Cerbois ! bois de Galambert ! la Servanterie ! — Rhône : Lyon bois de l'Étoile, Tassin (Ozanon), Charbonnière, Francheville (Chabert); — Ain : Lyon à la Pape (Ozanon). — *Alsace*. Bois montagneux du Jaegerthal près de Niederbonn ! — *Autriche*. Autriche infér. : Krems (Kerner); — Bohème : Babitz près de Leitmeritz (Kerner).

298. R. pseudo-flexuosa Ozanon, in Déséglise, descript. de qq. esp. nouv. de ros. (1864), p. 42, extr., p. 10; Fourreau, l. c., p. 75.

Exs. Déséglise, herb. ros., n° 28; Billot (suites), n° 5852.

Hᴀʙ. Juin. Bois. — *France*. Rhône : Lyon à Charbonnière (Ozanon), Tassin à Méginant, Chapoly (Boullu).

299. R. speciosa Déséglise, l. c., p. 39, extr., p. 7 (1864); Fourreau, l. c., p. 75.

Exs. Déséglise, herb. ros., n° 25; Unio itiner., an. 1839; Billot (suites), n° 3592.

Hᴀʙ. Juin. Bois. — *France*. Cher : bois de Charron et de Marmagne ! — Rhône : Lyon à Charbonnière (Ozanon), Tassin, Francheville, Saint-Genis-des-Ollières (Boullu). — *Russie-d'Europe*. Volhynie (Hohenacker).

300. R. Jundzilliana Besser ! enum. Pod. et Volh. (1822), p. 46 et p. 67, *ex exempl. auth.!*; Rchb., l. c., n° 4015; Boreau, l. c., éd. 5, n° 868; Déséglise, in Billot, annot. fl. de Fr. et d'Allem., p. 126 et ess. monog., p. 98; de Martr.-Don., p. 252; Cariot, l. c., p. 185; Fourreau, l. c., p. 75; *R. Jundzilli* Besser, cat. hort. Crem., an. 1816, p. 117; M.-B , fl. Taur.-Cauc., III, (1819), p. 347, excl. syn. DC.; Tratt., l. c., II, p. 77; *R. glandulosa* Besser, cat. hort. Crem., an. 1811, supp. 5, p. 20, non Bellardi ; *R. reticulata* Kerner, OEsterr. bot. zeitschrift. (1869), n° 11, extr., p. 8.

Exs. Billot, n° 2262; Déséglise, herb. ros., n°s 55 et 55 bis.

Hab. Juin. Haies, bois. — *Russie d'Europe*. Volhynie (Besser, in herb. Déséglise). — *France*. Vosges : Rambervillers (Boulay); — Loir-et-Cher : Gièvres (Franchet); — Cher : Saint-Martin-d'Auxigny (Ripart), Montifaut près de Valio ! Roulon et bois de Gérissai commune de Berry ! forêt du Rhin-du-bois ! La Servanterie ! Vaubert ! Saint-Florent ! — Rhône : pont d'Alay près de Lyon, Charbonnière (Chabert), Saint-Lager (Boullu); — Indiqué dans le départ. du Tarn, par M. de Martrin-Donos, dans sa florule. — *Suisse*. Cant. de Schaffhouse (Christ). Mon étiquette ne porte que cette indication vague. — *Autriche*. Autriche-infér. : Oberbergern près de Mautern, Rehbergerthal près de Krems (Kerner).

Var. B. Besser, enum. Pod. et Volh., p. 67. Foliis minoribus, basi minus rotundatis et glandulosis, petiolis pubescentibus, aculeis paucissimis. E Kuna Pod. Aust. (Besser).

Cette variété est représentée dans l'herbier DC. par un échantillon venant de Besser même; l'étiquette est ainsi : « *R. Jundrillii* var. b. — E Podol. 1824, Besser ! »

Échantillon haut de 25 centim., portant quatre ramuscules ; le rameau est inerme ou presque inerme; 5 à 4 petits aiguillons longs de 2 millim , dilatés à la base en forme de disque, droits, les ramuscules portent des aiguillons sétacés églanduleux, épars, peu abondants. *Pétioles* pubescents, ayant quelques rares glandes stipitées, inermes ou faiblement aiguillonnés. *Folioles* 5-7, médiocres, espacées sur le pétiole, la terminale ovale-arrondie, terminée en pointe courte, sur les pétioles inférieurs la terminale est obovale, arrondie au sommet, cunéiforme à la base, les folioles latérales

ovales-elliptiques ou obovales, fermes, vertes, glabres en dessus, glaucescentes, pubescentes en dessous, à nervures blanchâtres, saillantes, églanduleuses, simplement dentées, à dents ciliées. *Stipules* glabres en dessus,
parsemées de poils en dessous, oreillettes aiguës, peu divergentes, presque
droites. *Pédoncules* solitaires, longs, chargés de glandes fines stipitées.
Tube du calice ovoïde, hispide à la base. *Divisions calicinales* longues,
terminées en une longue pointe spatulée, glanduleuses sur le dos,
2 entières, 5 pinnatifides à appendices bordés de glandes. *Styles* courts,
hérissés, disque presque plan. *Fleur* grande. Fruit....

Cette variété de Besser est certainement étrangère au *R. Jundzilliana* et
même à la section Rubiginosae !

Var. C. Besser, l. c.; eadem aculeis fortibus, inferne compressis parum
arcuatis. Charkowia (Besser).

Var. D. Besser, l. c.; foliolis oblongis sesquipollicaribus et ultra,
subtus eglandulosis, serraturis divergentibus, aculeis similibus, fructibus
globosis. E distr. Rown (Besser).

Var. E. Foliolis var. B, minoribus, subtus minus glaucis, aculeis
var. C, ramulis floriferis, superne nudis, receptaculo magis subgloboso,
floribus carneis. E Silesia (Besser).

Var. F. Foliolis var. B, sed subtus magis glandulosa, aculeis var. C,
ramis floriferis caeteris magis setoso-aculeatis. E Krasninki Pod. Austr.
(Besser).

Var. G. Foliolis praegressi omnibus minoribus, subtus valde glandulosis, petiolis et costis pubescentibus, aculeis var. B, pedunculis et calyci-
bus parce setosis. E Krasnenki (Besser).

Hac nisi intermediis jungeretur cum *R. Jundzilliana* ab affinitatem
cum *R. provinciali* inter *gallicanas* militante, potius ad *rubigineas* trans-
ferri deberet (Besser).

Obs. I. Ces cinq dernières variétés ne sont pas représentées dans l'herbier DC. ; j'ai rapporté *in extenso* les diagnoses de Besser qui sont dans
l'énum. Pod. et Volh.

Obs. II. En 1811, Besser, cat. hort. Cremen., Sup. 5, p. 20, décrit un
R. glandulosa (non Bellardi 1786-1801). — R. (*glandulosa*) calycis tubo
elliptico, laciniis, pedunculis, petiolis costisque foliolorum glanduloso-
hispidis ; foliolis elliptico-ovatis biserratis subtus glaucescentibus, aculeis
subreflexis sparsis. Besser in Bieberst, l. c.

En 1816, Besser, cat. hort. Cremen., p. 117, donne le nom de *R. Jundzilli* à son *R. glandulosa*.

R. germinibus ovatis basi pedunculisque hispidis, aculeis caulinis raris basi dilatatis compressis recurviusculis, petiolis glanduloso-villosis aculeatis, foliolis (majusculis) ovatis argute glanduloso-biserratis, subtus glaucescentibus subvillosis : venis glandulosis, floribus subcorymbosis. Besser in Bieberst., l. c.

En 1822, Besser, enum. Pod. et Volh., p. 46, conserve le nom de *R. Jundzilli;* puis dans le même livre, p. 67, il lui assigne le nom de *R. Jundzilliana,* ajoutant à ce type six variétés, dont une de ces variétés est représentée par un échantillon dans l'herb. DC.

J'ai donc dû prendre pour base du *R. Jundzilliana* le type même de Besser que je possède en herbier et non la plante distribuée par Hohenacker quoique venant de la Volhynie.

301. **R. nitidula** Besser, cat. hort. Crem., ann. 1811, sup. 4, p. 50 et ann. 1816, p. 118, enum. Pod. et Volh., p. 20 et p. 67; Bieb., fl. Taur.-Cauc. (1819), III, p. 347; Tratt., mon. ros., II, p. 76; *R. canina pilosiuscula* Ser., in DC., prod., II, p. 615 *part.; R. arguta* Stev. ex Bieb.

Voici la description minutieuse que j'ai pu établir sur un type de Besser conservé dans l'herbier DC. L'étiquette porte : « *R. nitidula* Mihi, cat. Crem. specimen cultum e specim. spontaneo. Besser, 1820. »

Un très-grand échantillon couvrant presque une feuille d'herbier. *Aiguillons* nuls sur le rameau, sur 8 ramuscules qui sont sur le rameau, cinq portent 1-3 petits aiguillons fins non sétacés glanduleux. Pétioles pubérulents, glanduleux, aiguillonnés en dessous. *Folioles* 5-7, médiocres, ovales, quelques-unes un peu pointues au sommet, vertes, glabres en dessus, glaucescentes et parsemées en dessous de poils qui doivent disparaître avec l'âge, un grand nombre de folioles sont pourvues de poils et d'autres en sont dépourvues, glanduleuses sur toute la face inférieure, à glandes fines rousseâtres, doublement dentées. *Stipules* glabres en dessus, parsemées de glandes en dessous au sommet, la partie intra-stipulaire glanduleuse. *Pédoncules* solitaires, hispides-glanduleux, bractées ovales, plus longues que les pédoncules. *Tube du calice* petit, globuleux, lisse ou hispide à la base. *Divisions calicinales* longues, glanduleuses sur le dos, spatulées au sommet, à pointe un peu denticulée, 2 entières, 5 pinnatifides àappendices bordés de glandes, réfléchies à l'anthèse. *Styles* courts hérissés, disque presque plan. Fleur petite.

H_{AB}. Cum affinibus in Tauriae nemoribus atque dumetis passim occuirt (Bieberstein).

O_{BS}. Dans l'herbier DC., se trouve un autre spécimen de Besser ainsi nommé : « *R. nitidula* var. b. mihi. E Podol. Austr. ad Hypanim. Besser, 1824. » Voici la description que j'ai pu établir à l'aide de l'échantillon de Besser.

Rameau portant des aiguillons dilatés à la base, courbés au sommet, *dégénérant en soies glanduleuses*. Pétioles velus-glanduleux, *inermes et faiblement* aiguillonnés. *Folioles* 5-7, *ovales-elliptiques, ovales-arrondies* ou *obovales, parsemées de poils* courts en dessus, *la majeure partie des folioles ont des glandes à la face supérieure*, plus ou moins couvertes de glandes rousseâtres en dessous et de quelques poils, la nervure médiane plus ou moins velue, doublement dentées. *Stipules* glabres en dessus, glanduleuses en dessous ; oreillettes aiguës, droites, bordées de glandes. *Pédoncules* parsemés de glandes, bractée petite, ovale, acuminée, glabre, bordée de glandes égalant ou dépassant les pédoncules. *Tube du calice* ovoïde, lisse, hispide à la base. *Divisions calicinales* glanduleuses sur le dos, terminées en pointe plus ou moins denticulée à denticules glanduleux, 2 entières, 5 pinnatifides à appendices bordés de glandes réfléchies à l'anthèse. *Styles* hérissés, disque plan. *Fleur grande*.

J'ai souligné les caractères différentiels. Je n'ai vu les fruits ni du type ni de la variété; les échantillons sont seulement en fleurs dans l'herbier DC. Cette variété ne se trouve mentionnée ni par Besser, ni par Bieberstein, ni par Trattinnick.

302. R. livescens Besser, cat. hort. Crem., an. 1811,

sup. 4, p. 19, an. 1816, p. 118 et enum. Pod. et Volh., p. 20, p. 67 ; Tratt., l. c., I, p. 60.

HAB. — La Pologne australe (Trattinnick). — Il existe dans l'herb. DC., un type de Besser, mais l'étiquette ne porte pas la localité et seulement l'année 1820.

Var. B. **major** Besser, in herb. DC.! — L'étiquette de Besser est ainsi : « *R. livescens* b. *major* Mihi, ad Hypaniam, 1824, Besser. » Je ne vois cette forme mentionnée ni par Besser ni par Trattinnick; voici la description que j'ai pu établir sur l'échantillon de Besser.

Rameau et ramuscules inermes. Pétioles lisses, glanduleux, aiguillonnés. Folioles 5-7, grandes, ovales-elliptiques, vertes, glabres en dessus, glauques en dessous, nervure médiane et nervures secondaires parsemées de glandes, doublement dentées. Stipules allongées, glabres en dessus, parsemées de glandes en dessous, oreillettes aiguës, divergentes. Pédoncules hispides-glanduleux, bractées égalant les pédoncules. Tube du calice ovoïde, glanduleux à la base. Divisions calicinales spatulées au sommet, parsemées de fines glandes sur le dos, 2 entières, 3 pinnatifides à appendices bordés de glandes. Styles très-velus, disque plan. Fleur détruite par les insectes. Fruit...

c.) *Pseudo-rubiginosae.*

Déséglise obs. on the diff. meth. proposed for the classif. of the spec. ros., in the Naturalist, n° 20 (1865), p. 515 ; *Rubiginosae* a) *sepiaceae* Crépin, monog. ros., fasc. I (1869), p. 25 ; Cottet, énum. ros. du Valais, in bull. soc. Murith. (1874), fasc. 3, p. 42.

1.
- Aiguillons uniformes, ne dégénérant pas en soies sétacées glanduleuses . . . . 2.
- Aiguillons dégénérant en soies sétacées glanduleuses sur les rameaux florifères. . . . . . . 13.

2.
- Pédoncules velus ou glanduleux. . . . . . 3.
- Pédoncules glabres . . . . 4.

3.
- Pédoncules velus, pétioles aiguillonnés, folioles ovales ou obovales, styles velus, fleur rose, fruit arrondi . . . . *Billetii.*
- Pédoncules glanduleux, pétioles inermes, folioles très-atténuées à la base, styles hérissés, fleur petite, rose, fruit rouge orangé, ovoïde . . . *ladanifera.*

$$4. \begin{cases} \text{Styles velus ou hérissés} \quad . \quad . \quad . \quad . \quad . \quad . \quad \text{5.} \\ \text{Styles glabres} \quad . \quad . \quad . \quad . \quad . \quad . \quad . \quad \text{11.} \end{cases}$$

$$5. \begin{cases} \text{Styles velus} \quad . \quad . \quad . \quad . \quad . \quad . \quad . \quad \text{6.} \\ \text{Styles hérissés ou faiblement hérissés} \quad . \quad . \quad . \quad \text{8.} \end{cases}$$

6. Folioles petites, tube du calice petit, globuleux, fleur petite, rose, fruit petit, sphérique, couronné par les sépales persistants . . . . . *Lugdunensis.*
Folioles non petites . . . . 7.

7. Pétioles lisses, couverts de glandes, tube du calice subglobuleux, fleur rose, fruit gros, arrondi . *Jordani.*
Pétioles pubérulents, glanduleux, tube du calice ovoïde, fleur blanche, fruit globuleux . . . *Vaillantiana.*

8. Arbrisseau à rameaux couverts de petits aiguillons, folioles très-petites, ovales-arrondies, tube du calice petit, globuleux, styles glabres ou obscurément hérissés, fleur petite, rose, fruit petit, subglobuleux. . . . . *Seraphini.*
Arbrisseau à rameaux non couverts de petits aiguillons . . . . 9.

9. Pétioles pubérulents, glanduleux, tube du calice obovoïde, styles hérissés, fleur blanche carnée, fruit gros, ellipsoïde, couronné par les sépales persistants . . . . *Cheriensis.*
Pétioles lisses glanduleux . . . . 10.

10. Tube du calice ovoïde-allongé, styles presque glabres, fleur blanche ou rosée, fruit ovoïde-allongé . . . . *sepium.*
Tube du calice subglobuleux, styles hérissés, fleur blanche, fruit globuleux . . . . . *virgultorum.*

11. Petit arbrisseau, rameaux floraux aiguillonnés, folioles petites, ovales-aiguës, tube du calice ovoïde, fleur blanche, fruit ovoïde . . . . . *agrestis.*
Arbrisseau à rameaux floraux inermes ou presque inermes. . . . . 12.

12. { Folioles assez grandes, ovales-lancéolées, tube du calice ellipsoïde, fleur petite, blanche, fruit petit, ovoïde . . . . *mentita.*
Folioles médiocres, obovales, la côte velue, tube du calice ovoïde, fleur blanche, fruit ovoïde. . *arvatica.*

13. { Folioles ovales-elliptiques, pédoncules hispides glanduleux, divisions calicinales glanduleuses sur le dos, tube du calice ovoïde, fleur rosée, fruit ovoïde. . . . . *subdola.*
Folioles arrondies ou obtuses, pédoncules lisses, divisions calicinales glanduleuses sur le dos, persistantes sur le fruit, tube du calice petit, globuleux, fleur blanche, fruit globuleux . . *Biturigensis.*

303. R. Hungarica Kerner, Oester. bot. Zeitschr. (1869), p. 234 ; Crépin, l. c., p. 69.

Hab. — *Autriche.* Hongrie : au pied du Piliserberges (Kerner).

304. R. grandiflora Wallroth, ann. bot. (1815), p. 66 ; Tratt., l. c., II, p. 31 ; Bl. et Fing., l. c., p. 630 ; Desportes, l. c., p. 82 ; *R. rubiginosa* var. *grandiflora* Seringe, in DC., prod., II, p. 616.

Hab. — In Saxonia, ad marginem nemorum (Wallroth).

Obs. Je ne connais pas ce rosier, qui peut-être, ne doit pas faire partie de cette subdivision.

305. R. sepium Thuillier, fl. Paris (1799), p. 252 ; Bastard, l. c. (1809), p. 189 ; Mérat, l. c. (1812), p. 192 ; DC., l. c. (1815), V, p. 558, excl. syn.; Leman, l. c. (1818), extr., p. 10 ; Tratt., l. c. (1823); II, p. 32 ; Bl. et Fing., l. c. (1825), p. 629 ; Desportes, l. c. (1828), n° 1979 ; Host, l. c. (1831), II, p. 21 ?; Hooker, British flora (1835), p. 238 ?; Boreau, l. c. éd. 2 (1849), n° 685, éd. 3 (1857), n° 870 et catal. M.-et-Loire (1859), p. 80 ; Godet, l. c. (1853), p. 214 ; Arrondeau,

l. c. (1854), p. 126 ; Reuter, l. c. (1861), p. 72 ; Déséglise, l. c., p. 143, extr., p. 103 (1861) ; de Martr.-Don., l. c. (1864), p. 234 ; Grenier, fl. juras. (1864), p. 250, excl. var. b. ; Cariot, l. c. (1865), p. 188 ; Du Mort., l. c. (1867), p. 55, excl., var. b. ; Lloyd, l. c. (1868), p. 177 ; Fourreau, l. c. (1869), p. 75 ; Pérard, l. c. (1869), p. 82 ; Verlot, l. c. (1872), p. 117 ; Cottet, l. c. (1874), p. 42 ; *R. canina* var. *sepium* DC., l. c. (1805), II, p. 447 ; Koch, syn. (1845), p. 252 ; Godron, fl. Lorr. (1843), I, p. 221 ; Coss. et Germ., fl. Par. (1845), p. 179 ; *R. sepium* var. *rosea* Desvaux, journ. bot. (1813), II, p. 116 ; Thory, l. c. (1820), p. 113 ; *R. rubiginosa* var. *sepium* Saint-Amans, l. c. (1821), p. 206 ; Seringe, in DC., prod., II (1825), p. 617, excl. syn. Hall., Rau ; Du Mort., fl. Belgica (1827), p. 95 ; Chevalier, l. c. (1827), II, p. 691 ; Duby, bot. (1828), I, p. 178 ; Gr. et God., l. c. (1848), I, p. 560 ; Gonnet, l. c. (1848), p. 479 ; Kirschleger, l. c. (1852), I, p. 249 ; *R. inodora* Fries ! novit. (1814), I, p. 9 ; Seringe, l. c., p. 616 ; Babington ? man., éd. 6, p. 124 ; *R. stylosa* var. *glandulosa* Seringe, l. c., p. 599 ; *R. glutinosa* Schultz, Starg., sup., 27, non Smith ; *R. pseudo-sepium* Callay ! ; Cottet, l. c., p. 42.

Icon. Redouté, les roses (1824), livrais. 22, c. *médiocre ;* Engl. bot., third. edit., tab. 470 ? la figure en fruit a les aiguillons horizontaux, la figure en bouton a le pédoncule hispide-glanduleux, la figure avec feuilles et fleur ouverte pourrait à la rigueur être prise pour le *R. sepium.* Cette planche est la reproduction de la planche 2653 de l'English botany, ed. I.

Exs. Reichenbach, n° 1898 ; Fries, herb. norm. fasc.

X, n° 51 ! Billot, n°s 1870, 1871 bis, ter et quater ;
Seringe, n° 47 !; Déséglise, herb. ros., n° 30.

Hab. Juin, juillet. Haies, bois. — Ce rosier est généralement répandu en
Europe. Manquerait-il en Espagne, en Portugal, en Asie? Je n'ai pas vu un
seul échantillon de *R. sepium* venant de ces pays.

Var. B. **pubescens** Rapin, in Reuter, cat. de Genève, p. 75. — *Feuilles
à folioles pubérulentes en dessous ainsi que le pétiole.*

Hab. — *France.* Allier : haies à Arçon près d'Ebreuil (Lamotte); —
Savoie : près de Montmélian (Songeon); base du Salève. — *Suisse.* Jura de
Bâle (Christ). — *Italie.* Florence (Levier).

Obs. *R. versicolor* Timbal-Lagrave in litt.! *R. inodora* Timb.-Lagr., non
Fries. — Je donne *in extenso* la note de M. Timbal-Lagrave, que j'ai reçue
avec la plante; j'ai vu trop peu d'exemplaires pour me prononcer; mais je
crois que c'est une espèce particulière et bien différente du *R. sepium*
Thuil. Fleurs grandes, 3 ou 4 au sommet des rameaux, rose-pourpre vif
mais pâlissant jusqu'au rose tendre selon que l'anthèse est plus ou moins
avancée ; pédoncules fins, glabres ; ovaire elliptique, glabre ; sépales fortement pinnatifides et même bipinnatifides, glanduleux, ovales, cordés au
sommet, très-velus en dedans ; étamines à filets longs, glabres ; styles
courts, très-velus ; bractées ovales, cuspidées, glanduleuses; feuilles à
pétioles glanduleux, obovales, doublement dentées, glanduleuses en
dessous, glabres en dessus, dents très-profondes; rameaux courts, diffus,
inermes; arbrisseau de 1 mètre, un peu diffus, peu épineux (Timbal-
Lagrave, lettre du 4 févr. 1875).

306. **R. vinodora** Kerner, Oest. bot. zeitsch. XIX
(1869), p. 529, extr., p. 5 ; Crépin, l. c., p. 115.

Hab. — *Autriche.* Tyrol : Innsbruck, entre Zirl et Fragenstein (Kerner).

307. **R. agrestis** Savi, fl. Pis. (1798), I, p. 475 et
Trattato degli alberi della Toscana (1811), I, p. 190
(non Gmel.); Pollini, fl. Veron. (1822), II, p. 144;
Desportes, l. c., n° 1984; Rchb., l. c., p. 619; Gussone, syn. Sicul., I, p. 565 ; Boreau, l. c., éd. 3 (1857),

n° 871 et catal. M.-et-Loire, p. 80 ; Déséglise, in Billot, annot. fl. de Fr. et d'Allem., p. 127 et ess. monog., in mém. Soc. Acad. de M.-et-Loire, X, p. 144, extr.. p.104; Kirschleger, l. c., III, p. 566?; de Martr.-Don., l. c., p. 254; Cariot, l. c., p. 186; *R. sepium* var. *parviflora* Bastard, l. c., sup., p.51; Pérard, l. c., p. 82; *R. sepium* var. *alba* Desvaux, journ. bot. (1813), II, p. 116; *R. sepium* var. *agrestis* Carion, cat. S.-et-Loire (1859), p. 42; Grenier, l. c., p. 250; Du Mort., l. c., p. 56; *R. sepium* var. *myrtifolia* Thory, l. c., p. 114; *R. myrtifolia* Haller fils in Schleicher, cat. plant. Helv. exsiccatarum, ab anno 1794 et seqq., sine descript.; Desportes, l. c., n° 1981; Boreau, l. c., éd. 2, II, p. 181; *R. albiflora* Opitz, in Tratt., l. c., I, praef., p. 58? Bl. et Fing., l. c., p. 643; *R. rubiginosa flore albo* Pollini, viag., pp. 18, 89; *R. sylvestris foliis odoratis* Seguier, fl. Veron., II, p. 512.

Icon. Pollini, fl. Veron., tab. 2, f. 4; Redouté, les roses (1824), livrais. 37, D.

Exs. Seringe, n° 10!; Billot, n° 2263; Déséglise, herb. ros. n° 33.

Hab. Juin. Lieux pierreux. — *France*. Maine-et-Loire : Angers (Bastard, 1810, in herb. DC.); — Cher, C.; — Allier : Montluçon (Pérard, Catal.); — Saône-et-Loire : Monthélon près d'Autun (Carion), Châlons-sur-Saône (Ozanon); — Lozère : Mende (Prost, 1815, in herb. DC.); — Gard : Anduze (Miergue); — Haute-Garonne : Toulouse (Timbal-Lagrave); — Rhône : Chaponost (Boullu); — Isère : la Bastille de Grenoble (Verlot); —Var : le Luc (Hanry); — Alpes-maritimes : Antibes (Bornet); — Savoie : Chambéry (Songeon). — *Suisse*. Valais : Bovernier ! — *Italie*. Florence (Levier), Palerme (Todaro).

308. **R. mentita** Déséglise, descript. qq. esp. nouv. ros., in Billotia (1864), p. 43, extr., p. 11.

Exs. Déséglise, herb. ros., n° 31.

Hab. Mai, juin. Broussailles. — *France*. Haute-Savoie : Thonon à la pointe de Ripaille (Puget).

509. R. arvatica Puget, in Baker, review of the British roses (1864), p.55 et in Engl. bot., third edit., II (1864), p. 517; Cariot, l. c., II, p. 186; Fourreau, l. c., p. 75; Cottet, l. c., p. 45; *R. canina* var. *arvatica* Baker, monog. British roses, p. 229; *R. trachyphylla* var. *arvatica* Du Mort., l. c., p. 59?

Exs. Baker, herb. ros. brit., n°s 25?, 26?, 27.

Hab. Juin. Bois, broussailles. — *Angleterre*. Yorkshire : haies à Kilvington (Baker). — *France*. Savoie : Méry près d'Aix, Salins près de Moutiers (Puget); — Haute-Savoie : montagne d'Annecy-le-Vieux près de la Malveria, la Margeriaz, Thonon route d'Orsier.

510. R. virgultorum Ripart, in Déséglise, l. c., (1864), p. 44, extr., p. 12; Fourreau, l. c., p. 75; Verlot, l. c., p. 117; Cottet, l. c., p. 45; *R. neglecta* Ripart, olim (non Leman); *R. sepium* var. *sphaerocarpa* Cariot, l. c., p. 186?

Exs. Déséglise, herb. ros., n° 32.

Hab. Mai, juin. Haies, bois. — *France*. Cher : Bourges (Ripart), la Chapelle-Saint-Ursin, Marçay près de Quincy, Valio, Saint-Éloy-de-Gy, Mehun ; — Allier : les Gazeriers (Lamotte); — Saône et Loire : Châlons-sur-Saône (Ozanon); — Rhône : Mont Cindre (Chabert), Charbonnière (Ozanon), Vernaison (Boullu); — Isère : la Bastille de Grenoble (Verlot); — Hautes-Alpes : Gap (Burle); — Haute-Savoie : Thonon, pointe de Ripaille (Puget). — *Suisse*. Valais : Bovernier. — *Autriche*. Tyrol : Laserz (Kerner).

511. R. Billetii Puget, in Crépin, primit. monog. ros., fasc. 1 (1869), p. 116.

Exs. Billot (Suites), n° 5594 ; Kotschy, Perse bor., n° 276?

Hᴀʙ. Juin. Broussailles. — *France.* Haute-Garonne : Toulouse (Timbal-Lagrave); — Savoie : Salins près de Moutiers (Puget).

312. R. Seraphini Viviani, ad. fl. Ital. fragm. (1808), p. 67 et fl. cors. spec. nov. (1824), p. 8; Seringe, in DC., prod., II, p. 625, Desportes, l. c., n° 1989; Gusonne, l. c., p. 564; *R. rubiginosa* var. C. b. Mutel, fl. fr., I, p. 350; *R. graveolens* var. *Corsica* Gren. et Godr., l. c., I. p. 561; de Marsilly, catal. pl. Corse, p. 56.

Exs. Aucher-Eloy, n° 1454!; Kralik, pl. corses, 1849, sans numéro.

Hᴀʙ. Juin. — *France.* Ile de Corse : mont Coscione (de Forestier), Bastia (Kralik). — *Italie.* Toscane : Pise (Savi); — Sicile : Madonie (Todaro). — *Grèce* (Aucher-Éloy).

313. R. Cheriensis Déséglise, l. c. (1864), p. 45, extr., p. 13; Verlot, l. c., p. 117; Cottet, l. c., p. 42; *R. Boullui* Gandoger, soc. Dauph. (1874).

Exs. Déséglise, herb. ros., n° 54.

Hᴀʙ. Mai, juin. Broussailles, haies. — *France.* Cher : Carrières de la Chapelle-Saint-Ursin ! — Rhône : Saint-Genis-les-Ollières, Montmelas, mont Thoux près de Lyon (Boullu); — Haute-Savoie : Saint-Gervais (Boullu); — Hautes-Alpes : mont Bayard sur Gap, Charrance (Gariod); — Basses-Alpes : route de Gap à Barcelonnette (Ozanon). — *Suisse.* Cant. de Fribourg : Montbovon route d'Ayre (Cottet); — Valais : Bovernier (de la Soie). — *Autriche.* Tyrol : Leopoldstadt (Kerner).

314. R. Lugdunensis Déséglise, ess. monog., in mém. Soc. Acad. de M.-et-Loire, X (1861), p. 141, extr., p. 101; Cariot, l. c., p. 186; Fourreau, l. c., p. 75; *R. graveolens* var. *eriophora* Grenier, fl. juras. (1864), p. 249 (non Gr. et Godr. fl. de Fr.); *R. graveolens* Verlot! l. c., p. 117 (non Gr. et Godr.); *R. graveolens* Gr. et Godr., l. c., I, p. 560, *part.*

Exs. Billot (suites), n° 3853, excl. syn. Rau.

Hab. Mai, juin. Haies, broussailles. — *France.* Rhône : route de Villeurbanne au Molard (Chabert), Tassin à l'Aiga (Boullu), mont Cindre (Ozanon); — Ain : Echeys (Chabert); — Isère : Pierre-Frête (Chabert), la Salette, Villard-de-Lans, mont Anoysin près de Crémieu, Saint-Christophe-en-Oisans (Boullu), Pariset en allant à Saint-Nizier (Verlot); — Hautes-Alpes : entre Brusinel et les Barraques (Gariod); — Haute-Savoie : Arenthon (Puget); — Savoie : Salins près de Moutiers (Puget), Chambéry (Paris), Bellecombette (Songeon); — Ardèche : Louvese (Boullu). — *Suisse.* Valais : mont Ravoire près de Bovernier, Sembrancher, Sion (Cottet).

Var. B. **macrocarpa**. Aiguillons moins nombreux sur les rameaux; arbrisseau plus élevé; feuilles plus grandes; fruit gros, sphérique; fleur petite, d'un rose vif d'après Chabert. — *France.* Rhône : entre Champagny et Dardilly (Chabert), mont d'Or au-dessus de Couzon (Boullu); — Isère : Saint-Nizier près de Grenoble (Verlot). — *Suisse.* Valais : Bovernier.

315. **R. Jordani** Déséglise, l. c., p. 146, extr., p. 106; *R. rubiginosa* Wahlenberg, fl. Carp., p. 150 ex Rau; *R. rubiginosa* var. *glabra* Rau, enum. ros., p. 157; Bl. et Fing., l. c., I, p. 658; Boreau, l. c., éd. 3, II, p. 757; *R. rubiginosa* var. d. Bechst. Forstb., 1042 ex Rau; *R. graveolens* var. *nuda* Grenier, fl. jur., p. 249?

Hab. Juin. Broussailles, haies. — *Belgique.* Prov. de Namur : Rochefort ? (Crépin) — *France.* Puy-de-Dôme : Clermont, escarpements de la route de Clermont à Bordeaux; — Yonne : Auxerre (Mabile); — Isère : Villard-de-Lans (Boullu); — Loire : Lupé (Boullu). — *Autriche.* Tyrol : Antholz, Mieders, vallée de Stubai (Kerner).

316. **R. elliptica** Tausch, in Tratt., l. c., II, p. 69; Seringe, in DC., prod., II, p. 625; Bl. et Fing., l. c., p. 636; *R. rubiginosa* Guimpel, deutsch. Holzart., I, p. 121, tab. 91 ex Trattinnick.

Hab. Juin, juillet. — *Autriche.* La Bohème. Je n'ai pas vu ce rosier placé par Seringe dans le *Prodromus* au rang des espèces douteuses.

317. **R. Vaillantiana** Boreau.

Arbrisseau de 1-2 mètres, à tiges munies d'aiguillons robustes dilatés à la base, arqués ou presque droits, quelques fois nuls sur les rameaux florifères; pétioles pubérulents, glanduleux, aiguillonnés en dessous ou inermes; 5-7 folioles obovales, d'un vert clair, parsemées de petits poils apprimés en dessus, poils disparaissant à l'état adulte, pubescentes-glanduleuses en dessous, à glandes fauves, il y a aussi quelques folioles inférieures qui portent à la face supérieure des glandes, doublement dentées à dents glanduleuses; stipules glabres en dessus, glanduleuses en dessous, oreillettes divergentes; pédoncules solitaires ou en bouquet, lisses, courts; bractées de la base du bouquet ovales-acuminées, glabres en dessus, parsemées de glandes en dessous, plus longues que les pédoncules; tube du calice ovoïde ou subglobuleux, lisse, divisions calicinales longues, terminées en pointe souvent denticulée, lisses en dessous, tomenteuses en dedans, 2 entières à bords tomenteux, 3 pinnatifides à appendices linéaires bordés de glandes, réfléchies à l'anthèse, puis redressées, couronnant le fruit avant la maturité, non persistantes; styles courts, velus; fleur blanche; fruit gros, globuleux.

Hab. Mai, juin. Broussailles. — *France*. Savoie : bois Champion près de Moutiers, Salins (Puget), collines de Chanaz et de Bellecombette près Chambéry (Songeon); — Hautes-Alpes : Charrance, Gap (Burle).

318. **R. ladanifera** Timb.-Lagr., précis des herboris. ann. 1870, in bull. soc. hist. nat. de Toulouse, IV (1871), p. 173.

Hab. Bois. — *France*. Haute-Garonne : bois de Balma à Toulouse (Timbal-Lagrave).

Obs. *R. heterophylla* Timb.-Lagrave, in litt.! (non Woods). « Fleurs « blanches légèrement roses, de petite taille, ordin. 4 à 5 au sommet des

« rameaux principaux, solitaires sur les rameaux latéraux; pédoncules
» courts, glanduleux; ovaire sphérique, glabre, d'un vert rougeâtre;
» sépales lancéolés-ovales, longuement cuspidés, pinnatifides, glanduleux,
» dents peu nombreuses; pétales obovales, cordés au sommet, de petite
» taille, jamais étalés; étamines à filets longs, blanc-jaunâtre à la base;
» styles hérissés; fruit globuleux, rouge foncé bientôt rouge-noir; sépales
» quoique desséchés persistant longtemps. »

« Arbrisseau très-touffu, d'un mètre de hauteur, offrant de gros
» rameaux qui donnent des tiges grêles, flexueuses, inermes, ces rameaux
» portent des feuilles tantôt ovales, tantôt elliptiques souvent sur le même
» rameau, plus ou moins atténuées à la base, dentées, dents glanduleuses
» écartées, d'un vert sombre en dessus, hérissées-glanduleuses en dessous,
» de 5 à 7 folioles, les inférieures plus petites, la supérieure longuement
» pétiolée. » (Timbal-Lagrave, lettre, 4 févr. 1875). — Haute-Garonne :
Toulouse (Timbal-Lagrave).

319. R. Arabica Crépin, l. c., fasc. 1, p. 125; *R. rubiginosa* var. *Arabica* Boissier, fl. orient., II, p. 687.

Exs. Unio itiner., an. 1855, n° 446; Bové, n° 180;
Schimper, n° 725.

Hab. Mai, juin. — *Arabie.* Mont Horeb ou de Sainte-Catherine (Schimper, Bové).

520. R. Klukii Besser, cat. hort. Crem., an. 1816,
p. 118 et enum. Pod. et Volh., pp. 46, 67; M.-Bieb.,
fl. Taur.-Cauc., III (1819), p. 546; Tratt., l. c., II,
p. 70; Bl. et Fing., l. c., p. 629; *R. balsamica* Besser,
cat. Crem., an. 1811, sup. IV, p. 18.

Hab. — La Crimée.

521. R. subdola Nob.; *R. Klukii* Boreau, l. c., éd. 2,
n° 684, éd. 5, n° 869 (non Besser); Déséglise, l. c.,
p. 140, extr., p. 100; Grenier, fl. juras., p. 248?

Exs. Billot, n° 1665; Déséglise, herb. ros., n° 29.

Arbrisseau droit, élevé, à aiguillons assez nombreux,
robustes, dilatés à la base, droits inclinés ou arqués, *dégéné-*

rant en aiguillons sétacés, les uns terminés par une glande, les autres églanduleux; pétioles lisses ou parsemés de poils courts, chargés de glandes, aiguillonnés en dessous; 5-7 folioles toutes pétiolées, la terminale arrondie au sommet, rétrécie à la base ou aiguë aux deux extrémités, les latérales ovales-elliptiques, ovales-aiguës, quelques folioles inférieures subobtuses, *coriaces,* rudes au toucher, glabres, *d'un vert luisant en dessus, il y a aussi quelques folioles portant à la face supérieure des glandes éparses,* nervures saillantes et un peu parsemées de poils courts, couvertes de glandes en dessous, doublement dentées à dents glanduleuses; stipules étroites, les unes glabres sur les deux faces, d'autres glabres en dessus plus ou moins parsemées de glandes en dessous, ciliées-glanduleuses, oreillettes aiguës, divergentes; pédoncules *hispides-glanduleux,* munis de bractées ovales, acuminées, glabres en dessus, glanduleuses en dessous, égalant ou dépassant les pédoncules; tube du calice *ovoïde, contracté au sommet, glabre ou hispide à la base;* divisions calicinales en pointe bordée de glandes, *glanduleuses sur le dos,* deux entières, trois pinnatifides à appendices étroits bordés de glandes, saillantes sur le bouton, plus courtes que la corolle, réfléchies à l'anthèse, puis redressées, couronnant le fruit avant la maturité, non persistantes; styles hérissés, disque plan; fleur *grande, rosée;* fruit ovoïde, arrondi à la base, un peu atténué au sommet.

Hab. Juin. Haies. — *France.* Loiret : bois de l'Isle près d'Orléans (Jullien); — Cher : la Chapelle-Saint-Ursin, la Servanterie près de Mehun, route de Soye à Bourges; — Yonne : Auxerre (Mabile); — Lot-et-Garonne : Agen (Saint-Amans, 1808, in herb. DC).

Obs. M. Boreau a pris comme moi pour base du *R. Klukii,* la description donnée par Sprengel, syst., II, p. 555. Le type du *R. Klukii* Besser manque dans l'herbier DC. Ayant demandé des renseignements sur ce rosier à M. Crépin qui avait à cette époque entre les mains les types de Bieberstein, conservés dans les herbiers du Muséum de Saint-Pétersbourg, M. Crépin a bien voulu m'envoyer un dessin d'un des échantillons authentiques de l'herbier de Bieberstein accompagné de notes comparatives établies sur la plante de Crimée et sur celle de France. Voici les notes de M. Crépin.

« Dans l'herbier de Bieberstein, se trouvent, dans la chemise du *R. Klukii*, trois échantillons de ce type sur lesquels je vais vous donner des détails.

1° « *Rosa balsamica Besser*. Ex Tauria (localité en Russe) sine dubio. »

« C'est un rameau florifère assez grand. Les axes ne présentent aucune sétule. Les folioles sont à dents très-composées, à 4-5 denticules au côté inférieur et 2 ou 5 au côté supérieur; elles sont presque glabres avec de rares poils à la face supérieure, à côte un peu velue à la face inférieure avec quelques rares poils çà et là et des glandes éparses moins apparentes que dans votre *R. Klukii* de la Servanterie. Les folioles paraissent avoir été moins blanchâtres ou moins pâles en dessous que dans votre plante; en outre elles ne sont pas atténuées comme dans la plante française. Les pétioles sont beaucoup moins glanduleux dans le *R. Klukii* et avec quelques rares poils. Les pédicelles sont beaucoup plus courts; ils sont lisses ainsi que le réceptacle. Sépales à bords moins glanduleux, moins pinnatifides et moins grands. »

« Somme toute, la plante de Crimée ne peut être identifiée avec la vôtre. »

2° « *R. balsamica* Mihi, sup. IIII. » Je vous ai calqué et dessiné l'échantillon entier. Folioles plus arrondies, mais même dentelure que dans le n° 1. Pétioles plus velus. Pédicelles courts, lisses ainsi que le réceptacle. Sépales non glanduleux sur le dos, glanduleux aux bords. Paraît être spécifiquement identique avec le n° 1. Les styles sont abondamment velus. »

5° « *Balsamica Besser*. — *Rosa rubiginosa affinis*. Ex Tauria a. 1810. An ad *R. argutam* Stev. »

« A part le mot *balsamica* Besser qui paraît avoir été écrit par Besser, le reste de l'étiquette est de M.-Bieb. »

« C'est la même forme que le n° 1. Je pense qu'avec ces renseignements vous pourrez former les éléments de la distinction du *R. Klukii* de la Crimée d'avec le vôtre. La description de M.-Bieb. correspond bien aux échantillons de son herbier. » (Crépin in litteris, 51 janv. 1875).

Obs. II. Dans ma description du *R. Klukii*, in Billot, ann. fl. de Fr. et d'Allem. (1855), p. 10 et essai monogr., p. 100, j'ai complètement oublié de faire la mention des aiguillons dégénérant en soies glanduleuses. Les pédoncules sont toujours hispides-glanduleux; c'est en suivant Sprengel que j'ai attribué des pédoncules glabres ou hispides, ce qui fait voir que Sprengel ne connaissait pas très-bien le type de Besser.

M. Grenier, dans sa flore du Jura, p. 248, décrit un *R. Klukii*, dont la description a été calquée sur la mienne et il cite avec certitude le n° 1665 publié par Billot; puis il donne la localité de Genève. Il a pris ma description sans se préoccuper du type qu'il a entre les mains. M. Grenier m'écrivait le 25 janvier 1874 : « Ce que j'ai publié sous le nom de *R. Klukii*, dans ma flore du Jura, n'est pas la plante de Besser; mais ce que j'ai décrit sous le nom de *R. graveolens* Grenier, fl. jur., p. 248, est très-exactement la plante de Besser. Votre *R. Jordani* ne diffère du *R. Klukii* que par ses pétioles glabres et glanduleux non tomenteux. Le *R. Klukii* de ma flore du Jura est l'hybride nommé *R. Gallico-umbellata* Rapin. in Reut. cat., p. 72. » (Grenier).

Qu'est ce que le *R. graveolens* Gren., plante décrite en 1840 dans la fl. de Fr. I, p. 560? Une réunion bâtarde d'une Canine avec des Rubigineuses, la var. a. est le *R. Lugdunensis!* la var. b. le *R. Pouzini,* la var. c. le *R. Seraphini.* M. Grenier, dans sa flore du Jura, me semble ne pas connaître le type décrit par lui dans sa flore de France, puisque le type primitif devient sa var. b.! M. Grenier, flore du Jura, dit : « *R. graveolens* Gren., fl. de Fr., var. a. *nuda. R. Jordani* Déségl. Je possède quelques exemplaires de cette variété dont les pédoncules réunis en corymbe sont les uns glabres et les autres hispides-glanduleux. » Avant d'avancer une hypothèse pour un fait acquis, M. Grenier est-il certain de connaître le *R. rubiginosa glabra* Rau; le doute peut être permis!

M. Grenier a pris probablement la solution du *R. Klukii* dans la flore de M. Godet. Ce dernier auteur dit dans son suppl., p. 78 : « *R. graveolens* Gren. *R. Klukii* Besser! (non Bor. ni Rap.). — Obs. Le *R. Klukii* Besser n'est point celui de Boreau, ni de Rapin et se rapporte au *R. graveolens.* Besser dit positivement de son *R. Klukii* « pédoncules et tube du calice glabres » (conf. M.-B. fl. Taur.-Cauc. III, p. 346), et tel est en effet le *R. Klukii* que je tiens de Besser lui-même! et qui est identique avec le *R. graveolens* Gren. » (Godet).

Admettant que ce soit vrai, nous demanderons à M. Godet s'il ignore les lois de la nomenclature botanique. Pourquoi prendre le nom le plus nouveau à la place du plus ancien? La nomenclature botanique a ses lois

que chaque phytographe doit suivre sans intervertir l'ordre de la synonymie selon son caprice !

D'après ce que je connais du *R. Klukii* authentique, M. Godet me semble
ne pas avoir regardé bien attentivement son type que je ne conteste nullement. — M. Cariot, *études des fleurs* (1865), II, p. 187, décrit un *R. graveolens* qui certainement n'est pas ce que les auteurs de la flore de France
ont eu en vue. Chabert m'a envoyé plusieurs échantillons de ce qu'il
nommait *R. graveolens*, t provenant de la localité « *entre Champagne et
Dardilly.* » J'ai reconnu le *R. Lugdunensis* et non autre chose.

522. **R. Tuschetica** Boissier, fl. orient., II, p. 673.

Hab. — In regione subalpina et alpina Tuschetiae et Daghestaniae prope
Beshita Diklo (Boissier).

523. **R. Biturigensis** Boreau, l. c., éd. 2 (1849), II, p. 630, éd. 3, n° 633; Déséglise, l. c., p. 145, extr., p. 105.

Exs. Schultz, n° 1445; herb. norm., n° 44; Déséglise,
herb. ros., n° 34.

Hab. Mai, juin. Haies. — *France.* Cher : C. autour de Bourges ! la
Chapelle-Saint-Ursin !

d.) *Verae-rubiginosae.*

Rubiginosae b. *micranthae,* c. *suavifoliae* Crépin, l. c.,
p. 244, p. 245; Cottet, l. c., p. 43; *Rubiginosae* trib. 3.
Déséglise obs. differ. meth. proposed for the class. of the
spec. of the gen. ros. (1865), in the Naturalist, n° 20,
p. 315, *part.*

Feuilles couvertes en dessous de glandes odorantes;
aiguillons des tiges robustes, crochus ou courbés en faulx,
droits, dégénérant souvent en aiguillons fins, grêles,
sétacés, glanduleux ou églanduleux; pédoncules hispides-
glanduleux; divisions calicinales caduques ou persistantes.

1. $\left\{\begin{array}{l}\text{Aiguillons dégénérant au sommet des rameaux en} \\ \text{soies.} \dots \text{2.} \\ \text{Aiguillons ne dégénérant pas en soies} \dots \text{5.}\end{array}\right.$

2. $\left\{\begin{array}{l}\text{Styles hérissés.} \dots \text{3.} \\ \text{Styles velus ou glabres} \dots \text{4.}\end{array}\right.$

3. $\left\{\begin{array}{l}\text{Feuilles ovales-arrondies, pédoncules hispides-} \\ \text{glanduleux, fleur rose, fruit arrondi, rouge} \\ \text{sanguin} \dots \textit{apricorum.} \\ \text{Feuilles ovales, pédoncules hérissés d'aiguillons en} \\ \text{forme de soies, fleur petite, rose, fruit ovoïde,} \\ \text{rouge-orangé, couronné par les divisions cali-} \\ \text{cinales} \dots \textit{comosa.}\end{array}\right.$

4. $\left\{\begin{array}{l}\text{Arbrisseau élevé, styles velus, pédoncules ordin.} \\ \text{réunis en bouquet, fleur d'un rose vif, fruit} \\ \text{ovoïde arrondi} \dots \textit{umbellata.} \\ \text{Petit arbrisseau, aiguillons longs, inclinés ou} \\ \text{droits, styles glabres, fleur petite, rose, fruit} \\ \text{ovoïde, rouge} \dots \textit{sylvicola.}\end{array}\right.$

5. $\left\{\begin{array}{l}\text{Styles glabres} \dots \text{6.} \\ \text{Styles hérissés.} \dots \text{12.}\end{array}\right.$

6. $\left\{\begin{array}{l}\text{Rameaux floraux grêles, allongés, inermes, fleur} \\ \text{rose} \dots \textit{operta.} \\ \text{Rameaux floraux aiguillonnés} \dots \text{7.}\end{array}\right.$

7. $\left\{\begin{array}{l}\text{Fleur blanche, folioles petites, ovales-arrondies,} \\ \text{fruit petit, ovoïde, rouge-orangé.} \dots \textit{lactiflora.} \\ \text{Fleur rose} \dots \text{8.}\end{array}\right.$

8. $\left\{\begin{array}{l}\text{Petit arbrisseau, folioles très-petites, tube du} \\ \text{calice petit, ovoïde, fleur très-petite, rose, fruit} \\ \text{petit, ovoïde-arrondi} \dots \textit{diminuta.} \\ \text{Arbrisseau plus ou moins élevé} \dots \text{9.}\end{array}\right.$

9. $\left\{\begin{array}{l}\text{Tube du calice ovoïde.} \dots \text{10.} \\ \text{Tube du calice oblong ou subglobuleux.} \dots \text{11.}\end{array}\right.$

10. $\left\{\begin{array}{l}\text{Folioles ovales, fleur rose.} \dots \textit{permixta.} \\ \text{Folioles elliptiques, fleur rose clair} \dots \textit{micrantha.}\end{array}\right.$

11. {
Tube du calice subglobuleux, folioles ovales, fleur
rose, fruit arrondi, rouge sanguin . . . . . *septicola.*
Tube du calice oblong, feuilles petites, ovales-
elliptiques, fruit petit, ovoïde, rouge. . . . . *Lemanii.*

12. {
Styles hérisés, folioles ovales, parsemées de quelques glandes en dessus, tube du calice hérissé
de soies, fleur rose, onglet blanc, fruit gros,
ovoïde-arrondi, arbrisseau à aiguillons nombreux, les plus petits droits . . . . . . *echinocarpa.*
Styles velus, folioles petites, arrondies, églanduleuses en dessus, tube du calice très-petit,
subglobuleux, glabre, fleur rose foncé, fruit
globuleux, petit arbrisseau à aiguillons grêles,
longs, presque droits . . . . *rotundifolia.*

324. R. apricorum Ripart, in Crépin, l. c., p. 24 et
p. 72, sine descript.; *R. rubiginosa* Auct. pro part.; *R. rubiginosa* L., mant., 564, pro part., non herb.

Exs. Billot (suites), n° 3595; Wirtgen, pl. crit., n° 81?;
Fries, herb. norm., fasc. 3, n° 41?

Abrisseau élevé, touffu, rameux, chargé d'aiguillons
nombreux, robustes, dilatés comprimés à la base, crochus
ou courbés en faulx, roussâtres ou blanchâtres, dégénérant souvent au sommet des rameaux en aiguillons fins
sétacés; pétioles pubescents glanduleux, aiguillonnés en
dessous; 5-7 folioles médiocres, ovales-arrondies, ovales-
elliptiques, parsemées de poils apprimés en dessus, chargées en dessous de glandes fauves odorantes, nervures
velues principalement la côte, doublement dentées à dents
glanduleuses; stipules étroites, glabres en dessus, glanduleuses en dessous, bordées de glandes, oreillettes aiguës
divergentes; pédoncules solitaires ou en corymbe peu
fourni, hispides-glanduleux, munis de bractées ovales
acuminées, glabres sur les deux faces ou glabres en dessus,

parsemées de quelques rares glandes en dessous, bords glanduleux, plus longues que les pédoncules ; tube du calice petit, ovoïde, contracté au sommet, glabre ou hispide à la base ; divisions calicinales glanduleuses sur le dos, spatulées au sommet, deux entières, trois pinnatifides à appendices courts bordés de glandes, saillantes sur le bouton, réfléchies à l'anthèse, puis redressées, caduques ; styles très-hérissés, disque presque plan ; fleur rose ; fruit arrondi, d'un rouge sanguin à la maturité.

Linné a eu en vue sous le nom de *R. rubiginosa* plutôt un groupe de formes diverses qu'une forme spéciale ; il en est pour le *R. rubiginosa* comme pour le *R. villosa* L. : ces noms doivent être délaissés.

Hab. Haies, bois. Juin, juillet. — Espèce vulgaire dans l'Europe centrale, d'après mes échantillons d'herbier. J'ai ce rosier d'Angleterre, de douze départements de la France, de l'Autriche, de l'Allemagne et des Pyrénées d'Aragon.

Obs. R. Canariensis Nob.

M. Bourgeau, *plantae canarienses*, nᵒ 545, a distribué sous le nom de *R. rubiginosa* var. *umbellata* Lindl. un type curieux, mais qui n'est ni le *R. rubiginosa*, ni le *R. umbellata*. Je doute qu'il appartienne à la section *Rubiginosae* à cause de ses longs styles qui me paraissent soudés en colonne ? — J'ignore si ce rosier a reçu un nom. Voici la description que j'ai pu établir avec les échantillons de mon herbier.

Un de mes échantillons mesure 30 centim. de hauteur et porte un tout petit aiguillon dilaté à la base, presque droit au sommet; l'autre échantillon mesure 10 centim. de hauteur, est inerme, l'écorce est vineuse ; pétioles pubérulents, parsemés de quelques glandes fines, inermes ou aiguillonnés; les folioles, au nombre de 5-7, sont obtuses, vertes, glabres ou parsemées de poils courts apprimés et de quelques glandes en dessus, glaucescentes glanduleuses en dessous, à nervures légèrement velues, doublement dentées, les dents principales terminées par un mucron calleux les autres par une glande; pédoncules hispides-glanduleux, en cyme bifide ou trifide; un de mes échantillons a 10 fleurs réunies par 2, 3, 2, 3; tube du calice ovoïde, hispide à la base; divisions calicinales terminées en pointe dilatée denticulée, glabres et parsemées de quelques glandes sur le dos, 2 entières, 5 pinnatifides à appendices bordés de glandes, réfléchies à l'anthèse; styles simulant une colonne (comme dans le *R. hybrida*) longue de 4 millim., laineuse, disque plan; fleur...... il est difficile de se prononcer pour la couleur sur un échantillon ancien; fruit......

Hab. Juillet. — Ténériffe, vallée de Bajamar (Bourgeau 1846).

325. R. comosa Ripart, in Schultz, arch. de la fl. de Fr. et d'Allem. (1852), p. 254; Déséglise, ess. mon., in mém. Soc. Acad. de M.-et-Loire, X (1861), p. 155, extr., p. 115; Cariot, l. c., II, p. 188; Fourreau, l. c., p. 76; *R. rubiginosa* L., herb.! non mant.; *R. rubiginosa* var. *comosa* Du Mort., l. c., p. 54.

Icon. Flora danica, tab. 870; Engl. bot., XIV, pl. 991 et third ed., tab. 468 (très-mauvaise figure qui représente un *R. rubiginosa* avec des divisions calicinales entières!); Rœssig, die rosen, tab. 25, f. 5; Jacquin, fl. Austr., I, tab. 50?; Svensk botanik, VII, tab. 465.

Exs. Seringe, nᵒˢ 7? 40?; Schultz, herb. norm., nᵒ 46! Reliquiae Mailleanac, nᵒ 605; Déséglise, herb. ros., nᵒ 55; Billot (suites), nᵒˢ 5596, 5597; Wirtgen, pl. crit., nᵒ 582?

Hab. Juin, juillet. Haies, broussailles. — *Écosse*. Argyleshire : Tarbet (Hailstone). — *Angleterre*. Devonshire : près de Lee Mill Bridge (Briggs). — *Belgique*. Prov. de Namur : Rochefort (Crépin). — *France*. Vosges : forêt de Rambervillers! — Loiret : bois de l'Isle près d'Orléans (Jullien); — Cher : Bourges (Ripart), carrières de la Chapelle-Saint-Ursin, Montifaut près de Bourges, Les Landes commune de Berry, Allouis, la Servanterie; — Puy-de-Dôme : vignes de Coudes (Lamotte); — Doubs : mont Brégille près de Besançon (Paillot); — Côte-d'Or : Larrey (Boullu); — Ardèche : Annonay (Boullu); — Hautes-Pyrénées : Gèdre (Ozanon); — Rhône : Lyon à Villeurbanne (Boreau), route de Brinda à Château-Vieux (Chabert), Chaponost, Saint-Laurent-de-Vaulx (Boullu); — Isère : Villard-de-Lans (Boullu); — Hautes-Alpes : mont Bayard sur Gap (Gariod), Charrance (Burle); — Haute-Savoie : Fessy près de Thonon, Pringy (Puget); —

Savoie : entre Chanaz et les Charmettes (Songeon), Brides près de Moutiers (Puget); — *Suisse*. Valais : Lourtier, la Ravoire, Chemin (Cottet, de la Soie), Col de la Forclaz, route de Martigny! — cant. de Bâle : Jura de Bâle (Christ). — *Autriche*. Autriche-infér. : Alaunthal près de Krems (Kerner); — Tyrol : Mühlau, Lienz, Pöllant (Kerner). — *Prusse*. Lyck (Caspary). — *Espagne*. Pyrénées d'Aragon : Sarlé en Aragon (Timbal-Lagrave).

326. R. umbellata Leers, fl. herb. (1775), p. 117 et p. 286; Gmel., l. c., II, p. 425; DC., fl. fr., V (1815), p. 532; Rau, l. c., p. 140; Tratt., l. c., II, p. 55; Bl. et Fing., l. c., p. 635; Desportes, l. c., n° 1936; Rchb., l. c., n° 3990; Boreau, l. c., éd. 2, II, p. 181, éd. 3, n° 874; Reuter, l. c., p. 72; Déséglise, l. c., p. 151, extr., p. 111; de Martr.-Don., l. c., p. 235; Cariot, l. c., p. 188; Fourreau, l. c., p. 76; *R. rubiginosa* var. *umbellata* Lindley, l. c., p. 87; Seringe, in DC., prod., II, p. 616; Du Mort., fl. belgica, p. 93 et monog. ros. de la fl. belge, p. 53; Grenier, fl. juras., p. 252; *R. rubiginosa* var. *triflora* Willd., enum., p. 546; Tratt., l. c., p. 63; Bl. et Fing., l. c., p. 639; Rau, l. c., p. 134; Desportes, l. c., n° 1924; Seringe, mus. helv., I, p. 29; *R. tenuiglandulosa* Mérat, fl. Par. (1812), p. 189?; *R. sempervirens* Roth, fl. germ., I, p. 218 et II, p. 556, excl. syn.

Exs. Wirtgen, pl. crit., n° 79, n° 470.

Hab. Juin, juillet. Haies. — *France*. Maine-et-Loire : serait C. dans ce département d'après le catalogue de Boreau ; — Seine : le Calvaire près de Paris (Lallemand, 1815, in herb. DC.); — Loiret : Orléans (Jullien); — Cher : Allouis, Mehun, Lazenay près de Bourges; — Puy-de-Dôme : Clermont; — Haute-Garonne : Toulouse (DC. 1807); — Tarn : serait C. dans ce département d'après la florule de M. de Matrin-Donos; — Rhône : Charbonnière (Chabert), Lyon (Boreau); — Hautes-Alpes : Saint-Laurent-du-Cros, Coréo près de Gap (Burle); — Haute-Savoie : au pied du Salève, Argentière. — *Suisse*. Valais : Bovernier (de la Soie). — *Allemagne*. Obermendig, Coblence (Wirtgen).

527. R. horrida Fischer, cat. hort. Gorenk. (1812), p. 66 (non Spreng.); Besser, cat. hort. Crem. (1816), p. 117; *R. provincialis* M.-Bieb., fl. Taur.-Cauc., I (1808), p. 596 (non Ait.); *R. ferox* M.-Bieb., cent. pl. rar. ross. (1810), I, tab. 57 et fl. Taur.-Cauc., III, (1819), p. 559 (non Thunb.); Tratt., l. c., p. 87; Boissier, fl. orient., II, p. 687; *R. rigida* Willd., herb., n° 9823; *R. rubiginosa* var. *minor* Ledeb., fl. ross., p. 80.

Hab. — Le Caucase.

528. **R. permixta** Déséglise, l. c., p. 147, ext., p. 107; de Martr.-Don., l. c., p. 234, Fourreau, l. c., p. 76; Cottet, l. c., p. 43; *R. rubiginosa* Ait., Kew., 2, p. 206; Krocker, fl. Siles., II, p. 159; Smith, fl. Brit., II, p. 540; Spreng., fl. halens., p. 146; Pers., syn., II, p. 49; Wallr., ann. bot., p. 64; Roth, fl. germ., II, p. 558; Mérat, l. c., p. 190; Gussone, l. c., I, p. 565; *R. rubiginosa* a. *vulgaris* Rau, l. c., p. 150; *R. eglanteria* Woods, l. c., p. 206 et herb., n°s 61-66; *R. suavifolia* Lightf. p. 262; *R. micrantha* var. *permixta* Grenier, fl. juras., p. 251; Du Mort., l. c., p. 55; *R. rubiginosa* var. *permixta* Baker, monog. of British roses in journ. Linn. Societ., XI, p. 220; *R. Salvanensis* de la Soie, in Cottet, l. c., p. 43; *R. Lusseri* Lag. et Pug., in bull. Soc. Murith., fasc. 2 (1873), p. 42, Cottet, l. c., p. 43. — Le *R. permixta* est le *R. rubiginosa* des auteurs qui décrivent ce rosier avec le fruit ovale, tandis que Linné dit : *germinibus globosis.*

Exs. Déséglise, herb., ros., n° 72; Bourgeau, pl. d'Espagne, n° 2433?

Hab. Juin, juillet. Haies, bois. — *Angleterre.* Surrey (Baker). — *Belgique.* Prov. de Namur Rochefort (Crépin). — *France.* Vosges : Ro-

chesson (Pierrat); — Maine-et-Loire : Champigny-le-Sec (Boreau); —
Haute-Vienne : route du Dorat à Lathus (Lamy); — Loiret : Orléans
(Jullien); — Cher : C. dans ce département ! — Allier : les Gazeriers,
Gannat (Lamotte); — Côte-d'Or : Meursault (Ozanon): — Saône-et-Loire :
Châlons-sur-Saône (Ozanon); — Aude : Mas-Cabardès (Ozanon); — Tarn-
et-Garonne : Grizolles (Timbal-Lagrave); — Haute-Garonne : Toulouse
(Timbal-Lagrave); — Pyrénées : Saint-Sauveur (Lamy); — Rhône : Lyon
à Charbonnière (Ozanon), Lyon-Balmes-Viennoises (Boreau), Franche-
ville (Boullu); — Isère : Grenoble (Verlot), Balbins (Boullu); — Hautes-
Alpes : Gap (Burle); — Haute-Savoie : Pringy, Thonon (Puget), Chanoine
(Ripart), le mont Salève. — *Suisse.* Valais : Bovernier, Salvan. —
Autriche. Tyrol : Lengenfield, Tharn (Kerner). — *Prusse.* Kœnigsberg
(Caspary). — *Espagne.* Avila (Bourgeau). — *Italie.* Vénétie : S. Vigilio
prope Garda ad lacum Benacum (Kerner); — Sicile : Palerme (Todaro) ;
— Toscane : Pise (Bertoloni, 1810, in herb. DC.).

Obs *R. rubiginosa* Bourgeau, *pl. d'Espagne*, 1851, n° 1161, forme qui
se rapproche du *R. permixta*, mais en diffère par ses rameaux floraux
inermes, ses folioles glanduleuses sur les deux faces, ses styles hérissés.
— Sierra Nevada à Guejar de la Sierra (Bourgeau).

329. R. septicola Déséglise, l. c., p. 149, extr.
p. 109; Fourreau, l. c., p. 76; Cottet, l. c., p. 43;
R. micrantha var. *septicola* Grenier, l. c., p. 252; Du
Mort., l. c., p. 55; *R. rubiginosa* auct. pro part.

Exs. Déséglise, herb. ros., n° 55; Billot (suites),
n°s 3596 bis, 3725; Wirtgen, pl. crit., n° 80; Schultz,
herb. norm., n° 45.

Hab. Juin, juillet. Haies, broussailles. — *Belgique.* Prov. de Namur :
Ivoir (Crépin); — prov. de Luxembourg : Grune (Crépin). — *France.*
Vosges : Planois (Pierrat); Loiret : Maison-Fort près d'Orléans (Jullien); —
Cher : CC. dans ce département ! — Creuse : Grand-Bourg (de Cessac); —
Saône-et-Loire : Autun, Broye (Carion); Châlons-sur-Saône à Dracy-le-Fort
(Ozanon); — Haute-Garonne : St-Martory (Timbal-Lagrave); — Rhône :
Tassin (Boullu), Dardilly (Boreau); — Isère : la Salette près de Corps
(Ozanon), Pariset à Grenoble (Verlot); — Haute-Savoie : Thonon (Puget).
— *Prusse.* Coblence (Wirtgen).

Obs. I. **Malgré** les beaux spécimens de *R. sphaerophora* que j'ai de M. Ripart, je ne puis pas saisir les différences spécifiques, je ne vois que du *R. septicola* dans ces échantillons. Voici une note que M. Ripart m'a envoyée. « *R. sphaerophora* Ripart. Foliis in pagina superiore leviter pubescentibus; praesertim secundum nervos glandulosis. Fructibus omnino globosis; floribus minimis roseis; calycis tubo subgloboso. Stylis glabris. » (Ripart in litteris 25 fevr. 1875). — *Hab.* — Cher : Carrières de la Chapelle-Saint-Ursin (Ripart).

Obs. II. *R. resinosa* Lejeune, revue (1824), p. 96, n° 728 (non Sternb.); *R. rubiginosa* var. *resinosa* Wallroth, ann. bot., p. 65; Du Mort., fl. Belgica, p. 95 et monog. ros. belg., p. 54.

Hab. — *Prusse.* Malmedy. — *Belgique.* Wegnez (Lejeune). Je n'ai pas vu ce rosier, que M. Du Mortier place dans sa monographie des roses de la flore Belge à côté du *R. echinocarpa* Rip.

350. **R. operta** Puget, in Crépin, primit. monog. ros., fasc, 1, p. 66, sine descript.

Arbrisseau assez élevé, rameaux floraux sarmenteux, inermes ou munis au sommet de quelques petits aiguillons aciculaires, aiguillons des vieilles tiges forts, dilatés à la base; pétioles pubérulents, glanduleux, aiguillonnés; 5-7 folioles ovales, obovales ou arrondies, glabres en dessus, couvertes en dessous de glandes, la nervure médiane velue, doublement dentées; stipules glabres sur les deux faces ou glabres en dessus, pubérulentes, parsemées de glandes en dessous, oreillettes aiguës, divergentes; pédoncules hispides-glanduleux, portant à leur base de petites bractées plus courtes qu'eux; tube du calice ovoïde-allongé, lisse ou hispide; divisions calicinales 2 entières, 5 pinnatifides à appendices bordés de glandes, non persistantes; styles courts, glabres, disque presque plan; fleur rose; fruit ovoïde.

Hab. Juin, juillet. Haies, bois. — *France.* Cher : Rhin-du-Bois, Roulon, commune de Berry, Boursac près d'Allogny, bois de Rouet, commune de

Mehun; — Rhône : entre Francheville et Chaponost (Puget); — Savoie : Thonon (Puget). — *Alsace*. Forêt de Vordersberg près de Niederbronn !

331. R. echinocarpa Ripart, in Déséglise, l. c., p. 150, extr., p. 110; Fourreau, l. c., p. 76; Cottet, l. c., p. 43; *R. rubiginosa* var. *echinocarpa* Grenier, fl. juras., p. 249; Du Mort., monogr. Ros. belg., p. 54; *R. rubiginosa* var. *parviflora* Saint-Amans, fl. Agen. (1821), p. 206.

Exs. Wirtgen, pl. crit., n° 471?

Hab. Juin, juillet. Haies, broussailles. — *Angleterre*. Surrey : Box Hill (Woods), 1850, in herb. Déséglise). — *Écosse*. Pertshire : Hill of Kinwone (Hailstone). — *Belgique*. Prov. de Namur : Rochefort (Crépin). — *France*. Cher : haies des Vignes de Couët près de Mehun (Ripart); — Indre : Vignes de Sainte-Lizaigne! — Loir-et-Cher : haies des Vignes de la Buissonnière, commune de Maray! — Lot-et-Garonne : Agen (Saint-Amans, 1807, in herb. DC.);— Lozère : Mende (Prost, 1815,in herb. DC.); — Hautes-Alpes : col de Bayard, versant de Laye (Burle); — Savoie : Salins (Puget), colline de Bellecombette près de Chambéry (Songeon). — *Alsace*. Forêt de Gros-Wald près de Reichoffen! haies des vignes de Niederbronn où il est C.!, haies du chemin de Niederbronn au Soegerthal du côté des près vis-à-vis la maison forestière. — *Suisse*. Valais : broussailles de chemin, au-dessus de Bovernier, à une alt. de 1200 mèt.; — cant. de Bâle : environs de Bâle (Christ). — *Autriche*. Autr.-infér. : mont Schaberg près de Mautern, vallée du Danube (Kerner); — Tyrol : Lengenfeld (Kerner). — *Prusse*. Lyck (Sanio), Kiauten, Kapkeim (Caspary).

Obs. Le *R. rubiginosa* Willd., herb., n° 9865, est représenté par six feuilles simples; M. Crépin, l. c., fasc. 2, p. 87, considère les folios 1 et 2 comme appartenant au *R. echinocarpa* Ripart.

332. R. dimorphacantha Martinis, bull. soc. roy. de bot. de Belgique, VII (1868), p. 248-250; Crépin, l. c., fasc. I, p. 24 et p. 72.

Hab. — La Belgique. — Je n'ai pas vu ce rosier.

333. R. sylvicola Déségl. et Ripart, in Déségl.,

descript. qq. esp. nouv. Ros., in mém. soc. acad. de M.-et-Loire, XXVIII (1873), p. 122, extr., p. 26 ; *R. rubiginosa* var. *sylvicola* Baker, l. c., p. 220.

Hab. Mai, juin. Bois, buissons. — *Angleterre*. Yorkshire : bord de la route à Gunnerside Swaledale (Baker). — *France*. Cher : petit bois aux Loups dans les vignes de la Chapelle-Saint-Ursin ! — Hautes-Alpes : villa Robert près de Gap (Burle).

334. R. Iberica Stev., in M.-Bieb., fl. Taur.-Cauc., III (1819), p. 545; Tratt., l. c., II, p . 67; Seringe, in DC., prod., II, p. 617; *R. Isaurae* Tratt., l. c., p. 72; *R. rubiginosa* var. *Iberica* Boissier, fl. Orient., II, p.687, excl. syn. Besser.

Exs. Unio itiner., an. 1838.

Hab. — *La Perse.* Té héran (Olivier, 1822, in herb. DC.), Chuschan-gurberg (Buhse, in herb. Boissier).

335. R. Aucheri Crépin, l. c., fasc. I, p. 123 ; Boissier, l. c., p. 687.

Exs. Kotschy, pl. Perse boréale, 1846, n° 276 !

Hab. Juin. — *Perse.* Mont Elbrus près de Passgala (Kotschy).

336. R. asperrima Godet, in Boissier, fl. Orient., II, p. 678.

Exs. Haussknecht, n° 311 !

Hab. — *Perse.* Mont Kuh Nur (Haussknecht, in herb. Boissier).

337. R. glutinosa Sibthorp et Smith, prod. (1806), I, p. 348; Lindley, l. c., p. 95; Tratt., l. c., II, p. 84; de Pronville, l. c., p. 95; Rchb., l. c., II, p. 614; Gussone, l. c., I, p. 679, excl. syn. Bieb.; *R. rubiginosa* var. *Cretica* Thory, prod., p. 110; Seringe, in DC., prod., II, p. 616; *R. Cretica* Tratt., p. 83; Desportes, l. c., n° 1976;

R. Libanotica Boissier, diagn., série I, fasc. 10 (1849), p. 4.

Icon. Cupani, Panph., ed. 1, tab. 61, ex Smith et Sibthorp, fl. Graec., tab. 482; Redouté, les Roses, livrais. 10, a?

Exs. Aucher-Éloy, n°s 1429! 1450!; Kotschy, n°s 186, 313, 367, 926; Blanchet, n°s 3165, 3166, 3167; Balansa, n° 582; de Heldreich, n°s 566 bis, 754, 926, 1045, 1049, 2671, 2678, 2681?; Orphanides, n°s 412, 423; Büchler, n° 208.

J'ai vu les localités citées tant dans l'herbier de M. Boissier que dans le mien; je cite les deux numéros d'Aucher, qui ne figurent pas dans la collection de M. Boissier.

Hab. — Juin. Région des montagnes. — *Italie.* Sicile : Madonie (Todaro). — *Grèce.* Taygette et mont Olenos (Aucher-Éloy, de Heldreich), mont Parnasse (Orphanides, de Heldreich). — *Macédoine.* Mont Athos (Aucher-Éloy! Orphanides). — *Anatolie.* Mont Gheidagh (de Heldreich). — *Syrie.* Mont Liban (La Billardière, Boissier, Blanchet, Kotschy). — *Cappadoce.* Césarée (Balansa). — *Arménie.* Erzerum (Huet du Pavillon).

338. R. pustulosa Bertol., fl. ital., V (1842); Gussone, l. c., I, p. 569 (non M.-Bieb.); Tenore, fl. nap., IV, p. 287; *R. glutinosa* var. b. Rchb., l. c., p. 614.

Hab. — *Italie.* Sicile : Busambra (Todaro).

339. R. Heckeliana Tratt., II, p. 85; Seringe, in DC., prod., II, p. 624; Gussone, l. c., p. 562; Boissier, l. c., II, p. 680.

Exs. Huet du Pavillon, pl. napolit., n° 313?; Orphanides, fl. Graec., n°s 422?, 2562?; de Heldreich, n°s 366? 2679?.

Hab. — Juin, juillet. — *Italie.* Sicile : Madonie (Todaro), Calabre

(Huet du Pavillon). — *Grèce.* Mont Parnasse (Orphanides), Taygette, Olenos (de Heldreich).

340. R. Sicula Tratt., l. c., II, p. 86 ; Seringe, in DC., prod., II, p. 624.

Hab. — *Italie.* Sicile (Trattinnick.).

341. R. Orphanidis Boissier et Reut., in Boissier, diagn., sér. 2., fasc. 2, p. 50; Boissier, fl. Orient., II, p. 680.

Exs. de Heldreich., n° 2442.

Hab. Juin, juillet. — Mont Olympe (de Heldreich, in herb. Boissier).

342. R. micrantha Smith., engl. bot. (1812), XXXV, tab. 2490; Woods, l. c., p. 209 et herb. nᵒˢ 67 à 70; Tratt., l. c., II, p. 75; Smith, engl. flora, II, p. 387; Rchb., l. c., p. 617; Hooker, brit. flor. (1835), p. 236; Reuter, l. c., p. 71; Baker, review of the British roses, p. 18 et in Boswell Syme, engl. bot., third edit. (1864), III, p. 211; Lloyd, fl. Ouest (1868), p. 178; *R. nemoralis* Leman, l. c., extr., p. 10?; *R. rubiginosa* var. *micrantha* Lindley, l. c., p. 87; Seringe, in DC., prod., II, p. 617; *R. rubiginosa* var. *nemoralis* Thory, l. c., p. 110; Seringe, l. c., p. 616; *R. rubiginosa* var. *nemorosa* Du Mort., fl. belg., p. 93; Carion, cat. de Saône-et-Loire, p. 42; *R. rubiginosa* b. Mutel, l. c., I, p. 549; *R. rubiginosa* var. *grandiflora* Godet, l. c., p. 214; *R. micrantha* var. A. Grenier, fl. juras., p. 251 ; *R. micrantha* var. *nemorosa* Du Mort., monog. Ros. belg., p. 55; *R. nemorosa* Libert, in Lejeune, fl. Spa (1813), II, p. 511; Boreau, l. c., éd. 2, n° 686, éd. 2, n° 872 et catal. M.-et-Loire, p. 80 ; Arrondeau, l. c., p. 126; Déséglise, l. c., p. 154, extr., p. 114; de Martr.-Don., l. c., p. 255; Cariot, l. c., II, p. 189; Fourreau, l. c., p. 76; *R. Libertiana* Tratt., l. c., II, p. 80; Bl. et Fing., l. c., p. 640.

Icon. Engl. bot., XXXV, pl. 2490, et third edit., pl. 469; Roessig, die rosen, tab. 10, *mala;* Redouté, les roses (1824), livrais. 31, C.

Exs. Billot (suites), n° 3598.

Hab. Juin. Broussailles, haies. — *Angleterre.* Yorkshire : Masham (Baker); — Kent : Erik (Woods, in herb. Déséglise); — Sommerset : Alcombe (Miss Giffard); — Cornwall : Saint Johns (Briggs); — Devonshire : Saltash, Jamerton, Blaxton (Briggs). — *Belgique.* Prov. de Namur : Rochefort (Crépin); — prov. de Luxembourg : Grune, Awenne (Crépin). — *France.* Vosges : Saulxures (Pierrat); — Maine-et-Loire : Chenchutte (Boreau); — Sarthe : Saint-Pavin-des-Champs (Boreau); — Saône-et-Loire : Autun, Broye (Carion); — Haute-Garonne : Toulouse, Cagire (Timbal-Lagrave); — Hautes-Pyrénées : Gèdre (Bordère); — Gard : le Vigan (Tuezkiewiez); — Savoie : Salins près de Moutiers (Puget); — Haute-Savoie : le Salève! — *Suisse.* Valais : Bovernier. — *Autriche.* Tyrol : mont Baldo, Madona del monte Roveredo (Kerner). — *Prusse.* Guberthal près de Rastenburg (Caspary). — *Espagne.* Guadarama (Lange, in herb. Boissier). — *Italie.* Vénétie : S. Vigilio (Kerner).

Obs. *R. Pommaretii* Puget, in Crépin, primit. mon. Ros., fasc. I, p. 65.

J'ai reçu de M. Puget un *R. Pommaretii*, sur lequel je ne puis trop me prononcer, n'ayant vu que des échantillons incomplets; je donne en entier la description établie par M. Puget.

Arbrisseau élevé; aiguillons du vieux bois robustes et crochus; rameaux florifères inermes; pétioles aiguillonnés en dessous, légèrement glanduleux et parsemés de poils qui disparaissent avec l'âge; 5-7 folioles ovales ou arrondies, glabres, d'un vert sombre en dessus, plus pâles et parsemées de glandes en dessous, spécialement sur les nervures, la médiane un peu velue dans le jeune âge, doublement dentées, à dents secondaires glanduleuses; stipules assez larges, glabres, les inférieures portent quelques glandes en dessous, bordées de glandes, à oreillettes étroites ou peu divergentes; pédoncules peu glanduleux, quelquefois lisses, longs; tube du calice allongé-ellipsoïde, lisse; divisions calicinales 2 entières velues, 3 appendiculées, égalant la corolle, non persistantes; styles courts, glabres; fleur rose; fruit en fuseau très-allongé, d'un rouge presque noirâtre à la maturité (Puget).

Lot-et-Garonne : Chemin de Hanau à Sainte-Colombe (Puget).

343. R. floribunda Steven, n Besser, cat. hort. Crem., ann. 1816, sup. 4, p. 19; M.-Bieb., l. c., IV (1819), p. 543; Tratt., l. c., II, p. 78; Seringe, in DC., prod., II, p. 621; *R. rubiginosa* M.-Bieb., l. c., I, p. 398 excl. syn.

Hab. Mai, juin. — In Tauriae sylvaticis (M.-Bieb.).

344. R. diminuta Boreau in litt.!; *R. micrantha* Boreau, l. c., éd. 2, II, p. 182, obs., éd. 3, n° 876 (non Smith); Déséglise, l. c., p. 155, extr., p. 115; Cariot, l. c., p. 189; Fourreau, l. c., p. 76; *R. micrantha* var. b. Grenier, fl. juras., p. 251?; *R. micrantha* a. *vulgaris* Du Mort., l. c., p. 54?

Hab. Juin, juillet. Broussailles. — *France.* Haute-Vienne : Saint-Hilaire, Bonneval (Lamy); — Cher : Carrières de la Chapelle-Saint-Ursin, Brécy, Berry à Fontiley, forêt d'Allogny ; — Puy-de-Dôme : Saint-Pardoux (Lamotte), Saint-Nectaire (Lamy) ; — Aude : le Mas-Cabardès, Carcassone (Ozanon); — Rhône : Lyon à Iseron (Boreau); — Jura : Lons-le-Saulnier, route de Bourg (Puget). — *Suisse.* Cant. de Bâle : Jura de Bâle (Christ).

Obs. Je ne connais pas le *R. parvula* Grenier, in Crépin, l. c., fasc. 1, p. 63 (non Sauzé et Maillard). Ce rosier aurait, d'après l'analyse de M. Crépin, les divisions calicinales plus ou moins glanduleuses sur le dos et aux bords, le pédoncule abondamment hispide-glanduleux, le tube du calice ovoïde, arrondi, les folioles très-petites, glabres en dessus, à côte seulement un peu velue en dessous, les pétioles presque glabres, la corolle très-petite, ne dépassant guère 2 centimètres de diamètre.

Hab. — Gard : Aulas (Diomède ex Crépin)

245. R. lactiflora Déséglise, in Fourreau, l. c., p. 76, sine descript.; *R. Vaillantiana* Cariot, l. c., 187 (non Boreau).

Exs. Billot (suites), n° 3593.

Arbrisseau de 1 mètre à 1^{m}50, ayant le port du

R. sepium; aiguillons dilatés à la base, comprimés, presque droits ou inclinés ; pétioles glabres, parsemés de poils courts, brillants et de glandes fines, aiguillonnés en dessous ; 3-5-7 folioles *petites, ovales-arrondies ou ovales, elliptiques, glabres ou parsemées* de quelques poils rares en dessus, un peu velues en dessous sur la nervure médiane qui a de longs poils mous blanchâtres disparaissant en partie avec l'âge, les folioles sont parsemées en dessous de glandes fines peu abondantes, doublement dentées, à dents secondaires glanduleuses ; stipules glabres en dessus, glabres et parsemées de quelques glandes en dessous, bordées de glandes, oreillettes aiguës, droites ou peu divergentes ; pédoncules glanduleux, portant à leur base des bractées ovales-cuspidées, glabres, bordées de glandes ordinairement plus longues que les pédoncules ; tube du calice *petit, grêle,* ovoïde, un peu hispide à la base ; divisions calicinales tomenteuses aux bords, parsemées de glandes fines, 2 entières, 3 pinnatifides à appendices étroits, saillantes sur le bouton, plus courtes que la corolle, réfléchies à l'anthèse, puis caduques ; styles glabres, disque plan ; fleur *blanc de lait ;* fruit *petit,* ovoïde, arrondi à la base, un peu rétréci au sommet, *rouge-orangé.*

Hab. Juin. Haies. — *France.* Rhône : Lyon à Saint-Roman-de-Couzon (Ozanon), Roncière (Chabert), Craponne près de Lyon (Boullu).

246. **R. Lemanii** Boreau, l. c., éd. 3 (1857), n° 875 et catal. M.-et-Loire, p. 80 ; Déséglise, l. c., p. 142, extr., p. 102 ; Grenier, fl. juras., p. 250 ; Cariot, l. c., p. 187 ; Pérard, l. c., p. 82 ; Verlot, l. c., p. 117 ; *R. hystrix* Leman, l. c., p. 10, n° 19 (non Lindley) ; Desportes, l. c., n° 1931 ; Boreau, l. c., éd. 2 (1849), II, p. 182 ; *R. micrantha* var. *hystrix* Baker, l. c., p. 222 ; *R. micrantha* var. *Lemanii* Du Mort., p. 55.

Exs. Déséglise, herb. ros., n° 71.

Hab. Juin. Bois, haies. — *Angleterre.* Indiqué par M. Baker dans les comtés de Surrey et de Glocester. — *Belgique.* Indiqué par M. Du Mortier dans sa monographie des rosiers de la Flore belge. — *France.* Vosges : Rambervillers (Boulay) ; — Loiret : bois de la Caille près de Tigy ; — Maine-et-Loire : indiqué comme C. dans ce département par M. Boreau dans son catalogue; — Cher : le Corpouay, Marmagne, Fublaine près de Sainte-Thorette. vignes de Couët près de Mehun, Valio, Fontiley ; — Allier : Montluçon, colline de l'Abbaye (Pérard, catal.); — Haute-Garonne : bois de Grammont, Saint-Paul-de-Fenouilhade, Mancioux (Timbal-Lagrave); — Rhône : Roncieux, Vaugneray, Balmes-Viennoises, bois de l'Étoile (Chabert), Lyon au pont d'Alay (Ozanon); — Isère : Paris et près de Grenoble, la bastille de Grenoble (Verlot), la Salette (Ozanon); — Savoie : Salins près de Moutiers (Puget), entre les Charmettes et Montagnole près de Chambéry (Songeon).

Obs. *R. densa* Timb.-Lagrave, une excurs. bot. à Bagnères-de-Luchon, in bull. Soc. bot. de Fr., IX (1864), extr., p. 17.

Je suis loin d'être fixé sur ce rosier, dont j'ai vu un exemplaire très-incomplet, que M. Timbal-Lagrave a bien voulu me communiquer.

347. R. rotundifolia Rau, enum. ros., p. 156, sub *R. rubiginosa* var. *rotundifolia;* Tratt., l. c., II, p. 73; Rchb., l. c., p. 617; Mutel, l. c., I, p. 349; Boreau, l. c., éd. 3, n° 877; Déséglise, l. c., p. 136, extr., p. 116; Cariot, l. c., p. 189; Cottet, l. c., p. 43; *R. rubiginosa* var. *rotundifolia* Lindley, l. c., p. 88; Thory, l. c., p. 112; Seringe, in DC., prod., II, p. 616; Bl. et Fing., l. c., p. 639; Desportes, l. c., n° 1950; Du Mort., l. c., p. 52.

Hab. Juin, juillet. Broussailles. — *Angleterre.* Yorkshire : haies près de Newton (Baker); — Amongst Whins in Ogle thorpe pastures (Hailstone, 1833, in herb. Déségl.); — Devonshire : Egg Buckland (Briggs). — *Belgique.* Prov. de Namur : Rochefort (Crépin). — *France.* Loir-et-Cher : Beaumont (Franchet); — Loiret : Parc de la Caille près de Tigy! — Haute-Garonne : Toulouse (Timbal-Lagrave); — Rhône : Francheville, pont d'Alay (Chabert); — Savoie: Méry (Puget). — *Alsace.* Ruines de Falkenstein près de Niederbronn! — *Suisse.* Valais : Bovernier (Cottet). — *Prusse.* Lyck près de Thalussen, Schloswald (Caspary). — *Espagne*. Sierra de Villa Verda (Bourgeau).

Var. B. *pedunculis laevibus*. — Exs. Déséglise, herb. ros., n° 73 ; Reliquiae Mailleanae, n° 1086.

HAB. — Hautes-Alpes : La Grave (Mathonnet, Ozanon); — Isère : les étages à Saint-Christophe-en-Oisans (Boullu).

OBS. Le *R. Puymaurea* Grenier, inéd., n'est pas une *Sepiceae*, mais appartient au groupe du *R. rotundifolia*, d'après l'échantillon que j'ai reçu de M. Grenier. Peut-être appartient-il à la variété *pedunculis laevibus?* Je ne puis rien affirmer sur un échantillon incomplet.

HAB. — Hautes-Alpes : Puy Maure, près de Gap (Grenier).

SECT. XV. — **Tomentosae**.

Déséglise, obs. on the differ. meth. proposed for the classif. of the spec. of the genus Rosa, in the Naturalist, n° 20 (1865), p. 313, extr., p. 16, et révision de la sect. Tomentosa, in mém. Soc. acad. de M.-et-Loire, XX (1866); Cariot, étud. des fleurs (1865), II, p. 190; Du Mort., monog. des roses de la flore Belge (1856), p. 48; Crépin, primit. monog. ros. (1869), in bull. soc. roy. bot. de Belgique, VIII, p. 246, extr., p. 25, part.; Cottet, énum. ros. du Valais, in bull. soc. Murith., fasc. III (1874), p. 44; *Villosae* DC., in Seringe, mus. helv. (1818), I, p. 3 et p. 4, part.; Lindley, monog. ros. (1820), p. 72, part.; Besser, enum. Pod. et Volh. (1822), p. 61; de Pronville, monog. genre rosier (1824), p. 75, part.; Rchb., fl. excurs. (1832), II, p. 615, excl. *R. glandulosa* Bell.; Crépin, l. c., p. 247, extr., p. 26; Boissier, fl. Orient. (1872), p. 681; Cottet, l. c., p. 44; *Caninae* Seringe, in DC., prod. II (1825), p. 611, part.; *Diastylae* trib. *Orthocanthae* Godet, fl. Jura (1853), p. 204.

Aiguillons assez grêles, peu comprimés à la base, droits ou un peu arqués, dégénérant rarement en aiguillons sétacés au sommet des rameaux ; folioles grisâtres, pubescentes ou mollement velues sur les deux faces, rarement glabrescentes, glanduleuses ou non glanduleuses sur la face inférieure, simplement ou doublement dentées ; divisions calicinales persistantes ou caduques ; pédoncules hispides-glanduleux, rarement glabres ou velus ; fleur blanchâtre ou d'un rose pâle ou d'un rose vif.

1. { Folioles simplement dentées . . . . . . 2.
   { Folioles doublement dentées . . . . . . 6.

2. { Styles velues . . . . 3.
   { Styles hérissés. . . . . 4.

3. { Pédoncules et tube du calice couverts de soies glanduleuses, fleur presque blanche, fruit ovoïde . . . . *dumosa.*
   { Pédoncules glabres ou pubescents, tube du calice glabre, fleur d'un rose pâle . . . *farinulenta.*

4. { Rameaux floraux pubescents, fleur d'un rose vif, fruit d'un beau rouge, ovoïde ou subglobuleux . . . . *micans.*
   { Rameaux floraux non pubescents au sommet . 5.

5. { Aiguillons des rameaux floraux dégénérant en soies glanduleuses, fleur grande, d'un beau rose, fruit assez petit, subglobuleux . . . *Mareyana.*
   { Aiguillons ne dégénérant pas en soies glanduleuses, fleur rose, fruit subglobuleux . . *cinerascens.*

6. { Folioles parsemées de glandes en dessous . . 7.
   { Folioles églanduleuses en dessous . . . . 16.

7. { Aiguillons dégénérant en soies glanduleuses ou rameaux floraux velus au sommet . . 8.
   { Aiguillons ne dégénérant pas en soies glanduleuses, rameaux floraux lisses au sommet . 9.

8. { Rameaux floraux velus au sommet, feuilles à villosité brillante, styles obscurément hérissés. . . . . *floccida.*

Rameaux floraux lisses, aiguillons dégénérant en soies glanduleuses, styles hérissés, folioles grandes, ovales, fleur d'un beau rose. . . *Genevensis.*

9. { Tiges et rameaux floraux inermes, pédoncule et tube du calice couverts de soies glanduleuses, styles velus, fleur rose. . . . . *Sufferti.*

Tiges et rameaux floraux aiguillonnés . . . 10.

10. { Styles velus ou hérissés . . . . 11.

Styles glabres, folioles ovales aiguës, à odeur de térébenthine, fleur rose clair . . . . *foetida.*

11. { Styles velus . . . . 12.

Styles hérissés. . . . . 14.

12. { Pédoncule glabre supérieurement, velu à la base, tube du calice ovoïde, glabre, fleur rose . . . . *farinosa.*

Pédoncule hispide-glanduleux . . . . . . 13.

13. { Pétioles tomenteux, glanduleux, inermes, fleur d'une rose pâle, sépales persistant sur le fruit, fruit ovoïde, atténué au sommet, folioles couvertes d'une pubescence veloutée. *vestita.*

Pétioles pubescents, parsemés de glandes, aiguillonnés, folioles pubescentes, à nervures plus ou moins chargées de glandes visqueuses odorantes, fleur grande, rose, sépales non persistants sur le fruit . . . . . *terebinthinacea.*

14. { Tube du calice ellipsoïde, glabre, sépales persistants, folioles ovales-elliptiques, fleur blanche nuancée de rose, fruit gros, ellipsoïde. . . . . *scabriuscula.*

Tube du calice ovoïde, hispide-glanduleux . 15.

15. { Folioles ovales-aiguës, glabres en dessus, velues sur les nervures, la côte glanduleuse, fleur d'un rose clair . . . . *abietina.*

Folioles ovales-lancéolées, pubescentes sur les deux faces, glanduleuses en dessous, fleur rose . . . . *cuspidatoides.*

16. { Styles velus . . . . 17.
{ Styles hérissés ou glabres. . . . . . . 18.

17. { Tube du calice subglobuleux, fleur d'un rose
pâle, pétioles souvent inermes, fruit ovoïde,
couronné par les sépales redressés persistants . . . . *intromissa.*
Tube du calice ovoïde, fleur assez grande,
rose, pétioles aiguillonnés, fruit gros, obovoïde, couronné par les sépales redressés,
caducs avant la maturité du fruit. . . . *Tunoniensis.*

18. { Styles glabres, folioles ovales-aiguës ou oblongues, fleur grande, d'un rose clair, fruit
gros, ellipsoïde allongé. . . . . . . *confusa.*
Styles hérissés. . . . . 19.

19. { Tube du calice ovoïde . . . . 20.
{ Tube du calice globuleux ou ellipsoïde . . . 22.

20. { Fleur rose ou d'un rose clair. . . . . . 21.
{ Fleur blanchâtre, folioles ovales-elliptiques,
fruit globuleux. . . . . *dimorpha.*

21. { Folioles ovales-elliptiques, fleur d'un rose
clair, fruit ovoïde allongé, sépales caducs . *tomentosa.*
Folioles elliptiques-subarrondies, fleur rose,
fruit globuleux, sépales persistants . . . *Andrzeiouskii.*

22. { Tube du calice globuleux, folioles ovales-aiguës,
fleur d'un rose pâle, sépales non persistants,
fruit subglobuleux . . . . *subglobosa.*
Tube du calice ellipsoïde, folioles ovales-elliptiques, fleur rose pâle, fruit gros, ellipsoïde,
d'un rouge sanguin, sépales persistants . . *Annesiensis.*

A). *Verae-tomentosae.*

* *Folioles toutes simplement dentées.*

548. R. Didoensis Boissier, l. c., p. 685.

Hab. — In Daghestania superiori ad Dido (Ruprecht, in herb. Boissier).

— M. Boissier place ce rosier dans les *Caninae;* je pense, d'après le peu d'échantillons que j'ai pu voir, qu'il appartient plutôt aux *Tomentosae.*

Var. B. **biserrata** Boissier, l. c.

Le seul échantillon que j'ai vu existant dans l'herbier de M. Boissier est étranger au type ci-dessus et à la section *Caninae!* Les folioles sont glabres sur les deux faces, *les nervures sont parsemées de glandes,* les aiguillons sont longs, droits. Il est difficile de se prononcer sur un échantillon très-incomplet.

349. **R. Armena** Boissier, l. c., p. 674.

Exs. Bourgeau, année 1862, sans numéro.

Hab. — *Arménie.* Baibout (Bourgeau, in herb. Boissier).

350. **R. Vanheurckiana** Crépin, in Boissier, l. c., p. 683.

Exs. Kotschy, n°s 369! 789, sup.!

Hab. — Musch, Arménie australe (Kotschy, sup. n° 789), et dans la vallée alpine de Merga Sauk à une altitude de 7000 pieds (Kotschy, iter cilicico-kurdic., n° 369).

351. **R. Boissieri** Crépin, primit. monog. rosar., p. 119; Boissier, l. c., p. 682.

Exs. Balansa, pl. d'Orient, n°s 510, 314.

Hab. — Lazistan, vallée de Djimil (Balansa, in herb. Boissier).

352. **R. Balansaea** Nob.; *R. Boissieri* b. *spinulosa* Boissier, l. c.

Exs. Balansa, pl. d'Orient, ann. 1866, n° 318. Mon étiquette n'a pas de numéro sans doute par omission, car la même plante qui se trouve dans l'herbier de M. Boissier porte le n° 318!

Décrit sur deux magnifiques fragments de tige florifère ayant six rameaux florifères, récoltés par M. Balansa.

Arbrisseau......; aiguillons des tiges florifères épars,

peu nombreux, faibles, blanchâtres, dilatés à la base en forme de disque, droits ou un peu arqués, ceux des rameaux florifères grêles, épars ou géminés ; écorce vineuse ou verdâtre ; pétioles tomenteux, les uns aiguillonnés, d'autres inermes ; folioles grandes, elliptiques (d'un vert cendré sur le sec), parsemées de poils courts, apprimés en dessus (qui doivent disparaître avec l'âge ? car sur le même rameau je vois quelques folioles glabres en dessus), velues en dessous principalement sur les nervures, nervures saillantes et blanchâtres surtout dans les folioles supérieures, simplement dentées ; stipules très-grandes, larges, glabres, oreillettes aiguës, divergentes, la partie intrastipulaire velue ; pédoncules solitaires, chargés de petites soies spiniformes blanchâtres terminées par une glande (noirâtre sur le sec), cachés par des bractées larges, ovales, glabres ; tube du calice ovoïde, couvert de petites soies comme celles des pédoncules ; divisions calicinales spatulées au sommet, couvertes sur le dos de petites soies spiniformes blanchâtres, glanduleuses, 2 entières à bords tomenteux, 5 pinnatifides à appendices larges relativement, les appendices larges inférieurs ont en outre 1-2 petites dents, plus longues que la corolle, étalées à l'anthèse ; styles hérissés ; fleur grande ; fruit ?

HAB. Juin, juillet. — Région sub-alpine du Lazistan près de Djimil, vers 2000 mètres d'altitude (Balansa).

OBS. Peut-être ce rosier est-il étranger à cette section ? Il a cependant les caractères des *Tomentosae* ; il peut se faire aussi que ce rosier ait déjà reçu un nom spécifique, qui m'est inconnu.

553. R. cinerascens Du Mort., fl. Belgica (1827), p. 93 et monog. ros., p. 50 ; Tinant, fl. Luxemb., p. 255 ; Déséglise, revue sect. Toment. in mém. soc. acad. de

M.-et-Loire, XX (1866), extr., p. 31; Crépin, l. c., p. 75; Fourreau, l. c., p. 76?; *R. tomentosa* var. *cinerascens* Crépin, notes sur qq. pl. rar. ou crit. de la Belgique (1862), fasc. 2, p. 35; *R. pellita* Ripart! in litt.

Exs. Wirtgen, pl. crit., n° 78.

Hab. Mai, juin. Haies, bois. — *Belgique.* Prov. de Namur : entre Éprave et Rochefort (Crépin); — prov. de Luxembourg : entre Neupont et Hamaide (Crépin). — *France.* Deux-Sèvres : rochers de l'Argenton (Boreau); — Haute-Vienne : Rochechouard (Lamy); — Cher : Gérissai, les Aix-d'Angillon (Ripart), forêts de Vierzon, d'Allogny, de Fontmoreau et du Rhin-du-bois à la fosse du Dragon, Graire, Turly. — Sarthe : Le Mans (Boreau); — Saône-et-Loire : Autun (Carion); — Haute-Garonne : Toulouse (Baillet); — Rhône : Limonet (Chabert), Beaumont, Tassin (Boullu), Lyon au pont d'Alay (Ozanon); — Haute-Savoie : mont de Sion (Puget);— Isère : Saint-Pierre-de-Chartreuse (Verlot). — *Alsace.* Forêt de Gros Wald près de Reichoffen ! — *Autriche.* Autr.-inf. : Oberbergern près de Mautern vallée du Danube (Kerner); — Tyrol : Dölsach, mont Baldo (Kerner). — *Prusse.* Coblence (Wirtgen).

354. R. micans Nob. ; *R. velutina* Chabert ! in Cariot, l. c., p. 677 (non Clairville).

Arbrisseau à racine non traçante, élevé de 1-3 mètres, touffu, rameaux retombants flexueux, *les rameaux floraux ont une pubescence blanchâtre*, aiguillons droits horizontaux, dilatés à la base en forme de disque; pétioles *veloutés*, canaliculés, munis de quelques rares glandes fines et de quelques petits aiguillons en dessous; 5-7 folioles *veloutées à villosité brillante*, ovales-elliptiques ou ovales-aiguës, d'un vert cendré en dessus, *simplement* dentées, à dents ciliées; stipules étroites, à oreillettes aiguës, un peu divergentes, pubescentes en dessous, à bords ciliés-glanduleux; pédoncules solitaires ou en bouquet, *poilus et hispides-glanduleux*, villosité disparaissant avec l'âge, munis de bractées veloutées, celles des bouquets sont ovales-acuminées, quelques-unes sont terminées par un petit appendice foliacé, ordinairement plus longues que les pédoncules ; tube du calice ovoïde contracté au sommet, ce qui lui donne plutôt une forme subglobuleuse, un peu hispide à la base ; divisions calicinales spatulées au sommet, pubescentes, parsemées de glandes fines sur le dos, 2 entières, 3 pinnatifides, réfléchies à l'anthèse, plus courtes que la corolle, non persistantes ; styles hérissés, disque plan ; fleur d'*un rose vif ; fruit* d'un beau rouge ovoïde ou subglobuleux.

Hab. — Juin. Haies. — *France.* Cher : vignes de Couët près de Mehun ! bois de Marmagne ! — Ain : Villette (Boullu); — Rhône : Charbonnière (Chabert), Tassin à l'Aiga (Boullu); — Haute-Savoie : Habère-Lullin (Puget). — *Suisse.* Cant. de Fribourg : Chatel-sur-Montsalvens (Cottet).

Obs. Dans ma révision de la section *Tomentosa* (1866), j'ai admis en synonyme au *R. cinerascens*, le *R. velutina* Chabert non Clairville. En 1869, M. Crépin, *primit. monog.*, p. 98, a appelé mon attention par ses judicieuses observations sur la tendance de plusieurs tomenteuses à avoir les rameaux florifères veloutés de poils. Cette pubescence se trouve sur un certain nombre d'espèces orientales ; M. le docteur Ilse a trouvé aussi dans la Thuringe un *R. tomentosa*, pour lequel M. Crépin propose le nom de *R. Thuringiaca*, dont les rameaux florifères sont entièrement couverts d'un fin tomentum assez dense blanchâtre Il faut croire que cette pubescence remarquable est un fait rare pour nos rosiers français, car depuis l'année 1860, sur les milliers de spécimens que j'ai pu voir, j'ai constaté le fait pour deux ou trois départements seulement. M. Cariot, l. c., dit du *R. velutina* Chab. : « Voisin des R. tomentosa et R. mollissima ; » il ne fait aucune mention de la dentition des folioles, caractère qu'il semble pourtant important de connaître ! M. Cariot eût beaucoup mieux fait de donner la description qu'il tenait de Chabert, au lieu de faire une comparaison qui en définitive n'explique rien.

355. R. Mareyana Boullu, in litt.!

Voici la description que M. Boullu m'a fait parvenir avec son type.

Arbrisseau de 1 mètre à 1^m50, à tiges droites, armées, ainsi que les branches principales, d'aiguillons très-allongés, dilatés, presque droits; rameaux florifères courts, roides, un peu flexueux, munis d'aiguillons fins, longs, droits, entremêlés d'*aiguillons sétacés glanduleux; stipules* glabres en dessus, tomenteuses et un peu glanduleuses en dessous, bordées de glandes, oreillettes courtes, aiguës, presque droites; pétioles tomenteux, parsemés de glandes, inermes ou munis de rares petits acicules; 3-5-7 folioles, les inférieures ovales-arrondies, les supérieures ovales-elliptiques, vertes en dessus, cendrées en dessous, mollement pubescentes, à dents presque simples, mucronées-ciliées; pédoncules longs, 1-3-4, *chargés de petites soies spiniformes* terminées par une glande d'un rouge noirâtre, bractées ovales-cuspidées, glabres en dessus, tomenteuses en dessous, bordées de glandes plus courtes que les pédoncules, les pédoncules latéraux portent en outre au-dessus de leur base deux petites bractées lancéolées; tube du calice *subglobuleux,* hispide-glanduleux; divisions calicinales spatulées au sommet, glanduleuses sur le dos, 2 entières, 3 pinnatifides, égalant la corolle, réfléchies à l'anthèse, caduques à la maturité du fruit; styles courts, hérissés; fleur *grande, d'un beau rose;* fruit *subglobuleux, assez petit* (Boullu). — M. Boullu a oublié un caractère qui me paraît important, c'est celui des rameaux florifères *velus au sommet.*

Hab. Juin. Haies, broussailles. — *France.* Rhône : Marey-l'Étoile, Tassin, Méginant (Boullu).

356. **R. dumosa** Puget, in Déséglise, rev. sect. toment., p. 40; Fourreau, l. c., p. 76; *R. dimorpha* Grenier, l. c., p. 233, part. (non Besser).

Exs. Billot (suites), n°s 3855, 3855 bis?, 3855 ter?

Hab. Juin, juillet. Bois montagneux. — *Belgique.* Province de Namur : Rochefort (Crépin). — *France.* Rhône : Tassin (Boullu); — Savoie : Margeriaz près de Chambéry (Songeon); — Haute-Savoie : Bellevaux (Puget), le Salève au dessus de Veyrier.

257. R. farinulenta Crépin, l. c., p. 25 et p. 75; *R. farinosa* Déségliss., l. c., p. 17 (non Rau); Cottet, l. c., p. 44; *R. villosa* var. *nuda* Seringe, in DC., prod., II, p. 618, part.

Exs. Sendtner, ann. 1847, n° 941.

Hab. Juin. Haies, broussailles. — *France.* Vosges : Moyemont (Boulay); — Hautes-Alpes : Briançon (DC. 1807 !); — Rhône : Saint-Genis-les-Allières. — *Suisse.* Valais : Salvan ! mont Clou au dessus de Bovernier ! — *Prusse.* Koenigsberg (Caspary). — *Turquie d'Europe.* Bosnie (Sendtner, in herb. Boissier).

*** Folioles doublement dentées.*

† Folioles à glandes éparses en dessous ou à nervures secondaires glanduleuses.

358. R. foetida Bastard, sup. fl. M.-et-Loire (1812), p. 29; DC., fl. fr., V (1815), p. 534, excl. syn. Jacq.; Tratt., l. c., II, p. 110?; Desportes, l. c., n° 1926; Rchb., l. c., II, p. 624; Mutel, l. c., I, p. 355; Doreau, bull. soc. ind. d'Angers (1844), extr., p. 12, fl. cent. éd. 2, n° 688, éd. 3, n° 878 et catal. M.-et-Loire, p. 80; Guépin, fl. de M.-et-Loire, sup. (1842), p. 42; Gr. et Godr., l. c., I, p. 559?; Déséglise, essai monog., p. 117; Lloyd, l. c., p. 179; *R. rubiginosa* var. 4, *foetida* Desvaux, obs. (1818), p. 156?; *R. collina* var. *foetida* Thory, l. c., p. 72; *R. tomentosa* var. *foetida* Seringe, in DC., prod., II, p. 618; *R. villosa* var. *foetida* Lois., l. c., I, p. 361?

Icon. Redouté, les Roses (1824), livrais. 15, D. *mala.*

Exs. Baker, herb. ros. brit., n° 11.

Hᴀʙ. Mai, juin. Haies. — *Angleterre*. Yorkshire : Studley, Thirsk, (Baker); — Cheshire : Burton (Webb); — Devonshire : Newton, Brixton, Revelstoke, Bridjend, Killey (Briggs); — Cornwall : Elingate, Saint-Stephens, Saltash (Briggs). — *France*. Maine-et Loire : colline Ardenai (Bastard, 1810, in herb. DC.), Angers, Rablai (Boreau); — Vendée : Napoléon-Vendée (Lloyd); — Calvados : bois de Manerbe près de Lisieux ! — Mayenne : Belgeard, Grenhart près de Mayenne (Boreau); — Isère : Saint-Romain près de Crémieux (Boullu).

Oʙs. Je croyais que le *R. Jundzilliana* Baker (non Besser), était un rosier nouveau, d'où le nom de *R. Britannica* Déségl., inéd. Depuis, en étudiant ce rosier, je me suis convaincu que c'était le *R. foetida* Bast., opinion déjà émise par M. Boreau en 1865. M. Baker dit *styles thinly hairy ;* dans les échantillons que j'ai reçus de M. Baker et de plusieurs botanistes anglais, les styles sont *very glabrous !* Du nᵒ 11 de l'herb. rosar. de M. Baker, les 4 échantillons que j'ai et qui portent onze fleurs ont les styles glabres.

359. **R. abietina** Grenier, fl. juras., p.154; *R. foetida* Grenier, l. c. (non Bastard).

Hᴀʙ. Juin. Région montagneuse. — *France*. Doubs : La Fresse près de Pontarlier (Grenier).

Oʙs. *R. Uriensis* Lag. et Pug., in Crépin, l. c., p. 25, sine descript.; *R. tomentella* forma *Uriensis* Christ, l. c., p. 155. — Ce rosier m'étant inconnu, je donne *in extenso* la description que M. Puget m'a fait parvenir sans échantillon à l'appui.

Arbrisseau peu élevé ; aiguillons nombreux, recourbés, mêlés au sommet des tiges d'aiguillons plus petits, droits ou inclinés; pétioles velus-glanduleux, aiguillonnés en dessous; 5-7 folioles obovales ou ovales-arrondies, d'un vert sombre et parsemées de poils apprimés en dessus, plus pâles et velues, plus ou moins glanduleuses en dessous, à côte médiane glanduleuse, doublement dentées, à dents ciliées, les secondaires glanduleuses ; stipules étroites, glabres, glanduleuses en dessous, à oreillettes courtes et divergentes; pédoncules ord. réunis par 2-4, hispides-glanduleux, munis à leur base de petites bractées ovales, glabres, les égalant; tube du calice ovoïde ou ovoïde-arrondi, hispide-glanduleux ; divisions calicinales 2 entières, 5 pinnatifides foliacées au sommet toutes très-glanduleuses, atteignant la corolle, redressées après l'anthèse et persistantes jusqu'à la maturité du fruit; styles saillants velus; fleur rougeâtre; fruit ovoïde-arrondi, les latéraux presque sphériques, hispides-glanduleux (Puget).

Hab. Juillet. Bois. — *Suisse.* Cant. d'Uri : entre Wasen et Göschenen (Gisler, teste Puget). — M. Christ, l. c., indique aussi ce rosier dans le cant. du Tessin à Airolo, et dans le cant. des Grisons.

360. R. Gisleri Puget, in Crépin, l. c., p. 26 et p. 76, sine descript.

Arbrisseau de 1-2 mètres, chargé d'aiguillons assez nombreux, longs, *droits* ou un peu inclinés, en forme de disque à la base, plus *robustes sur les vieilles tiges;* pétioles *pubescents-glanduleux,* portant de petits aiguillons en dessous; 5-7 folioles un peu grandes, pétiolées, ovales-elliptiques allongées, d'un vert sombre et parsemées de poils en dessus qui disparaissent avec l'âge, pubescentes en dessous, *à côte médiane portant qq. glandes,* les folioles les plus inférieures de chaque rameau ont des glandes éparses en dessous, doublement dentées, à dents ciliées glanduleuses, la terminale ord. arrondie à la base et aiguë au sommet; stipules étroites, glabres en dessus, *pubescentes glanduleuses* en dessous, à oreillettes courtes, droites ou peu divergentes; pédoncules *longs,* solitaires ou réunis par 2-4, portant à leur base de petites bractées glabres, bordées de glandes, les pédoncules extérieurs portent en outre 2 petites bractées opposées, glabres, bordées de glandes, toutes beaucoup plus courtes que les pédoncules; tube du calice ovoïde ou ellipsoïde, *hispide glanduleux* au moins à la base; divisions calicinales pinnatifides, toutes glanduleuses en dehors, égalant la corolle, réfléchies à l'anthèse, *non redressées ou persistantes;* styles courts, *glabres;* fleurs grandes, d'un rose clair; fruit ovoïde, *d'un rouge sanguin à la maturité,* plus ou moins hérissé de soies glanduleuses (Puget).

H_{AB}. Haies, bois. — *Suisse*. Cant. d'Uri : Oberhalb Altorf (Puget). Je connais imparfaitement ce rosier, par un échantillon incomplet reçu de M. Puget.

361. R. Safferti Kirschleger, fl. Als., I, p. 247; *R. glandulosa* Kirschl., prod. (non Bellardi).

H_{AB}. Mai, juin. — *France*. Vosges : bois de Saint-Morand à Ribeauvillé (Kirschleger !).

362. R. spinulifolia (1) Dematra ! ess. monog. (1818),

---

(1) J'ai publié précédemment une étude critique sur cette espèce dans le *Bulletin de la Société royale de Botanique de Belgique*, XIV, pp. 528-545, séance du 5 décembre 1875. J'ai donné en même temps la description détaillée du type et des six variétés que j'y rattache.

Depuis la publication de cet article, M. Godet vient de m'écrire relativement au *R. spinulifolia* distribué par feu Thomas; voici un passage de sa lettre que je transcris *in extenso :*

..... « Je crois, comme vous, que la plante distribuée par Thomas, dont « je possède un exemplaire de lui, provient d'un pied cultivé provenant « d'un buisson des environs de Genève, car Thomas n'a pas mis le pied, « que je sache, dans notre Jura neuchatelois, tandis qu'il allait assez « souvent à Genève. » (Godet, lettre du 10 mai 1876).

Je m'explique difficilement comment M. Godet n'a pas exprimé plus tôt son doute sur la localité assignée par Thomas à la plante qu'il a distribuée aux uns et aux autres et publiée dans l'exsiccata de Reichenbach ! Si le premier devoir d'un floriste est de soumettre à une juste critique les travaux de ses prédécesseurs, il est aussi de son devoir de signaler les supercheries de ces petits marchands de plantes, parmi lesquels malheureusement il s'en trouve de peu délicats en matière de localité et de provenance. Il y a là un abus de confiance révoltant, qui peut induire en erreur les auteurs consciencieux, et les savants futurs feront justice de ces supercheries !

Il me semble que M. Godet aurait dû mettre, en 1852, dans sa flore du Jura, son doute sur la provenance de cette espèce publiée par Thomas dans l'exsiccata de Reichenbach; car je présume qu'à cette époque, la première pensée de M. Godet était la même que celle qu'il vient de m'exprimer dans sa lettre d'aujourd'hui.

p. 8; Tratt., l. c., II, p. 108; Gaudin, fl. helv., III,
p. 356; Koch, l. c., p. 250; Déséglise, in bull. Soc. bot.
Belg., XIV, p. 337; *R. spinulifolia Dematratiana* Thory,
l. c., p. 115; *R. rubiginosa* var. *spinulifolia* Seringe, in
DC., prod,, II, p. 616.

Icon. Thory, l. c., fig. 1; Redouté, les roses (1824),
liv. 37, A. mauvaise.

Hab. Juin, juillet. Région des montagnes. — *Suisse*. Cant. de Fribourg :
Châtel-sur-Montsalvens (Dematra, in herb. Gaudin! in herb. Kew;
Cottet, 1874!).

Obs. Le *R. spinulifolia* des auteurs présente un groupe de formes
affines qui demandent à être étudiées avec soin. Je donne ici sous la
rubrique de variétés ce que j'ai pu étudier d'après les échantillons de
l'herbier de M. Boissier et ceux du mien, afin d'appeler l'attention des
botanistes sur ces formes qui, mieux étudiées, pourraient un jour consti-
tuer des espèces, tout aussi légitimes, pour ne pas dire plus, que plusieurs
de celles créées dans ces derniers temps.

B. **grandifolia** Déséglise in bull. soc. bot. Belg., XIV, p. 339;
R. spinulifolia Rchb., exs., n° 1890! (non Dematra); Billot, exs.,
n° 3077 bis; *R. tomentosa* var. *scabriuscula* Seringe! in DC., prod.,
II, p. 618; *R. Chailletii* Déségl., mss.

Hab. Juillet. Région montagnarde.— *France*. Savoie: pentes occidentales
du mont Margeriaz, près de Chambéry (Songeon). — *Suisse*. Cant. de
Neuchâtel : environs de Neuchâtel (Chaillet, in herb. DC.,1807!) — canton
de Fribourg : Châtel-sur-Montsalvens? (Leresche, in herb. Boissier!), près
Fribourg? (Em. Thomas, Chavin, in herb. Boissier).

C. **glabrescens** Déséglise, l. c., p. 340; *R. spinulifolia* Christ,
die Rosen der Schweiz (1873), p 87, pro parte; *R. glabrescens* Déséglise, mss.

Hab. Région des montagnes. — *France*. Isère : la Ferrière d'Allevard
(Boullu). — *Suisse*. Cant. de Bâle : Jura de Bâle (Christ).

D. **villosula** Déséglise, l. c., p. 341; *R. spinulifolia* Godet, fl. Jura,
p. 209, pr. part. (non Dematra); Reuter, cat. Genève, p 63; Déséglise,
ess. monog., p. 118; Cariot, l. c., p. 190; Grenier, fl. juras., p. 250, part;
Fourreau, l. c., p. 76; *R. multivaga* Déséglise, mss.

Exs. Billot, n° 3077 !

Hᴀʙ. Juin, juillet. Broussailles des montagnes. — *France*. Doubs : Pontarlier (Grenier); M. Grenier indique aussi le Grand-Combe-des-Bois; je n'ai pas vu la plante de cette localité; — Ain : la Faucille, Gex (Reuter, in herb. Boissier); — Haute-Savoie : montagne de l'Offiège (Puget), le mont Salève ! — Savoie : les Voirons (Reuter, in herb. Boissier).— *Suisse*. Cant. de Neuchâtel : Lignières (Chaillet, 1810, in herb. DC! sub. n° 420).

E. ambigua Déséglise, l. c., p. 542; *R. Cumberiensis* Déséglise, *mss.*

Hᴀʙ. Juin. Région des montagnes. — *France*. Savoie : Margeriaz près de Chambéry, pentes au dessus de Thoiry (Songeon).

F. glabrata Déséglise l. c., p. 543; *R. spinulifolia* Verlot, l. c., p. 118 (non Dematra); *R. propinqua* Déséglise, *mss.*

Hᴀʙ. Région des montagnes. — *France*. Isère : sommet du mont Saint-Eynard près Grenoble (Verlot).

G. hispidella Déséglise, l. c., p. 544; *R. spinulifolia* Godet, l. c. ! part., non Dematra ; *R. Jurana* Déséglise, *mss.*

Hᴀʙ. — *Suisse*. Cant. de Neuchâtel : Chaumont (Godet, juin 1865, in herb. Cottet !)

363. R. vestita Godet, fl. Jura (1853), p. 210; Reuter, l. c., p. 65; Grenier, l. c., p. 252; Déséglise, révis. sect. Toment., extr., p. 6; Fourreau, l. c., p. 76; Verlot, l. c., p. 118; *R. montana* DC., fl. fr., V (1815), p. 552 (non Vill.); *R. spinulifolia* var. b. *vestita* Rapin, guide, p. 191.

Exs. Billot, n° 3078.

Hᴀʙ. Juin. Région des montagnes. — *France*. Isère : Saint-Romain près de Crémieu (Verlot, catal.) ; — Haute-Savoie : le mont Salève, les Voirons, Reyvroz (Puget); — Savoie : mont Nivolet (Songeon).

Oʙs. M. Godet, l. c., dit : « *il se trouve dans l'herbier DC.*, *envoyé en 1807 par Chaillet, des environs de Lignières.* »

M. Godet doit faire certainement une confusion en citant la plante de Lignières d'après Chaillet, d'une part pour son *R. spinulifolia*, enfin pour son *R. vestita?* D'abord l'étiquette de Chaillet ne porte pas de localité pour ce qui est le *R. vestita;* l'étiquette est sans numéro et de l'année 1819 ! — Voici la copie de cette étiquette : « Arbuste ressemblant

« à l'*Alpina;* fleurs et calices de la *Pyrenaica,* mais les feuilles velues ;
« M. de Haller le regarde comme une variété de l'*Alpina* qu'il appelle
« *pubescens,* et dit que si on veut la séparer de l'*Alpina,* il faut aussi
« séparer la *dumetorum* de la *canina;* si vous persistez dans votre sépa-
« ration, ce sera une espèce nouvelle. Il me dit aussi qu'il l'a trouvée près
« de Saint-Cergues ; effectivement j'ai trouvé dans mon herbier un échan-
« tillon de Thomas sans indication qui se rapporte à cette espèce ou
« variété. Juin. »

364. **R. terebenthinacea** Besser, enum. Pod. et
Volh. (1822),p.21 et p.64; Tratt., l. c., II, praef. p.XIV;
Boreau, l. c., éd. 2, n° 689, éd. 3, n° 879; Arrondeau,
fl. Toulous. (1854), p. 127?

Exs. Unio itiner., ann. 1859?; sans numéro.

Hab. Juin. Bois. — *Russie.* Tyrac prope Zaleszngki (Besser!), Volhynie ?
(Hohenacker); — *France.* Yonne : bois du Bouchard près d'Irancy
(Boreau, fl. cent.).

365. **R. Arduennensis** Crépin, notes sur qq. pl.
rar. et crit. de la Belgique, in bull. Acad. roy. de Belg.,
2ᵉ série, XIV (1862), n° 7 et extr. p. 50, Déséglise, l. c.,
p. 7; *R. villosa* var. *suberecta* Woods, l. c., p. 192 et herb.
n° 50; *R. spinulifolia* b. *Foxiana* Thory, l. c., p. 116?;
R. pseudo-rubiginosa Lejeune, fl. Spa, I, p. 229; Seringe,
in DC., prod., II, p. 615; *R. mollissima* b. Lejeune et
Court., comp., II, p.142; *R. mollissima* var. *Arduennensis*
Du Mort., l. c., p.49; *R. mollissima* var. *pseudo-rubiginosa*
Baker, l. c., p. 214.

Hab. Mai, juin. Haies, buissons. *Angleterre* : Yorkshire, Thirsk
(Baker). — *Belgique.* Prov. de Luxembourg : Saint-Hubert (Crépin).

366. **R. pulverulenta** M.-Bieb., fl. Taur.-Cauc., I,
p. 399 et III, p. 544 (non Guss., nec Baker); Sprengel,
syst., II, p. 552; Lindley, l. c., p. 93; Tratt., l. c., II,
p. 79; Seringe, in DC., prod., II, p. 617; de Prouville,

l. c., p. 94; Desportes, l. c., nº 1993; *R. pruinosa* Don, hort. cant. (1812), p. 199, ex Desportes.

Icon. M.-Bieb., cent. pl. rar., II, tab. 62.

Hab. — Les collines du Caucase (Bieb.); un échantillon cultivé venant de Besser (1824), se trouve dans l'herbier DC. — Je ne vois pas à la plante de Besser les feuilles « *utrinque glanduloso-villosis,* » comme le dit Bieberstein. Les folioles sont d'un vert clair, légèrement velues, églanduleuses en dessus, pubescentes glanduleuses en dessous.

367. R. caryophyllacea Besser, cat. hort. Crem. (1811), sup. 4, p. 18, ann. 1816, p. 117 et enum. Pod. et Volh., p. 20; Tratt., l. c., p. 68; Rchb., l. c., p. 618; *R. rubiginosa* var. *caryophyllacea* Seringe, in DC., prod., II, p. 617.

Hab. — La Podolie (Besser! 1820, in herb. DC.).

368. R. capnoides Kerner! in litt.

Arbrisseau....., tige florale aiguillonnée, à aiguillons épars, grêles, assez nombreux, entassés par trois ou géminés sous les pétioles, dilatés à la base, droits ou un peu inclinés, ceux des jeunes pousses stériles plus robustes; pétioles tomenteux blanchâtres, églanduleux ou parsemés de quelques glandes fines, aiguillonnés ou inermes; 5-7 folioles médiocres, ovales, parsemées de poils courts apprimés en dessus, pubescentes-glanduleuses en dessous, doublement dentées; stipules courtes, glabres en dessus, pubérulentes et portant quelques glandes en dessous, oreillettes aiguës, droites; pédoncules solitaires ou biflores, hispides-glanduleux, cachés par des bractées ovales, glabres, bordées de glandes; tube du calice ovoïde, hispide; divisions calicinales courtes, spatulées au sommet, glanduleuses sur le dos, 2 entières, 3 pinnatifides à appendices étroits, saillantes sur le bouton, réfléchies à l'anthèse, caduques avant l'entière coloration du fruit;

styles hérissés; fleur médiocre, d'un beau rose; fruit ovoïde.

Hab. — *Autriche*. Tyrol : Zirhenhof près de Mieders vallée de Stubai, Saint-Martin près de Hall, Lienz (Kerner).

Obs. M. Christ, die rosen schw., regarde ce rosier comme étant le *R. abietina* Grenier. Je ne comprends pas ce rapprochement, ni d'après le texte ni d'après le type authentique de M. Grenier. Le *R. capnoides* me semble plutôt appartenir au groupe du *R. cuspidata*.

369. R. cuspidata M.-Bieb., l. c., I, p. 396, III, p. 339; Seringe, in DC., prod., II, p. 618; Crépin, l. c., fasc. 2, p. 88.

Hab. — Le Caucase.

370. R. cuspidatoides Crépin, in Scheutz, stud. öfv. de Skand. arten. af släg. rosa (1872), p. 37, et primit. monog. ros., fasc. 2, p. 127; *R. cuspidata* auct. gall. (non Bieb.); *R. tomentosa* Woods, l. c., p. 19 et herb. nos 58, 45, 46, 47, 48, 51 (non Smith); Grenier, fl. juras., p.234; *R. tomentosa* var. *Seringeana* Du Mort., l. c., p. 51; *R. Seringeana* Godr., fl. Lorr., éd. 2, I, p. 255.

Exs. Seringe, ros. desséch., n° 5; Baker, herb. ros. brit., n° 9; l'échantillon en fruit et la tige stérile sont certainement étrangers et pris sur un autre buisson que celui en fleurs. Je considère ce que j'ai en fruit et la tige stérile comme étant le *R. mollissima* Fries; l'échantillon en fleurs est le *R. cuspidatoides* Crép.; Wirtgen, pl. crit., n° 344; Van Heurck et Martinis, herb. des pl. crit. et rar. de la Belgique, n° 214.

Hab. Juin, juillet. Haies, bois. — *Angleterre*. Northumberland : Noly-well (Baker); — Yorkshire : Thirsk, Cleveland, Thomton, Muker (Baker); — Devonshire : Stretchley (Briggs); — Cornwall : Landulph (Briggs). — *Belgique*. Prov. de Hainaut : Masnuy (Martinis); — prov. de Namur : Rochefort, Vignée, Han-sur-Lesse (Crépin). — *France*. Calvados : Lizieux

(Boreau); — Cher : Bouy commune de Berry, Achères; — Doubs : mont Brégille près de Besançon (Paillot); — Saône-et-Loire : Parepas près d'Autun (Carion); — Rhône : Charbonnière (Boullu), Lyon (Ozanon); — Haute-Savoie : Saint-Martin au-dessus de Pringy, Argonnex (Puget). — *Suisse*. Cant. de Berne : Belpberg (Seringe); — cant. de Bâle : Jura de Bâle (Christ); — cant. de Schaffhouse : Schaffhouse (Christ); — Valais : Bovernier (de la Soie). — *Autriche*. Tyrol : Vorderfsoder, Gebhardsberg (Kerner). — *Allemagne*. Silésie (Baker); Coblence (Wirtgen), Posen, Lyck (Caspary).

Var. B. — Tous les caractères du *R. cuspidatoides*, dont il diffère par ses rameaux floraux poilus au sommet, ses pétioles blanchâtres à tomentum feutré, les folioles à villosité plus abondante et brillante, elles sont aussi doublement dentées, parsemées de glandes en dessous, les tiges florales sont inermes ou peu aiguillonnées dans mes échantillons; styles obscurément hérissés. *R. floccida* Déséglise.

Hab. Juin. Bois. — *France*. Cher : bois des Granges ! forêt d'Allogny ! — Rhône : Francheville, Charbonnière (Boullu).

371. R. Genevensis Puget, mss.; *R. tomentoso-gallica* Rapin!; *R. fimbriata* Grimbi ?

Arbrisseau peu élevé, à rameaux faibles, flexueux, aiguillons grêles, longs, inégaux, dilatés à la base en forme de disque, droits ou inclinés, dégénérant au sommet des rameaux en aiguillons fins, sétacés, aciculaires ; pétioles tomenteux, glanduleux, aiguillonnés ; 5-7 folioles larges, ovales, pubescentes sur les deux faces, vertes en dessus, plus pâles en dessous, parsemées de glandes sur les nervures, doublement dentées, les secondaires terminées par une glande ; stipules glabres en dessus, pubescentes en dessous, les unes portent des glandes et d'autres sont églanduleuses ; pédoncules longs, solitaires ou triflores, hispides-glanduleux, bractées ovales, pubescentes en dessous, beaucoup plus courtes qu'eux ; tube du calice ovoïde, hispide-glanduleux ; divisions calicinales spatulées au sommet, glanduleuses sur le dos, 2 entières, 3 pinnatifides, réfléchies à l'anthèse, puis redressées, caduques avant la maturité du fruit; styles courts, hérissés, disque plan; fleur assez grande, d'un beau rose; fruit ovoïde.

Description reçue de M. Puget.

Hab. — *Suisse.* Cant. de Genève : Onex (Rapin), Pinchat ! — cant. de Schaffhouse : Schaffhouse, près de la ville (Gremli !).

572. R. scabriuscula Smith, engl, bot., XXVII, n° 1896; Winch, bot. guid., 2, préf. p. 5 ? ex Smith; Woods, l. c., p. 195, herb. n°s 31-33; Tratt., l. c., I, p. 125; Déséglise, révis. sect. Toment., p. 32; *R. tomentosa* var. b. Smith, engl. fl., II, p. 385; *R. tomentosa* var. *scabriuscula* Baker, l. c., p. 217.

Icon. Engl. bot. XXVII, tab. 1896.

Hab. — *Angleterre.* Yorkshire : Thirsk, Sowerby (Baker).

573. R. farinosa Bechst., Forstb., p. 243 et p. 1046; Rau, l. c., p. 147; Lindley, l. c, p. 141; Thory, l. c., p. 68; Tratt., l. c., I, p. 115; Bl. et Fing., l. c., I, p. 633; Desportes, l. c., n° 1790; Rchb., fl. excurs., II, p. 616; Déséglise, l. c., p. 17, part.; *R. tomentosa* var. *farinosa* Seringe, in DC., prod , II, p. 618 ?; *R. tristis* Kerner, in litt.

Icon. Redouté, les roses (1824), livrais. 30, B. *mala.*

Hab. — *Écosse.* Perthshire ? (Hailstone). — *Autriche.* Tyrol : mont Calvarienberg près de Trins, vallée de Gschnitz sur un terrain schisteux à une altitude de 4000 pieds (Kerner). — *Bavière.* Mainbernheim (Rau).

†† Folioles églanduleuses en dessous.

574. R. Borkhausenii Tratt., l. c., I, p. 114; *R. hispida* Borkh., Forsth., II, p. 1332, n° 486 (non

Krocker); Poir., encycl., sup., VI, p. 286; Lindley, l. c., p. 136.

375. R. collivaga Cottet, in Crépin, l. c., fasc. I (1869), p. 26 et p. 76, sine descript.

Arbrisseau de deux mètres de hauteur, rameaux droits non flexueux ni retombants, écorce verte, aiguillons nombreux, inégaux, droits, dilatés à la base en forme de disque, blanchâtres, les autres plus petits et de même forme, ceux des jeunes pousses rougeâtres ; pétioles tomenteux, aiguillonnés ; 7 folioles cendrées-grises, tomenteuses sur les deux faces, douces au toucher, nerveuses, ovales-elliptiques, la terminale quelquefois en pointe au sommet et cordiforme à la base, doublement dentées, à dents ouvertes, aiguës ; stipules assez grandes, de même couleur que les folioles, glabres en dessus, velues en dessous, oreillettes aiguës, divergentes ; pédoncules réunis en bouquet par 3-4-7, hispides-glanduleux, la base du bouquet porte trois bractées grisâtres, ovales-cuspidées, dépassant ou égalant les pédoncules ; les pédoncules extérieurs sont munis en outre de deux petites bractées opposées plus courtes qu'eux ; tube du calice d'un vert cendré, obovoïde-allongé, hispide-glanduleux ; divisions calicinales ovales, spatulées au sommet, glanduleuses en dessous, 2 entières, 3 portant de petits appendices, saillantes sur le bouton, plus courtes que la corolle ; fleur assez grande, d'un beau rose à onglet blanc ; styles hérissés, disque plan ; fruit obovoïde, gros, couronné par les divisions calicinales persistantes jusqu'à la maturité du fruit.

Hab. Juin, juillet. Haies. — *Suisse*. Cant. de Fribourg : Montbovon, où M. l'abbé Cottet me l'a fait récolter.

376. R. velutina Clairville, man. herb. en Suisse et en Valais (1819), p. 165 ; Lindley, l. c., p. 140; Seringe, in DC., prod., II, p. 622.

Hab. — *Suisse*. Bruel, Winterthour (Clairville).

Obs. Il m'a été impossible de voir un type de ce rosier dans les collections de Genève. — Clairville dit : « fruit rond, calices et pédoncules hispides-glanduleux, feuilles cotonneuses en dessous, bords glanduleux. » *R. myriacantha* DC.? — Peut-être ce rosier est-il étranger à cette section ? je suis porté à croire que c'est le *R. pimpinellifolia* var. *pilosa* Lindl. ? En présence d'une aussi courte description et en l'absence d'un type authentique, je ne puis faire qu'une supposition.

377. R. tomentosa Smith, fl. brit. (1800), II, p. 539; DC., fl. fr., IV, p. 440; Gmelin, l. c., IV, p. 369; Pers., l. c., II, p. 50; Lejeune, fl. Spa, I, p. 230; Tratt., l. c., I, p. 117; Balbis, l. c., I, p. 262; Rchb., l. c., II, p. 616; Host, l. c., II, p. 21; Boreau, l. c., éd. 2, II, p. 690, éd. 3, n° 881 et catal. M.-et-Loire, p. 80; Gonnet, l. c., p. 478; Godet, l. c., p. 212 ; Déséglise, ess. monog., p. 122 et révis. sect. Toment., p. 28; de Mart.-Don., l. c., p. 235; Cariot, l. c., p. 190; Fourreau, l. c., p. 76; Pérard, l. c., p. 82; Verlot, l. c., p. 119; Cottet, l. c., p. 44; Reuter, l. c., p. 78; *R. heterophylla* Woods, l. c., p. 195 ? herb. n° 54, n° 55; *R. pulchella* Woods, l. c., p. 196, herb. n° 56; *R. tomentosa* var. *Smithiana* Seringe, in DC., prod., II, p. 618, excl. syn. Besser et Rau ; *R. villosa* b. Hudson, fl. Angl. (1798), p. 219; *R. insidiosa* Grenier, fl. juras., p. 235; *R. villosa* Lapeyr., pyrén., p. 283, ex Clos, révis. herb. Lapeyr., p. 260; *R. eriosa* Ripart ! in litt.; *R. umbellifera* Sw. ?

Icon. Engl. bot., first edit., tab. 990, third edit., tab. 467, *mala !*

Exs. Unio itiner., an. 1839?; Baker, herb. ros. brit.,

n° 8; Billot, n⁰ˢ 1662 et 1662bis, (suites), 3726, 3727; Wirtgen, pl. crit., n⁰ˢ 252, 271; Fries, herb. norm., n° 46;

Hᴀʙ. Juin. Haies, bois. — *Angleterre.* Northumberland : Seaton (Baker); — Cumberland : Alston (Miss Unthank); — Westmoreland (Watson); — Cornwall : Saltash, Saint-Stephens, Latchbrook, Burraton (Briggs); — près de Newcastle ! (Winch, 1829, in herb. DC.). — *Belgique.* Prov. de Luxembourg : Grune (Crépin). — *France.* Vosges : ruines du château de Romont (Boulay), forêt de Rambervillers ! — Maine-et-Loire : Brissarthe (Boreau); — Aisne : Villers-Cotterêts (Mabile); — Loiret : Orléans! — Cher : AC. forêt d'Allogny, Mehun; — Doubs : Saint-Ferjeux près de Besançon (Grenier), mont Brégille, Saint-Martin (Paillot); — Saône-et-Loire : la Chicolle (Carion); — Aveyron : Mondalazac (Revel); — Hautes-Pyrénées : Gavarnie (Bordère); — Tarn : bois de Brassac (de Larembergue); — Haute-Garonne : Toulouse, Boussens (Timbal-Lagrave); — Rhône : Tassin (Puget); — Isère : mont Rachet (Verlot); — Haute-Savoie : Pringy, Arenthou, Thonon, Allonzier (Puget); — Savoie : Saint-Cassin près de Chambéry (Songeon). — *Suisse.* Cant. de Fribourg : Charmey (Louis Thomas); — Valais : Choex (Cottet). — *Prusse Rhénane.* Coblence (Wirtgen).

Var. b. **Ruprechti** Boissier, fl. Orient., II, p. 682.

Folia obscurius duplicato-serrata saepe simpliciter serrata, calycis laciniae integrae rarius 1-2 lacinulosae (Boissier).

Hᴀʙ. — In Tuschetia Caucasi orientalis prope Diklo (Ruprecht, in herb. Boiss.).

L'échantillon que j'ai vu dans l'herbier de M. Boissier me semble plutôt appartenir au groupe du *R. mollissima* qu'à celui du *R. tomentosa,* mais il est difficile de se prononcer en présence d'un seul échantillon très-incomplet.

578. R. intromissa Crépin, l. c., fasc. 1 (1869), p. 77; *R. intricata* Crépin, olim; *R. praecox* Boullu, in Cariot, non Lodd., nec Waitz; *R. properata* Boullu, in litteris !; *R. cinerascens* var. *intricata* Du Mort., l. c., p. 50.

Hᴀʙ. Juin. Haies, broussailles. — *Belgique.* Prov. de Namur : Rochefort (Crépin). — *France.* Haute-Loire : Ceyssac près de Puy (Boullu); —

Rhône : Beaumont près de Lyon, Craponne aux aqueducs (Boullu); — Haute-Savoie : le Salève (Rapin).

379. R. dimorpha Besser, cat. hort. Crem., an. 1811, sup. 3, p. 19 et an. 1816, p. 117, et enum. Pod. et Volh. (1822), p. 10; M.-Bieb., l. c., III, p. 340; Tratt., l. c., I, p. 122; Rchb., l. c., II, p. 617; Boreau, l. c., éd. 3, II, p. 232, obs.; Déséglise, l. c., p. 121 et rév. sect. Toment., extr., p. 15; *R. tomentosa* var. *dimorpha* Du Mort., l. c., p. 51.

Exs. Reichenbach, n° 1955; Billot, n° 1481.

HAB. Juin, juillet. — *France.* Vosges : Bamont (Boulay); — Doubs : Pontarlier (Grenier), mont d'Or ! mont Brégille ! — Saône-et-Loire : Macon (Fontaines). — *Belgique.* Prov. de Namur : Waulsort (Crépin). — *Autriche.* Croatie autrich. : Banat près de Csiklova (Wierzbicki, in herb. Boissier).

OBS. Le type de Besser qui se trouve depuis 1820 dans l'herb. DC., provient du jardin de Besser. Dans le *R. dimorpha* distribué par Besser, il doit y avoir certainement une confusion ? L'échantillon du Musée de Cambridge et celui que j'ai vu dans l'herbier du comte Jaubert, sont certainement étrangers au type. La villosité des folioles est plus abondante et les faces supérieure et inférieure sont glanduleuses! *R. cuspidata* Bieb.?

580. R. Ledebourii Sprengel, syst., II, p. 551 (1825); *R. mollis* Ledebour, mém. Acad. Saint-Pétersb., V, p. 551; M.-Bieb., l. c., III, p. 541; Tratt., l. c., I, p. 124; Seringe, in DC., prod., II, p. 618.

HAB. — Le Caucase, mont Kaischaur.

581. R. subglobosa Smith, engl. fl. (1824), II, p. 384; Boreau, l. c., éd. 2, n° 691, éd. 3, n° 882 et catal. M.-et-Loire, p. 80; Reuter, l. c., p. 67; Déséglise, ess. monog., p. 125; Cariot, l. c., p. 191; Verlot, l. c., p. 119; *R. Sherardi* Smith, l. c., IV, p. 269 (non rectifié); Déséglise, révis. sect. Toment., extr., p. 33; Fourreau,

l. c., p. 76; *R. tomentosa* var. E. Woods, l. c., p. 201 et herb., n° 43; *R. tomentosa* var. *subglobosa* Carion, catal. Saône-et-Loire (1859), p. 43; Du Mort., l. c., p. 51; Baker, l. c., p. 217; *R. villosa* Bastard, l. c., p. 188 (non L.); Desvaux, fl. de l'Anjou (1827), p. 326; Guépin, fl. M.-et-Loire (1838), p. 336; *R. villosa sylvestris* Desvaux, journ. bot. (1813), II, p. 117; *R. ciliato-petala* Godet, l. c., p. 211 ex Reuter.

Exs. Wirtgen, pl. crit., n° 253; Billot, n° 1481bis ?; Déséglise, herb. ros., n° 37.

Hab. — Juin, juillet. Haies, bois. — *Angleterre*. Près de Kingston-Upon-Thomes; Thunbridge Wells et Dove d'après Smith; — Devonshire : haies près de Plymptôn (Briggs). — *Belgique*. Namur (Crépin). — *France*. Vosges : Schirmeck (Billot), Presle, Basse-sur-le-Rupt (Pierrat); — Côtes-du-Nord : Dinan (Mabile); — Loire-inférieure : Arche-Gaubert près de Mauves (Lloyd); — Maine-et-Loire : C. la Haie-Longue (Boreau); — Sarthe : le Mans (Boreau); — Vendée : forêt de Mervent (Letourneux); — Loiret : Orléans (Jullien); — Loir-et-Cher : Souëme ! — Cher : Saint-Florent !; — Haute-Vienne : Thias (Lamy); — Saône-et-Loire : Autun (Carion); — Rhône : pont d'Alay, Charbonnière (Chabert); — Isère : forêt de Porte, de Corenc au Sappey (Verlot); — Haute-Savoie : le Salève, Thonon. — *Suisse*. Cant. de Bâle : Bâle (Christ). — *Autriche*. Tyrol : Pustaria (Kerner). — *Prusse*. Winningen, vallée de Conde (Wirtgen), Lyck (Sanio).

Var. B. **macrocarpa**. Fruit très-gros, globuleux. — Haute-Savoie : Habère-Poche (Puget), Salève (Rapin).

382. **R. Tunoniensis** Déséglise, révis. de la sect. toment., p. 10; Crépin, l. c., fasc. 1, p. 76.

Exs. Déséglise, herb. rosar., n° 56; Billot (suites), n° 3599.

Hab. Mai, juin. Buissons des montagnes. — *France*. Haute-Savoie : Thonon, grèves du lac derrière Ripaille, Reyvroz (Puget).

383. **R. confusa** Puget, l. c., p. 76, sine descript.; Verlot, l. c., p. 118, *obs.*

Arbrisseau peu élevé, chargé d'aiguillons *longs*, droits ou un peu inclinés, géminés sous les pétioles, rougeâtres sur les jeunes pousses; pétioles tomenteux, glanduleux, aiguillonnés; 5-7 folioles toutes pétiolées, *ovales-aiguës* ou *oblongues*, souvent sensiblement rétrécies à la base, pubescentes en dessus, tomenteuses-blanchâtres en dessous, la nervure médiane parsemée de quelques rares glandes, *doublement dentées*, à dents ciliées glanduleuses; stipules glabres en dessous, à oreillettes *aiguës, droites; pédoncules* solitaires ou réunis par 2-5, *longs*, hispides-glanduleux, portant à *leur base des bractées lancéolées*, glabres ou glabrescentes en dessous, plus courtes qu'eux; tube du calice ovoïde, hispide-glanduleux; divisions calicinales 2 entières, 3 pinnatifides à appendices courts bordés de glandes, glanduleuses sur le dos, plus courtes que la corolle, persistant jusqu'à la coloration du fruit; styles courts, *glabres;* disque saillant; fleur grande, d'un rose clair; fruit *ellipsoïde-allongé* ou ovoïde, contracté en col au sommet, hispide-glanduleux.

Hab. Juin, juillet. Région des montagnes. — *France.* Haute-Savoie : Reyvroz, Habère-Lullin (Puget); indiqué dans le départ. de l'Isère à Saint-Romain, par Fourreau dans son catalogue.

384. R. Annesiensis Déséglise, révis. de la sect. toment. (1866), p. 14; Crépin, l. c., fasc. 1, p. 76.

Exs. Déséglise, herb. rosar., n° 74.

Hab. Juin, juillet. Buissons de la région montagneuse. — *France.* Haute-Savoie : Pringy (Puget); — Savoie : mont Joigny près de Chambéry (Paris).

385. R. Andrzeiowscii Steven, in Besser, cat. hort. Crem., an. 1811, sup. 5, p. 19, an. 1816, p. 117 et enum. Pod. et Volh., pp. 19, 66; Bieberst., l. c., II,

p. 339, sub *R. villosa;* Tratt., l. c., I, p. 120; Boreau, l. c., éd. 3, n° 885; Déséglise, essai monog., p. 124 et révis. sect. toment., p. 33; Cariot, l. c., p. 191; Fourreau, l. c., p. 76; Verlot, l. c., p. 119; Cottet, l. c., p. 44; *R. villosa* var. *sylvestris* Seringe, in DC., prod., II, p. 618, part.; *R. permutata* Ripart!, in litt.

Exs. Wirtgen, pl. crit., n° 179 ?; Baker, herb. ros. brit., n° 10.

Hab. Juin. Bois. — *Angleterre.* Yorkshire : Sowerby, Thirsk (Baker), Forcett (Hailstone); — Devonshire : vallée de la Plym (Briggs); — Cornwall : haies près de Downderry (Briggs.) — *France.* Cher : forêt du Rhin-du-bois, Contremoret près de Bourges, pic de Montaigu, Saint-Florent, forêt de Vierzon; — Saône-et-Loire : Châlons-sur-Saône(Ozanon); — Rhône : Saint-Laurent-de-Vaulx (Boullu); — Haute-Savoie : Pringy (Puget). — *Suisse.* Valais : au dessus de Lourtier vallée de Bagnes (Cottet). — *Russie d'Europe.* Podolie (Besser, 1820, in herb. DC.).

b) *Pomiferae.*

Villosae DC., l. c. (sub sect.), part.; Crépin, l. c., p. 26, part.; Cottet, l. c., p. 44.

Aiguillons grêles et droits; folioles tomenteuses, glanduleuses ou églanduleuses sur le parenchyme ou les nervures secondaires; corolle d'un rose vif; divisions calicinales persistantes; fruit ordinairement gros, pomiforme, rarement petit.

Le nom de **R.** *villosa* est abandonné dans la science moderne comme obscur et ambigu; beaucoup d'espèces des autres sections précédentes sont aussi velues; le nom de *Pomiferae*, emprunté à l'espèce principale de la subdivision, caractérise parfaitement ce petit groupe.

1. { Folioles églanduleuses en dessous . . . . . . 2.
   { Folioles plus ou moins glanduleuses en dessous . 5.

2. { Folioles grandes ou moyennes . . . . 3.
   { Folioles très-petites, pétales très-petits, d'un rouge
   { foncé, fruit petit, sphérique . . . . *minuta.*

3. { Folioles grandes, elliptiques, fleur rose, pétales
   { ciliés-glanduleux à la base, fruit très-gros,
   { violacé, hérissé. . . . . *pomifera.*
   { Folioles moyennes . . . . 4.

4. { Fleur rose, pétales ciliés à la base, fruit globuleux,
   { d'un rouge brun . . . . *mollis.*
   { Fleur rose, pétales jaunes à l'onglet, non ciliés,
   { fruit ovoïde, rouge. . . . . *Grenierii.*

5. { Folioles grandes, elliptiques, fleur grande, d'un
   { beau rose, fruit très-gros, obovoïde, hérissé. . *recondita.*
   { Folioles moyennes . . . . 6.

6. { Fleur d'un beau rose, fruit obovoïde, affectant
   { une forme pyriforme, glabre . . . . . . *omissa.*
   { Fleur d'un beau rose, pétales à onglet jaune, fruit
   { arrondi, rouge, hérissé . . . . *resinosoides.*

386. R. omissa Déséglise, révis. sect. Toment. (1866), extr., p. 12; Fourreau, l. c., p. 76; Verlot, l. c., p. 118.

Exs. Déséglise, herb. ros., n° 57; Billot (suites), n° 5600.

Hab. Juin. Région des montagnes. — *France.* Isère : forêt de Porte près de Grenoble (Verlot), Villard-de-Lans (Boullu). — Haute-Savoie : Tessy, Pringy, bois du Barioz, Saint-Martin, Épagny, mont de Sion, Argonnex (Puget).

387. R. Ruprechti Boissier, fl. Orient., II, p. 682.

Hab. — In Tuschetia Caucasi orientalis (Ruprecht, in herb. Boissier).

388. R. Heldreichii Boissier et Reut., diagn., sér. 2, fasc. 2, p. 49; Boissier, l. c., p. 684.

Exs. de Heldreich, n° 2245.

Hᴀʙ. — Mont Olympe (de Heldreich, in herb. Boissier).

389. R. mollis Smith, engl. bot. XXXV (1812), n° 2459; Winch, geogr. distrib., p. 42; *R. mollissima* Fries, novit., ed. 2 (1828), p. 151 et sum. veget. Scand., p. 174; Godet, l. c., p. 212; Boreau, l. c., éd. 3, n° 884; Carion, l. c., p. 43; Reuter, l. c., p. 66; Déséglise, ess. monog., extr., p. 125, et révis. sect. Toment., extr., p. 56; Cariot, l. c., p. 191; Grenier, l. c., p. 251; Fourreau, l. c., p. 76; Verlot, l. c., p. 119; Boissier, l. c., p. 681?; Baker, l. c., p. 213, part.; Cottet, l. c., p. 44; *R. villosa* L. sp. 704, part.; Woods, l. c., p. 188 et herb. n°ˢ 25 à 50; Hooker, brit. fl., p. 235; Reuter, cat. de Genève (1852), part.; *R. ciliato-petala* Koch, syn. p. 255 (non Besser); *R. Andrzeiouskii* Boreau, l. c., éd. 2, n° 692 (non Besser); *R villosa* var. *mollissima* Rau, enum. ros., p. 154; *R. dubia* Wibel, fl. Werth., p. 265, ex Rau ; *R. tomentosa* var. *mollissima* Du Mort., fl. Belg., p. 93.

Icon. Engl. bot., tab. 2459, third edit. (1864), tab. 466.

Exs. Fries, herb. norm., n° 44; Baker, herb. ros. brit., n°ˢ 5, 6?

Hᴀʙ. Juin, juillet. Région montagneuse. — *Suède.* Upsal (Fries, in herb. Boissier), Wexiö (Scheutz), Stockholm (Nyman). — *Angleterre.* Northumberland (Baker); — Yorkshire : Thirsk (Baker), Sowerby (Addison); — Cheshire : Kirby (Webb); — Derbyshire : Middleton (Purchass). — *Écosse.* Glasgow (Webb); — Perthshire : banks of loch Earn (Hailstone). — *France.* Finistère : Brest à Guipavas (Boreau); — Puy-de-Dôme : Murol près du lac Chambon, mont Dore (Lamy); — Nièvre : entre Planchez et Moux (Boreau, in herb Jaubert); — Haute-Loire : Ceyssac près le Puy (Boullu); — Lozère (Prost, 1813, in herb. DC.); — Haute-Savoie : Saint-Nicolas-de-la-Chapelle (Puget), le mont Salève ! — Savoie : Chambéry (Songeon). — *Suisse.* Valais : Obergestler (Lagger), Zermatt (Cottet); — cant. de Bâle : Bâle (Christ). — *Autriche.* Bohème : Babina-Menthan près de Leitmeritz (Kerner). — *Allemagne.* Bavière :

Stein près de Würzbourg (Christ); — Posen : Lyck (Sanio). — *Italie.*
Montenevo, Viaggio al Valtuve (Tenore).

Var. b. **coerulea** Baker, exs., n° 7; Déséglise, révis. sect. tom., p.58.;
R. villosa var. *coerulea* Woods, l. c., p. 189 et herb., n°ˢ 26 et 28.

Il diffère du type par les pédoncules et le tube du calice lisses,
ses feuilles parsemées de glandes. Le n° 7 de la collection de M. Baker a
les fruits lisses et seulement quelques rares soies au sommet.

Hᴀʙ. — *Angleterre.* North-Yorkshire; Cumberland; Northumberland
(Baker).

390. **R. Scheutzii** Christ, flora, 1874, extr., p. 24.

Hᴀʙ. — *Danemark.* Ile de Seeland : Gurze (Scheutz, Christ).

Pétioles tomenteux, inermes; folioles à villosité courte apprimée
en dessus, pubescentes-glanduleuses en dessous, doublement dentées;
stipules assez larges, vertes, glabres en dessous, pubérulentes-glanduleuses
en dessous, oreillettes divergentes; pédoncules courts, solitaires ou
biflo es, hérissés de petites soies blanches spiniformes; tube du calice
ovoïde, hérissé de soies blanches spiniformes terminées par une glande
noirâtre; bractées ovales-cuspidées, glabres en dessus, pubérulentes-
glanduleuses sur le dos, cachant les pédoncules; divisions calicinales,
spatulées et denticulées au sommet, hispides-glanduleuses sur le dos,
2 entières, 3 pinnatifides à appendices filiformes bordés de glandes; styles
courts, velus, occupant toute la surface du disque; fleur blanche.

Notes prises sur l'échantillon que je tiens de M. Christ.

391. **R. venusta** Scheutz, stud. öfver de Skand.

art. af slägtet Rosa (1872), p. 56; Crépin, primit. mon.
ros., fasc. 2 (1872), in bull. soc. roy. bot. de Belg., XI,
p. 243, extr. p. 127; Christ, l. c., p. 24.

Hᴀʙ. — *Suède.* Blekinge (Scheutz, Christ).

392. **R. Cremsensis** Kerner, in litt.

Arbrisseau.....; aiguillons des rameaux floraux grêles,
fins, droits, dilatés à la base en forme de disque; pétioles
pubérulents, glanduleux, aiguillonnés en dessous ; 5-7
folioles elliptiques, vertes, parsemées de poils apprimés

en dessus, blanchâtres, pubescentes, glanduleuses en dessous, doublement dentées ; stipules inférieures glabres en dessus, glanduleuses en dessous, les supérieures glanduleuses au sommet, orcillettes aiguës, divergentes, à bord glanduleux ; pédoncules en bouquet ou 1-2-3-4, hispides-glanduleux, bractées lancéolées, acuminées, glabres sur les deux faces, la côte un peu velue et glanduleuses au sommet en dessous, égalant ou dépassant les pédoncules ; tube du calice violacé, subglobuleux, hispide-glanduleux ; divisions calicinales longues, glanduleuses sur le dos, les intérieures tomenteuses aux bords, 2 entières, pinnatifides à appendices lancéolés, bordés de glandes ; styles courts, très-velus ; fleur rose ; fruit.....

Hab. Région montagneuse. — *Autriche*. Mont Kegel entre Krems et Stein ; mont Baldo (Kerner).

593. R. australis Kerner, in Crépin, l. c., fasc. 1, p. 23, sine descript.

D'après mes échantillons, rameaux florifères inermes, rameaux stériles inermes ; pétioles tomenteux, glanduleux, inermes ou faiblement aiguillonnés ; 5-7 folioles elliptiques, pubescentes sur les deux faces, glanduleuses en dessous, nervures blanchâtres, saillantes, doublement dentées ; stipules larges, vertes, glabres en dessus, glanduleuses en dessous, orcillettes presque droites ; pédoncules 1-2-3, hispides-glanduleux, bractées larges, glabres en dessus, glanduleuses en dessous, dépassant ou atteignant les pédoncules ; tube du calice ovoïde, glabre ; divisions calicinales spatulées au sommet, hispides-glanduleuses sur le dos ; styles velus ; fleur rose ; fruit non parvenu à sa maturité, globuleux.

Ces notes sont prises sur les échantillons reçus de

M. Kerner; M. Kerner aura à nous dire le port de l'arbrisseau, la forme des aiguillons des tiges et si les divisions calicinales sont persistantes ou caduques.

Ce rosier est une *Tomentosae* et non une *Rubiginosae*.

Hab. — *Autriche*. Tyrol austr. : Ritten près de Botzen (Kerner).

594. R. resinosa Sternb., in Rchb., fl. excurs., II, p. 616, n° 3997.

Exs. Reichenbach, n° 1271?

Obs. Rchb. dit du *R. resinosa :* « laciniis calycis integris, foliolis ovato-elliptieis duplicato-glanduloso-serratis viridibus pubescentibus subtus sparsim glandulosis. » J'ai admis ce rosier sous ce nom avec un point de doute dans ma révision de la section tomentosa; depuis cette époque, j'ai pu voir, dans l'herbier de M. Boissier, le *R. resinosa* publié par Rchb., dans son exsiccata n° 1271, venant de Lofer près de Salzbourg. — Ce numéro est représenté par deux brins pris sur des sommités florales, l'un en bouton non épanoui, l'autre en fruit trop avancé. Ces deux brins ont-ils été pris sur le même buisson ? C'est une question qu'il est permis de faire en présence des échantillons qui ont été distribués ! Il faut dire d'abord que ces spécimens ne correspondent pas avec la description donnée par Reichenbach.

1° Le spécimen portant un bouton non épanoui a les folioles *glabres et parsemées de glandes en dessus,* pubescentes en dessous sur les nervures principalement, le parenchyme est plus ou moins parsemé de glandes sessiles, la côte médiane églanduleuse; pétioles tomenteux-blanchâtres, églanduleux, aiguillonnés ; stipules larges, vertes, glabres en dessus, pubérulentes-glanduleuses en dessous ; pédoncule très-court, entièrement cachés, ainsi que le tube du calice, par une large bractée, glabre en dessus, pubérulente-glanduleuse en dessous ; tube du calice petit, arrondi, chargé de petites soies spiniformes terminées par une glande; divisions calicinales hérissées de petites soies et glanduleuses sur le dos, les intérieures à bords tomenteux, 2 entières, 3 *pinnatifides* à *appendices* filiformes bordés de glandes.

2° L'échantillon en fruit, c'est-à-dire le brin qui porte deux pétioles et un fruit, a les folioles *finement velues, à villosité courte et églanduleuses en dessus, grisâtres,* tomenteuses, églanduleuses en dessous, la côte médiane est dépourvue de glandes ; les pétioles tomenteux-blanchâtres, parsemés de quelques glandes fines, faiblement aiguillonnés en dessous ; les stipules étroites, tomenteuses en dessous ; le *ramuscule qui porte le fruit est parsemé de poils au sommet;* le fruit est très-gros, dans le genre de celui du *R. pomifera,* mais les soies spiniformes sont beaucoup plus petites que dans le *R. pomifera;* les divisions calicinales couvertes de glandes et de petites soies, les *extérieures pinnatifides.*

395. R. resinosoides Crépin, in Cottet, l. c., p. 44; *R. resinosa* Boreau, l. c., éd. 3, n° 885 (non Sternb.); Déséglise, essai monog., extr., p. 126, et révis. sect. Toment., extr., p. 58; Cariot, l. c., p. 192; Verlot, l. c., p. 394; *R. pomifera* Lec. et Lamotte, cat. du plat. centr., p. 150 (non Herm.).

Exs. Déséglise, herb. ros., n° 75; Billot (suites), n° 3601.

Hab. Juin, juillet. Broussailles des montagnes. — *Suède.* Blekinge, Elleholm (Scheutz). — *Angleterre.* Yorkshire : entre Thirsk et Woodend, Westerdale (Baker). — *France.* Vosges : ballon de Saint-Maurice (Pierrat); — Puy-de-Dôme : Puy de Pariou ! petit Puy-de-Dôme ! — Rhône : Craponne (Boullu); — Loire : Planfoy (Chabert); — Haute-Savoie : Habère-Poche, montagne de l'Offiège (Puget). — *Suisse.* Cant. de Fribourg : la Tine près de Montbovon ! — Valais : Bovernier (de la Soie), Dixain de Conches (Lagger).

396. R. minuta Boreau in Déségl., ess. mon., n° 103 et rév. sect. Toment., p. 42; Verlot, l. c., p. 119; *R. villosa* var. *minuta* Rau, enum. ros., p. 156; Desportes, ros. gall., n° 1764; Bl. et Fing., comp., I, p. 625; Seringe in DC., p. II, pr. 619.

Exs. Déséglise, herb. ros., n° 76?

Hab. Juillet. Région des montagnes. — *France.* Hautes-Alpes : La Grave (Ozanon).

397. R. ciliato-petala Besser, enum. pl. Pod. et

Volh. (1822), p. 66; Tratt., l. c., II, praef., p. 7;
Seringe, in DC., prod., II, p. 619.

Hab. — *Russie.* La Lithuanie (Besser, 1821, in herb. DC.). — *Prusse.*
Posen, Lyck (Sanio, Caspary).

398. R. Grenierii Déséglise, essai monog., extr.,
p. 128, rév. sect. Toment., extr., p. 43; Verlot, l. c., p. 119;
Cottet, l. c., p. 44; *R. Perusiana* Timbal-Lagrave, in litt.!

Exs. Déséglise, herb. ros., n⁰ˢ 38 et 38 bis; Billot
(suites), n⁰ˢ 3602 et 3602 bis.

Hab. Juillet. Région des montagnes. — *France.* Hautes-Alpes : La Grave
(Ozanon), mont Bayard près de Gap (Gariod), Villard-d'Arène (Verlot); —
Isère : Saint-Christophe-en-Visans (Boullu); — Lozère : rochers à Loubet
(Timbal-Lagrave); — Pyrénées-Orient. : Montlouis près le village d'Eynes
(Timbal-Lagrave); — Haute-Savoie : Reyvroz, Habère-Lullin (Puget). —
Suisse. Valais : Dixain-de-Conches (Lagger), mont Catogne ! Bourg-Saint-
Pierre !

399. R. pomifera Herm., diss. (1762), p. 16;
Roessig, die rosen (1800), n° 30; Gmelin, l. c. (1806),
II, p. 410; Tratt., l. c. (1823), I, p. 108?; Host, l. c.
(1831), II, p. 25; Koch, syn. (1843), p. 253; Godron, fl.
Lorr. (1843), I, p. 222; Gr. et Godr., l. c. (1848), I,
p. 560, part.; Boreau, l. c., éd. 2 (1849), n° 693, éd. 3
(1857), n° 886; Kirschleger, l. c. (1852), I, p. 230;
Godet, l. c. (1853), p. 210; Reuter, l. c. (1861), p. 67,
part.; Déséglise, l. c. (1861), extr., p. 129 et révis.
sect. Toment. (1866), extr., p. 44; Du Mort., l. c. (1867),
p. 48; *R. villosa* L., sp., p. 704, part.; Villars, fl. Dauph.
(1789), III, p. 551; Moench, meth. (1794), p. 688;
Willd., spec. plant. (1797), II, p. 1069 et enum. plant.
(1809), p. 544; Krocher, l. c. (1798), II, p. 144; Gilibert, pl. d'Europe (1800), I, p. 583; Smith, fl. Brit.
(1804), II, p. 538; DC., fl. fr. (1805), IV, p. 440, excl.

var. b.; Pers., l. c. (1807), II, p. 48; Lindley, l. c. (1820), p. 74; de Prouville, l. c. (1824), p. 77; Du Mort., fl. Belgica (1827), p. 93, excl. var. b.; Rchb., l. c. (1830), II, p. 615, part.; Lorey et Duret, l. c. (1831), I, p. 308; Mutel, l. c. (1834), I, p. 347, excl. syn. Besser; Gonnet, l. c. (1847), p. 478; *R. villosa* var. *pomifera* Desvaux, journ. bot. (1813), II, p. 117; Thory, l. c. (1820), p. 65; Seringe in DC., prod., II (1825), p. 618; Desportes, l. c. (1827), nº 1761; *R. villosa* var. A. *vulgaris* Rau, l. c. (1816), p. 151; Bl. et Fing. (1825), I, p. 624; Duby, l. c. (1828), I, p. 179.

Icon. Flora Danica, IX, tab. 1458; Swenk bot., V, tab. 313; Roessig, l. c., tab. 30; engl. bot., IX, pl. 543.

Exs. Billot, nº 1482!; Wirtgen, pl. crit., nº 24!; Thielens et Devos, Kickxia belgica, nº 57; Fries, herb. norm., nº 47 ?

Hab. Juin, juillet. Région des montagnes. — *Belgique.* Prov. de Namur : forteresse de Namur (Devos). — *France.* Vosges : le Hohneck (Pierrat); — Loir-et-Cher : spont.? les Montils (Franchet); — Seine-et-Marne : spont.? environs de Fontainebleau (Naudin); — Pyrénées-Orient. : Saint-Martin en montant au Canigou (Huet du Pavillon, in herb. Boissier); — Savoie : Granier (Puget). — *Alsace.* Hagueneau (Billot). — *Suisse.* Valais : Wiestin à Zermatt, Dixain de Conches (Lagger). — *Autriche.* Indiqué en Bohème et en Moravie par Host. — *Allemagne.* Coblence (Wirtgen). — *Italie.* Piémont : val Pesio (Bornet).

400. R. Friburgensis Lagger et Puget, in Crépin, primit. monog. ros., fasc. I, p. 27, sine descript.

Sous-arbrisseau à racine traçante, peu élevé, d'un mètre à peine de haut, ne formant pas buisson ; rameaux courts chargés d'aiguillons petits, droits, inégaux, entassés, dilatés à la base en forme de disque ; pétioles glanduleux, parsemés de poils en dessus, aiguillonnés en dessous ; 5-7 folioles ovales-elliptiques, portant en dessus quelques poils qui disparaissent avec l'âge, fermes, nerveuses, doublement dentées, glabres et glanduleuses en dessous ; stipules glabres en dessus, glanduleuses en dessous ; oreillettes courtes, droites ; pédoncules très-courts, hispides-glanduleux, droits à la floraison, penchés à la maturité du fruit ; tube du calice ovoïde ou subarrondi, couvert de longues pointes sétacées terminées par une glande ; divisions calicinales 2 entières, 5 un peu appendiculées, couvertes de glandes et de petits acicules, plus courtes que la corolle, redressées, conniventes, charnues à la base, persistant sur le fruit ; styles courts, velus ; fleur grande, d'un beau rose ; fruit très-gros, obovoïde-pyriforme, d'un beau rouge, couvert de soies spinuliformes.

Hᴀʙ. — *Suisse*. Cant. de Fribourg : pâturages de la Gotalaz où M. l'abbé Cottet me l'a fait récolter.

401. R. recondita Puget, in Déséglise, révis. sect. Toment. (1866), extr., p. 46; Verlot, l. c., p. 119; Cottet, l. c., p. 44; *R. Clusiana* Bouvier ! bull. soc. bot. de Fr., sess. d'Annecy, XIII, p. 14 (non Waitz).

Exs. de Heldreich, n° 312.

Hᴀʙ. — Juillet. Région des montagnes. — *Angleterre*. Yorkshire : baies entre Thirsk et Woodend (Baker); — Glocestershire : près de Painswick (Webb). — *Écosse*. Lanarkshire : Borriton, cascade sur la Clyde (Hailstone, juill. 1829). — *France*. Isère : Saint-Christophe-en-Oisans (Boullu); — Alpes-maritimes : la Maïris près de Lucéram, Colmiane (Bornet); — Pyrén.-Orient. : Eynes (Ripart); — Haute-Savoie : les Gets, Reyvroz, vallée de Lullin (Puget), Argentière ! — Savoie : Saint-Nicolas-la-Chapelle, Hauteluce (Puget). — *Suisse*. Valais : Münstiger (Lagger), mont Arpile ! la Forclaz ! le Levron, vallée de Bagnes ! — *Autriche*. Tyrol : val di Ledro, Hinterssoder (Kerner). — *Prusse*. Posen : Lyck (Sanio). —

Italie. Saint-Oyen, vallée d'Aoste près de Saint-Rémy ! — *Perse.* Laristan, vallée Djimil (de Heldreich, in herb. Boissier).

402. R. Murithii Puget, in bull. soc. Murith., fasc. 3 (1874), p. 55; Cottet, l. c., p. 44.

Hab. Région des montagnes. — *Suisse.* Valais : Münstiger, Halden, Dixain de Conches (Lagger); — cant. de Fribourg : les Combes (Puget).

403. R. Gaudini Puget, in Déséglise, révis. sect. Toment. (1866), p. 47, obs.; Cottet, l. c., p. 53.

Hab. Région des montagnes. — *Suisse.* Valais : Münster, Ulrichen, Obergestelen, Dixain de Conches (Lagger).

404. R. Gombensis Puget, in bull. soc. Murith., fasc. 3 (1874), p. 54; Cottet, l. c., p. 44.

Hab. Région des montagnes. — *Suisse.* Valais : Dixain de Conches (Lagger).

405. R. proxima Cottet, in Crépin, l. c., p. 27, sine descript.; *R. glutinosa* Dematra, l. c., p. 6, ex loco natali (non Sibth.).

Arbrisseau peu élevé (40 à 60 centim.), touffu ; *souche pourvue de rejets souterrains plus ou moins longuement traçants ;* tiges principales roides, droites, ordinairement à écorce d'un brun noirâtre; aiguillons caulinaires épars, peu nombreux, inégaux, subulés, blanchâtres, horizontaux ou un peu inclinés, dilatés à la base en forme de disque; rameaux florifères flexueux, d'un glauque violacé, munis de petits aiguillons grêles, droits; pétioles tomenteux, glanduleux, plus ou moins aiguillonnés en dessous ; 5-7, rar. 9 folioles assez grandes, *ovales-elliptiques* ou *elliptiques-oblongues,* les inférieures obtuses parsemées en dessus de petites glandes, les supérieures et les florales plus ou moins atténuées au sommet, pubescentes en dessus, grisâtres-velues et *couvertes en dessous de glandes résineuses odorantes;* dents composées, larges, plus ou moins ouvertes, portant 2-3 dents secondaires terminées par une glande fine ; stipules larges, glabres en dessus, velues et chargées de glandes en dessous, oreillettes aiguës, droites ou peu divergentes, ciliées-glanduleuses aux bords, les *stipules supérieures sont en outre parsemées de glandes* en dessus ; pédoncules solitaires ou réunis par 2-4, glauques, souvent violacés, légèrement hispides-glanduleux ; bractées ovales, souvent terminées par une pointe foliacée, glabres en dessus, velues-glanduleuses en dessous, égalant les pédoncules ou plus courtes ; tube du calice *arrondi,* glauque-violacé, *glabre, entièrement lisse,* rarement muni vers le haut de quelques petites glandes stipitées ; divisions calicinales spatulées, ciliées au sommet, couvertes sur le dos de glandes, 2 entières, 3 pinnatifides à appendices étroits, linéaires, saillantes sur le bouton, égalant la corolle ou un peu plus longues, étalées à l'anthèse puis redressées, connivantes, persistantes ; styles courts, velus ; fleur d'un beau rose, pétales non ciliés-glanduleux ; fruit d'un rouge violacé pruineux à la maturité, de grosseur médiocre, obovoïde (Cottet).

Hab. — *Suisse.* Cant. de Fribourg : les Mérils-verts-Champs (Cottet).

INDEX.

Les noms spécifiques admis sont en italique.

www.ingramcontent.com/pod-product-compliance
Ingram Content Group UK Ltd.
Pitfield, Milton Keynes, MK11 3LW, UK
UKHW020122130726
13696UKWH00001B/165